中国社会科学院创新工程学术出版资助项目

中国低碳城市
建设评价：方法与实证

Evaluation of the Development of Low-Carbon Cities in China:

Methodology and Empirical Study

庄贵阳 等著

中国社会科学出版社

图书在版编目 (CIP) 数据

中国低碳城市建设评价：方法与实证 / 庄贵阳等著 . —北京：中国
社会科学出版社，2020. 2

ISBN 978-7-5203-5561-2

Ⅰ. ①中…　Ⅱ. ①庄…　Ⅲ. ①节能—生态城市—城市建设—评价
指标—研究—中国　Ⅳ. ①X321. 2

中国版本图书馆 CIP 数据核字（2019）第 249010 号

出 版 人	赵剑英
责任编辑	谢欣露
责任校对	杨　林
责任印制	王　超

出　　　版	中国社会科学出版社
社　　　址	北京鼓楼西大街甲 158 号
邮　　　编	100720
网　　　址	http：//www. csspw. cn
发 行 部	010-84083685
门 市 部	010-84029450
经　　　销	新华书店及其他书店

印　　　刷	北京明恒达印务有限公司
装　　　订	廊坊市广阳区广增装订厂
版　　　次	2020 年 2 月第 1 版
印　　　次	2020 年 2 月第 1 次印刷

开　　　本	710×1000　1/16
印　　　张	18. 5
插　　　页	2
字　　　数	313 千字
定　　　价	88. 00 元

前　　言

全球气候变化是人类面临的共同挑战，积极应对气候变化是全世界的共同责任。中国作为负责任大国，坚定履行国际义务，积极开展生态文明建设，践行绿色低碳发展。

党的十八大以来，中央高度重视应对气候变化工作，将应对气候变化融入国家经济社会发展大局，进一步完善应对气候变化顶层设计和体制机制建设，为推动落实新发展理念、推动国际气候治理与生态文明建设做出了重要贡献。2017 年 1 月 18 日，习近平总书记出席联合国峰会，发表了题为"共同构建人类命运共同体"的重要讲话。讲话中明确提出："我们要倡导绿色、低碳、循环、可持续的生产生活方式，平衡推进 2030 年可持续发展议程，不断开拓生产发展、生活富裕、生态良好的文明发展道路。《巴黎协定》的达成是全球气候治理史上的里程碑。我们不能让这一成果付诸东流，各方要共同推动协定实施。中国将继续采取行动应对气候变化，百分之百承担自己的义务。"[1]

党的十九大开启了中国发展的"新时代"，设定了到 2050 年的重要里程碑以及实现"中华民族伟大复兴中国梦"的时间节点，即 2020 年消除贫困，全面建成小康社会；2035 年基本实现社会主义现代化，生态环境根本好转；2050 年建成富强民主文明和谐美丽的社会主义现代化强国。[2] 习近平总书记在党的十九大报告中指出，中国在过去五年中引导应对气候变化国际合作，成为全球生态文明建设的重要参与者、贡献者、引领者。习近平总书记进一步要求我们加快推进绿色发展，建立健全绿色低

---

[1] 习近平：《共同构建人类命运共同体——在联合国日内瓦总部的演讲》，http://cpc.people.com.cn/n1/2017/0120/c64094-29037658.html，2017 年 1 月 20 日。

[2] 李慎明：《新征程：全面建设社会主义现代化国家》，2017 年 10 月 22 日，http://cpc.people.com.cn/19th/n1/2017/1022/c414305-29601167.html。

碳循环发展的经济体系，构建清洁低碳的能源体系，倡导绿色低碳的生活方式，落实减排承诺，与各方合作应对气候变化，保护好人类赖以生存的地球家园。

城市是应对气候变化和低碳转型的关键主体。我国政府在城市层面已经开展了多种形式、多领域的试点工作，积极探索基于生态文明的城市发展模式。2010年7月以来，国家发展和改革委员会（以下简称国家发展改革委）先后开展了三批87个低碳省（区、市）的低碳试点工作，分批次明确提出试点要求，包括明确目标和原则、编制低碳发展规划、建立控制温室气体排放目标考核制度、积极探索创新经验和做法、提高低碳发展管理能力等。三批低碳试点工作的内涵也不尽相同。第一批试点强调加强领导、组织协调、抓好落实、务求实效；第二批在第一批基础上，增加了"试点工作要按照党的十八大要求，牢固树立生态文明理念"，强调试点的总结、评估和推广；第三批进一步提出，试点工作的制度创新要与生态建设、节能减排、环境保护等工作统筹协调，贯彻落实"五位一体""四个全面"和中央会议精神，把应对气候变化中长期目标与国家现代化进程的工作更好对接，为党的十九大提出的2050年建成富强民主文明和谐美丽的社会主义现代化强国战略目标提供低碳发展的支撑。

事实上，中国很多试点城市出现了以低碳目标管理为依托、以顶层设计与试点示范相结合的方式探索不同的试点模式和发展路径。经过九年的探索实践，中国的低碳城市发展已经进入一个新的发展阶段，需要及时总结试点的实践经验、发挥示范的引领作用，带动和促进全国范围的绿色低碳发展。而尽快构建统一的低碳城市建设评价指标体系，逐步向全国范围推广是实现城市低碳发展的重要任务，可以为城市绿色低碳发展政策制定、全面深化低碳发展试点示范提供理论支撑；为低碳城市建设政策效果评价和政策优化升级提供定量支持；在低碳政策执行中为城市低碳发展比较优势和发展短板的识别提供分析工具；通过同类型城市发展绩效的比较，为城市间低碳发展经验的借鉴、加强试点经验总结推广工作提供依据；规范低碳城市建设评价体系，为区域发展战略讨论和发展规划的制定提供科学指导。

到目前为止，专家学者、研究团体或地方政府开发了很多低碳城市评价指标体系，但均存在一定弊端。一是缺乏相关理论支撑，科学性和系统性较差。二是指标选取具有盲目性，因理论缺乏，很多指标按照出现频率的多少选取，有的指标覆盖面广但低碳相关性弱，有的低碳内涵性强但不易获取数据。三是不利于分类指导，很多指标具有明显的区域特征，不能推广使用，或是采用单一标准划分了区域，划分结果有待推敲。四是用户不明确，使用范围窄，以学术为目的的指标体系经常集中于方法测算，较为复杂，而以地方考核为目的的指标体系科学性值得验证。

基于此，本书在借鉴国内外相关研究的基础上，集成构建了一套低碳城市建设评价指标体系，以便城市通过"找准病因""精准施策"，积极推动形成低碳发展方式和生活方式，提高低碳发展的效率，让低碳转型释放出更多动能和红利。本书构建的低碳城市建设评价指标体系的理论价值和应用价值，主要体现在以下几个方面。

一是系统性。根据中国低碳试点城市建设的实践经验和进展，借鉴国内外与低碳相关的城市建设评价指标体系的经验，集成构建了中国低碳城市建设评价指标体系。这套指标体系构建的方法学涵盖了理论基础、功能、原则、评价选取的重要领域及指标、评价方法与标准、权重设置、标准化处理及综合评分等一系列过程，形成既同国际接轨又本土化的指标体系。

二是针对性。明确了低碳城市建设评价指标体系的三个用户及三个功能，即为国家主管部门提供了"自上而下"的考核评估，为地方政府提供了自评估工具，为第三方机构提供了用于科学研究的理论基础和经验借鉴，综合凸显了低碳的行动力。

三是方法创新性。采用了"标杆值"的评分方法，根据每一个指标特点，选取不同的"标杆值"，包括达峰与否、国家规划目标、省级规划目标、"领跑者"城市的水平值等。

四是内涵拓展性。采用了"低碳+"和"+低碳"模式对低碳内涵进行扩展。一方面，"低碳+"模式可以从宏观或部门和技术效率视角上更加直接、精准地反映城市低碳水平和碳排放动态时序特征；另一方面，"+低碳"模式可以把低碳作为对能源资源节约和效率提高、生态文明建设、环境保护和社会进步有利的因素，加强整个社会的低碳导向性。

五是分类指导性。对城市类型进行了划分，并融入指标体系的构建当中，避免了"一刀切"的评价方式。在指标体系的应用阶段，采用了静态评估和动态评估，按地理位置、城市群和城市规模评估，以及三批低碳试点城市等分类方法进行多维度评估，发现了共性与差异性。根据评价结果和试点地区经济社会发展不同阶段的特点，提出不同类型分类指导的意见，促进其尽早达峰。

六是协同性。从理论上揭示了城市发展与低碳的本质关系，更新了低碳城市的内涵，指明了低碳与生态文明建设、可持续发展、应对气候变化等的内在统一和相互促进，突出了应对气候变化与大气污染治理、绿色生产生活方式变革、生态环境保护的协同。从执行力上，提出了"以评促建""评建结合"，各部门资源整合、协同促进的建议，助力实现天蓝、地绿、水清的美丽中国目标。

七是可操作性。指标体系构建过程中多次征求政府主管部门、行业专家、地方实际操作人员的意见，经过十余次修改最终完成。为在全国推广使用，又编制了应用指南。整套方法既保证了科学性又突出了实用操作性。

从内容设计上，本书按照为什么要构建低碳城市评价指标体系、什么是最优的低碳城市建设评价指标体系、怎样构建低碳城市建设评价指标体系的逻辑框架，深化了城市"以评促建"的战略构想，规范了评价指标体系的构建方法，评估了低碳城市建设成效，保障了城市坚持绿色低碳的新发展理念。基于此逻辑，本书共包括五篇十四章。

第一篇　低碳城市建设的内涵及实践进展。本篇介绍了中国低碳城市建设的时代背景，研究了城市发展与碳排放规律，进而丰富了低碳城市建设的内涵。在此基础上，对中国前两批低碳试点城市的实践进展进行了分析，从现实角度为集成构建中国低碳城市建设指标体系作了铺垫，以便更好地分类指导第三批低碳城市试点工作，对全国不同类型城市进一步探索低碳发展模式与路径具有现实意义。

第二篇　低碳城市建设评价的国际经验与国内实践。本篇从理论基础、评价方法、实际应用、未来趋势等方面对国际国内具有影响力的与低碳城市相关的指标体系进行梳理并进行比较分析，总结国内外指标体系的共性、特色、优点、不足，凝练出指标体系的一般步骤和原则、关键要素，为构建既与国际接轨又具有本土化特色的评价指标体系提供借鉴。

第三篇　低碳城市建设评价指标体系构建。基于低碳试点城市实践进展评估结果及国内外指标体系研究成果，集成构建一套包括宏观领域（城市低碳发展总体情况）、能源低碳、产业低碳、低碳生活（低碳建筑、低碳交通、低碳消费）、资源环境、低碳政策与创新六个维度的低碳城市建设评价指标体系。该指标体系构建的关键是把低碳经济理论与低碳城市建设的实践结合起来，明确用户与功能（国家主管部门考核评估、地方政府自评估、第三方评估），体现评价体系的低碳相关性、内涵差异性、自身特色性、政策导向性及区域差异性。该指标体系以定量为主、以定性为辅，在城市分类指导的基础上，设定每个评价指标的权重、标杆值能够真实反映试点城市的现状及努力程度。

第四篇　低碳城市建设评价指标体系应用。本篇首先研究了中国低碳试点城市分类与差异化特征。其次利用构建的低碳城市建设评价指标体系对全国三批低碳试点城市进行了多维度评估，包括宏观维度评估、地理位置评估、城市群评估、城市规模评估、分批次评估、城市类型评估、重要指标评估及实际数据分析等，探讨了低碳城市发展的规律性和差异性，识别出中国城市在不同领域低碳发展状况的优势与差距，提出分类指导的建议。最后，选取浙江省 11 个城市进行案例分析，研究了 11 个城市的城市类型变动情况、低碳发展现状和努力程度、不同分类城市的碳排放特征及低碳控制路径。

第五篇　低碳城市建设评价指标体系应用的支撑体系。本篇围绕能用、有用、好用、适用的原则对低碳城市建设评价指标体系的支撑条件、功能条件、操作条件、推广条件作了分析。在此基础上提出了加强宏观战略导向建设、完善中国统计体系建设、加强能力建设及标准化建设等建议。

本书是国家社会科学基金重大项目"我国低碳城市建设评价指标体系研究"（批准号：15ZD055；结项号：2018&J142）的研究成果。中国社会科学院城市发展与环境研究所庄贵阳研究员任首席专家。中国社会科学院城市发展与环境研究所陈迎研究员、北京师范大学刘学敏教授、国家发展改革委能源研究所姜克隽研究员、河海大学杜栋教授、中国科学院地理科学与资源研究所张雷研究员分别任专题主持人，带领团队参与了项目设计和研究。参与项目研究的成员还有中国社会科学院城市发展与环境研究所朱守先副研究员、周枕戈助理研究员，中国旅游研究院陈楠副研究员，对外经济贸易大学王苒副教授，住房和城乡建设部政策研究中心谢海生副研究员，东北大学秦皇岛分校朱婧副教授，北京工业大学李艳梅教授，山西大学张晓梅讲师，上海社会科学院周伟铎助理研究员，北京市委党校薄凡讲师，以及北京师范大学张昱博士，中国社会科学院大学博士生沈维萍，国家发展改革委能源研究所的项目助理刘嘉等。

　　本书由庄贵阳研究员负责组织编写和统校。感谢中国社会科学出版社责任编辑谢欣露的认真审读和宝贵意见。由于低碳城市研究与实践日新月异，本书难免存在疏漏和不足，期待同行专家和读者批评指正。

庄贵阳

2019 年 6 月

目　录

第一篇　低碳城市建设的内涵及实践进展

第一章　低碳城市建设的背景与时代意义 ………………………（3）
　一　城市主体落实《巴黎协定》的作用上升 ………………（3）
　二　以顶层设计结合试点示范探索城市转型经验 …………（5）
　三　为探索全球气候治理模式做出中国贡献 ………………（9）
　四　推进新时代中国低碳城市建设 …………………………（11）

第二章　低碳城市建设的内涵及影响因素 ………………………（14）
　一　低碳城市的内涵 …………………………………………（14）
　二　城市碳排放的影响因素 …………………………………（16）

第三章　中国低碳城市建设实践进展 ……………………………（22）
　一　低碳城市试点工作进展与经验 …………………………（22）
　二　低碳城市建设存在的问题及原因分析 …………………（29）
　三　进一步推进低碳城市试点工作的政策建议 ……………（35）

第二篇　低碳城市建设评价的国际经验与国内实践

第四章　国际低碳城市建设评价：基于指标结构的比较分析 ………（43）
　一　国际低碳城市建设相关评价方法总体进展 ……………（43）
　二　国际低碳城市建设评价相关指标体系典型案例 ………（48）
　三　国际低碳城市建设评价相关指标体系的比较 …………（59）
　四　城市可持续发展指标体系国际标准 ISO 37120 ………（60）

第五章　国内低碳城市建设评价：基于研制机构的比较分析 ………（63）
　一　国内低碳城市建设评价相关指标体系 …………………（63）

二　国家和地方制定的低碳城市建设评价指标体系 ……………（76）

三　低碳城市建设评价相关的国家标准 …………………………（91）

四　指标体系的比较分析 …………………………………………（96）

第六章　低碳城市建设评价的分析模式与经验借鉴 …………………（97）

一　低碳城市建设评价的基本分析模式 …………………………（97）

二　低碳城市建设评价存在的问题与经验借鉴 …………………（103）

第三篇　低碳城市建设评价指标体系构建

第七章　低碳城市建设评价指标体系构建的理论、原则与

逻辑框架 ……………………………………………………（111）

一　指标体系构建的意义 …………………………………………（111）

二　指标体系构建的目的与功能 …………………………………（113）

三　指标体系构建的理论基础 ……………………………………（114）

四　指标体系构建的原则 …………………………………………（118）

五　指标体系构建的逻辑框架 ……………………………………（119）

第八章　低碳城市建设的重要领域、指标及评价标准 ………………（121）

一　低碳城市建设的重要领域 ……………………………………（121）

二　具体指标 ………………………………………………………（124）

三　评价标准 ………………………………………………………（127）

四　数据、标准化及综合评价方法 ………………………………（131）

第四篇　低碳城市建设评价指标体系应用

第九章　中国低碳城市分类与差异化特征 ……………………………（141）

一　中国城市分类标准 ……………………………………………（141）

二　城市分类方法 …………………………………………………（145）

三　低碳试点城市分类 ……………………………………………（148）

第十章　中国低碳试点城市成效评估 …………………………………（154）

一　宏观维度评估 …………………………………………………（154）

二　按地理位置、城市群和城市规模评估 ………………………（163）

三　三批低碳试点城市评估 ………………………………………（165）

四　城市类型评估 ……………………………………（169）

五　重要指标评估 ……………………………………（177）

六　实际数据分析 ……………………………………（181）

七　结论 ………………………………………………（192）

八　建议 ………………………………………………（194）

第十一章　浙江省碳排放综合分析 ……………………（197）

一　浙江省基本省情和发展概况 ……………………（197）

二　浙江省设区市的分类情况 ………………………（198）

三　浙江省设区市评价结果 …………………………（207）

四　浙江省不同分类设区市的碳排放特征分析 …………（215）

五　浙江省不同分类设区市的碳排放控制路径 …………（225）

第五篇　低碳城市建设评价指标体系应用的支撑体系

第十二章　低碳城市建设评价指标体系的应用条件 ……（233）

一　低碳城市建设评价指标体系的支撑条件 …………（234）

二　低碳城市建设评价指标体系的功能条件 …………（235）

三　低碳城市建设评价指标体系的操作条件 …………（238）

四　低碳城市建设评价指标体系的推广条件 …………（239）

第十三章　低碳城市建设评价指标体系应用的建议 ……（241）

一　加强宏观战略导向建设 …………………………（241）

二　完善中国统计体系 ………………………………（245）

三　加强能力建设 ……………………………………（249）

四　加强标准化建设 …………………………………（253）

附录　低碳城市建设评价指标体系应用指南 …………（258）

参考文献 ……………………………………………（273）

第一篇

低碳城市建设的内涵及实践进展

中国低碳城市试点建设于 2010 年开始，共分三批开展低碳城市建设的先行先试，深入挖掘低碳城市的内涵，探索行之有效的目标模式。

就理论研究和建设实践层面来看，目前对于低碳城市形成的较为统一的看法，认为低碳城市的长期发展目标是零碳排放，即实现城市自身碳源与碳汇的动态平衡。近期则由于城市类型多样，低碳建设的重点也各有侧重，主要表现在兼顾发展的阶段性特征下的城市碳排放、经济增长与资源环境投入的相对脱钩，以及更加符合生态文明发展理念的管理机制。低碳城市建设涉及领域众多，真正能够做到低碳排放、高碳生产力的发展模式，是对中国乃至全球可持续发展的重大贡献。

第一章

低碳城市建设的背景与时代意义

应对气候变化既是中国参与全球气候治理的要求，是中国积极承担国际责任的表现，也是中国国内自身发展的要求，是生态文明建设的重要举措。党的十九大报告提出，中国应积极引导应对气候变化国际合作，成为全球生态文明建设的重要参与者、贡献者和引领者。① 对于日益走近世界舞台中央的中国来说，其低碳城市试点建设的成功经验，可为世界广大发展中国家提供可以借鉴的中国智慧和中国方案。

一　城市主体落实《巴黎协定》的作用上升

举世瞩目的《巴黎协定》于 2016 年 11 月 4 日正式生效。《巴黎协定》的目标是将全球平均气温较工业化前水平升高的幅度控制在 2℃ 之内，并承诺"尽一切努力"不超过 1.5℃。《巴黎协定》具有重要的意义，一是从排放总量上进行了科学的设定，二是将各国减排的时间点也做了明确的规定，更加强化了自下而上的自主贡献机制，从减排的主体和工作实施成效上讲，是一个实践性很强的方案。

与全球气候治理模式向多元化转变趋势相适应，次国家和非国家行为体在国际气候行动中开始扮演越来越重要的角色。《巴黎协定》强调了多元利益相关方的参与，包括企业、地方政府等实际参与应对气候变化的主体。随着全球气候治理的推进，多元化的参与主体将发挥越来越重要的作用。以城市为代表的一些重要的次国家行为体，在全球气候治理体系中的

① 习近平：《决胜全面建成小康社会 夺取新时代中国特色社会主义伟大胜利——在中国共产党第十九次全国代表大会上的报告》，人民出版社 2017 年版。

角色逐渐活跃，地位也逐渐上升。城市是全球经济体系中生产、技术与能源消费的中心，不断壮大的全球性城市网络和城市联盟极大地提高了城市间相互学习交流的效率，成为一种新兴的全球气候治理模式。①②

在 2009 年联合国哥本哈根气候变化大会之前，国际气候谈判和履约的主体都是主权国家。然而主权国家在哥本哈根气候大会上并未达成具有法律约束力的全球减排协议。城市气候网络作为一种新的形式，在一些国际组织、城市、企业等非国家行为体的自发参与下，逐渐发展壮大。这些城市气候网络参与全球气候行动，并逐渐发展成区域性或全球性的城市气候网络。巴黎气候大会的召开，为城市展示自身气候行动提供了一个广阔平台，使城市参与气候变化行动达到了一个阶段性高峰，为全球应对气候变化提供了经验和信心。

第一，城市是经济活动中心，也是温室气体排放的重要主体。城市往往承担着一个国家的政治、经济、文化、社会等活动中心的职能，同时也是一个国家能源的主要消耗单位。OECD 的研究报告显示，城市承担着一个国家 75% 的能源消耗和 80% 的温室气体排放。③ 当前全球城市化水平已经超过 50%，预计到 2050 年，城市化水平将超过 80%。④ 随着全球新兴经济体及其他发展中国家城市化的不断推进，未来城市的基础设施建设、工业活动、交通运输及居民生活都将消耗大量的能源，城市温室气体排放的增长潜力很大。

第二，城市是气候风险的高发地区，气候灾害导致的城市经济损失规模巨大。干旱、海平面上升、热浪、极端天气等气候灾害对城市的威胁逐步显现。气候变化导致的粮食减产、水资源紧缺、生态系统功能恶化、能源转型紧迫等问题，不仅增加了居民的生活成本，还降低了居民的生活质量。而城市作为人口和资本的聚集地，面临的经济损失最大。城市如何适应气候变化成为当前城市规划中的新议题，如何构建海绵城市，提高城市

---

① 庄贵阳、周伟铎：《非国家行为体参与和全球气候治理体系转型——城市与城市网络的角色》，《外交评论（外交学院学报）》2016 年第 3 期。

② 李昕蕾、宋天阳：《跨国城市网络的实验主义治理研究——以欧洲跨国城市网络中的气候治理为例》，《欧洲研究》2014 年第 6 期。

③ OECD, "Cities and Climate Change: National Governments Enabling Local Action", http://www.oecd.org/env/cc/Cities-and-climate-change-2014-Policy-Perspectives-Final-web.pdf, 2017.

④ UNEP, "Global Initiative for Resource Efficient Cities, 2012", http://www.unep.org/pdf/GI-REC_4paper.pdf, 2017.

的韧性，降低气候灾害的风险也是当前全球气候治理正在关注的议题。

第三，城市是低碳城镇化的引领者和推动者，温室气体减排潜力巨大。当前以工业 4.0 为代表的第四次工业革命浪潮正在推动制造业的新一轮革命，为城市的产业转型、能源转型提供了新的机遇。而全球第六次创新浪潮所带来的新技术、新业态、新模式则为城市的规划理念、交通运输方式、废弃物管理方式、城市空间开发模式提供了新的可能，为城市的低碳转型提供了技术支撑。创新城镇化路径，打破发达国家经历的高碳城市化的"路径依赖"，成为新时期城市低碳发展的基本要求，必将产生明显的温室气体减排效果。

第四，全球气候治理正在从零和博弈转向合作共赢模式。城市气候网络关注和优化人的需求和期望，致力于建设环境宜居、经济繁荣、管理精细化、开放公平的城市，实现城市绿色低碳的愿景。[①] 全球城市气候网络超越了传统意义上的垂直型全球多层治理，为全球气候治理提供了横向的网络治理结构和交流平台。[②] 全球性城市网络可以通过加强城市间政策、技术、项目、资金等方面的合作，分享最佳政策与实践案例，使城市间的合作更加具体、自主和多元化，从而推动城市层面开展低碳行动，主动应对气候变化。

二　以顶层设计结合试点示范探索城市转型经验

2009 年，中国开始逐渐从宏观顶层设计层面，加快推进应对气候变化的各项工作。为了应对全球气候变化和能源危机，加快转变发展方式，走出一条低碳、节能、绿色、高效的新型城镇化道路，国家发展改革委于 2010 年起开展了国家低碳省区和低碳城市试点工作，探索城市低碳发展的实践路径。自 2010 年至今，中国已设立三批低碳试点省区和城市，在低碳转型发展上先行先试，发展低碳经济，建立低碳社会，形成低碳生产方式和生活方式。低碳城市试点开创了顶层设计和试点示范相结合的治理

---

① 庄贵阳、周伟铎：《非国家行为体参与和全球气候治理体系转型——城市与城市网络的角色》，《外交评论（外交学院学报）》2016 年第 3 期。

② 李昕蕾、宋天阳：《跨国城市网络的实验主义治理研究——以欧洲跨国城市网络中的气候治理为例》，《欧洲研究》2014 年第 6 期。

模式，不仅成为检验气候变化政策的"试验田"，也为新型城镇化建设注入了新活力。

2009 年 11 月 25 日国务院常务会议提出，到 2020 年单位国内生产总值二氧化碳排放量①比 2005 年下降 40%—45%，非化石能源占一次能源消费比重达到 15% 左右，成为国民经济和社会发展的约束性指标。② 为了落实国家控制温室气体排放的行动目标，国家发展改革委于 2010 年 7 月 19 日发布《关于开展低碳省区和低碳城市试点工作的通知》（发改气候〔2010〕1587 号），把广东省、辽宁省、湖北省、陕西省、云南省和天津市、重庆市、深圳市、厦门市、杭州市、南昌市、贵阳市、保定市列为第一批低碳试点省区和城市，③ 从中央宏观政策制定和地方实践先行先试的角度，探索低碳城市建设的有益做法。根据《关于开展低碳省区和低碳城市试点工作的通知》的要求，试点城市应提出温控目标、编制低碳发展规划，创新体制机制、制定支撑低碳绿色发展的配套政策，加快技术创新、建立低碳产业体系，加强能力建设、建立温室气体排放数据统计和管理体系，普及低碳理念、倡导低碳生活方式和消费模式。④

"十二五"规划中明确要求大幅降低能源消耗强度和二氧化碳排放强度，有效控制温室气体排放。《国务院关于印发"十二五"控制温室气体排放工作方案的通知》（国发〔2011〕41 号）指出，到 2015 年全国单位国内生产总值二氧化碳排放量比 2010 年下降 17% 的目标，⑤ 布局低碳试验试点，形成一批各具特色的低碳省区和城市。在党的十八大全面推进生态文明建设的部署下，2012 年 12 月，国家发展改革委开展了第二批国家低碳省区和低碳城市试点工作。第二批试点省区和城市包括北京市、上海市、海南省、石家庄市、秦皇岛市、晋城市、呼伦贝尔市、吉林市、大兴安岭地区、苏州市、淮安市、镇江市、宁波市、温州市、池州市、南平

①　行文中也称碳排放强度、碳强度、单位 GDP 二氧化碳排放量，本书不做统一。

②　中国新闻网：《国务院 2020 年单位 GDP 二氧化碳排放比 2005 年降 40%》，2014 年 9 月 19 日，http://www.chinanews.com/gn/2014/09-19/6609315.shtml。

③　人民网：《发改委将在五省八市开展首批低碳试点》，2010 年 8 月 11 日，http://finance.people.com.cn/GB/12403426.html。

④　庄贵阳、周伟铎：《中国低碳城市试点探索全球气候治理新模式》，《中国环境监察》2016 年第 8 期。

⑤　国务院新闻办公室：《中国应对气候变化的政策与行动（2011）》白皮书，2011 年 11 月 22 日，http://www.gov.cn/jrzg/2011-11/22/content_2000047.htm。

市、景德镇市、赣州市、青岛市、济源市、武汉市、广州市、桂林市、广
元市、遵义市、昆明市、延安市、金昌市和乌鲁木齐市。[①] 与第一批试点
省区和城市相比，本次试点工作增加了全面落实"五位一体"现代化建
设的总体要求，强调要建立控制温室气体排放目标责任制，明确减排任务
的分配和考核。

　　基于前两批低碳试点工作，2017 年 1 月，国家发展改革委确定了第
三批低碳试点的地区，包括 45 个城市（区、县），[②] 试点城市突出了自身
的碳排放峰值年和创新重点领域，目的在于鼓励更多的城市积极探索和总
结低碳发展经验，梳理出可供推广的典型模式，以供其他非试点城市参考
借鉴。第三批低碳试点在更大的范围内考虑了城市类型、产业布局、资源
禀赋以及城市的能源结构和碳排放重点部门，旨在覆盖低碳城市建设的各
个领域。

　　中国的低碳试点是中国气候战略的重要支柱，使中国应对气候变化的
政策有了可以检验效果的"试验田"。通过设置碳排放的总量目标，自上
而下逐级分解，将政策的设计和试点实践相结合，完成了减排目标，取得
了低碳发展的阶段性成果。各低碳试点在落实发展理念、创新发展模式、
建立长效机制等方面展开一系列先行探索，取得积极成效。例如，因地制
宜提出碳排放峰值目标倒逼低碳发展路径、实行低碳数据基础管理、协同
推动实施低碳发展规划、推动地方立法强化低碳发展的法律保障等，在各
方面发挥了良好的示范作用。

　　第一，试点城市和地区引领全国城市开展低碳转型。总体来看，试点
地区的碳强度年均下降幅度要高于全国平均碳强度下降幅度。低碳试点地
区提出的碳强度下降目标更加严格，而且在碳排放峰值和路线图等领域也
率先探索和努力，从而对产业结构转型升级、能源结构清洁化改造、技术
创新和环境友好的绿色生产生活方式的形成产生了倒逼和推动作用。

　　第二，低碳试点加深了试点地区对低碳发展的认识，加强了能力建
设。低碳试点领域涉及工业部门、交通部门、建筑部门、服务业部门和居
民生活部门，试点地区结合自身经济发展特点，不断探索低碳发展的可行

---

①　国家发展改革委：《我委印发关于开展第二批国家低碳省区和低碳城市试点工作的通
知》，2012 年 12 月 5 日，http：//www.ndrc. gov. cn/gzdt/201212/t20121205_ 517506. html。

②　国家发展改革委：《国家发展改革委关于开展第三批国家低碳城市试点工作的通知》，
2017 年 1 月 24 日，http：//www.ndrc. gov. cn/zcfb/zcfbtz/201701/t20170124_ 836394. html。

模式，为经济的转型和人民生活的改善提供了新的政策选择。低碳试点纠正了人们对于低碳发展会对地方经济发展产生负面影响的错误认识，通过低碳试点，居民的绿色低碳意识得到提升，政府层面也完善了低碳发展的体制机制，企业也建立了符合低碳发展的管理体系，社会层面的绿色低碳转型的观念得到强化，推动了低碳试点地区的经济发展向绿色低碳转型。低碳试点地区的行动表明，低碳建设不是限制经济发展的原因，低碳建设和经济发展可以协同推进，实现共赢。

第三，低碳试点积累了一系列的低碳发展经验。温室气体减排涉及产业结构转型、能源结构、消费模式、技术进步、治理体系和治理能力建设等多方面，需要统筹考虑，协同推进。2010 年以来，随着低碳城市试点的推进，地方政府在碳排放权交易市场建设、碳排放统计核算及考核体系构建、低碳发展规划编制、低碳发展的财政激励机制构建、低碳工业园区构建、低碳交通运输体系构建、低碳管理机构设立、低碳产品认证等方面，做出了探索，为完善我国低碳发展的制度体系提供了经验借鉴。

低碳发展是一项艰巨的任务，需要全社会付出持之以恒的努力。各地在推进低碳发展的过程中，开拓创新，争做典范，取得了明显成效，积累了许多值得推广的经验，同时也暴露出制约低碳发展的问题和短板。从国家发展改革委对于前两批低碳试点省区和城市总结评估的情况来看，当前中国低碳城市试点尚处于探索阶段，仍存在许多不足。

一是有些试点城市对低碳的理解还有偏差，造成在实际建设过程中缺乏系统的战略规划，过于注重产业节能减排方面的要求，而对交通、建筑等基础设施没有统筹考虑，尤其是对低碳消费的治理力度不大。

二是现有低碳城市建设或只关注先进技术的研发和引进，或过分注重重大项目的影响力和形象工程，而缺乏项目成本效益的分析，尤其忽视本地适宜技术的运用。

三是低碳城市建设中还是较多地采用自上而下的模式，以行政命令式的手段措施为主，对市场化手段的应用不足，例如碳排放交易市场尚处于初步探索阶段，在政策工具的选择和组合上需要更加灵活。

四是在低碳城市建设保障方面，国外案例大多通过立法和引入专门标准等手段来实现，而国内城市的保障手段显得比较匮乏。尤其是城市能源和碳排放统计核算的基础较弱，低碳规划所需数据支撑不足，无法为低碳城市的规划和监测提供依据，使低碳发展目标的设定的科学性受到质疑。

五是试点城市低碳发展目标的先进性还需要加强，碳排放峰值目标的可达性有待进一步论证。各试点均提出了峰值目标，但实施路径不够清晰。不少试点城市在重大项目中尚有不少不符合低碳发展方向的高投资高能耗项目。

六是在体制机制创新方面，没有找到更好的切入点，发展改革部门与其他政府部门的政策合力还未形成，政府的重视、表率和引导力度不够，更缺乏政府、企业和社区之间的联动机制。

为此，低碳城市试点扩容的同时，更应注重城市治理质量的提高，着眼于减排目标的落实，将低碳发展的理念转化为各地区、各行业的切实行动，加大低碳工作力度，助力国家层面气候治理目标的完成。

三　为探索全球气候治理模式做出中国贡献

鉴于全球气候变化对世界经济社会发展形成了一种不可逾越的刚性约束，全球气候治理正在成为撬动当前国际秩序转型的支点和杠杆，正在推动国际秩序转型朝着特定的方向发展。全球气候治理的根本要义在于促使世界向低碳经济转型。中国已明确提出了二氧化碳排放到 2030 年前后力争提前达到峰值的国家自主贡献目标，受到国际社会高度关注和好评。实现该目标不仅是国际社会的关切，也是不断推进国内转型发展的需要。中国采取一系列的积极措施应对气候变化，是一个负责任的大国参与国际事务的表现，更是中国自身创建生态文明的内在要求，中国用自身的努力，对全球生态安全和可持续发展做出了贡献。

第一，中国低碳城市的建设，推动着中国经济发展向绿色低碳方向转型，体现出中国作为一个负责任大国的担当。在 2009 年的哥本哈根气候大会上，中国受到众多发达国家的"指责"。然而，自 2010 年以来，中国的低碳城市和低碳省区试点逐渐为中国探索出了一条适合自身国情的低碳转型模式，通过"顶层设计"加"试点示范"，推动着低碳发展理念在全国范围内落实。中国的单位 GDP 二氧化碳排放量呈现出持续下降的态势，中国的二氧化碳排放总量也在 2013 年达到了阶段性高峰，为中国参与全球气候治理赢得了声誉。2015 年 9 月，在第一届中美气候智慧型/低碳城市峰会召开期间，中国参会省区和城市宣布了各自努力实现二氧化碳排放达到峰值的时间目标，并宣布成立中国达峰先锋城市联盟（Alliance of Peaking Pioneer Cities of China，APPC）。2016 年，中国分别在北京市和武汉市承办了中美气候智慧型/低碳城市峰会和中欧低碳城市峰会，中国参会的低碳试点城市与欧美城市分享自身的低碳发展经验，展现出中国在低碳城市建设中的成就，提高了中国低碳试点城市的全球影响力。

第二，中国的低碳发展实践为全球经济向绿色低碳转型提供中国经验。中国作为最大的发展中国家，正逐渐走近全球气候治理体系的核心。面对全球气候变化危机，广大发展中国家普遍面临着减碳与发展之间的矛盾，而低碳城市建设则通过将碳排放指标和经济发展指标纳入城市发展总体规划，运用先进的低碳技术，在能源、交通、建筑、工业、居民生活等领域探索出了适合发展中国家的低碳城镇化路线。中国在低碳发展领域所取得的成绩，为广大发展中国家树立了一面旗帜，增强了发展中国家应对气候变化的信心，有助于世界各国从工业文明向生态文明整体转型。中国长期致力于引导应对气候变化国际合作，努力成为全球生态文明建设的重要参与者、贡献者和引领者。通过南南应对气候变化合作基金，引领发展中国家开展应对气候变化工作，让中国生态文明建设和绿色转型发展的红利惠及其他发展中国家，为全球气候安全和可持续发展做出积极贡献。

第三，中国的低碳发展引领全球气候治理模式转型，为构建人类命运共同体凝聚共识。《巴黎协定》的达成，标志着全球气候治理模式正在从国家行为体主导的"自上而下"模式向更加多元的"自下而上"模式转型，而城市则是全球气候治理的重要参与力量。就中国在推动全球气候治理进程中的角色而言，除了积极参与气候变化谈判，以大国外交和多边合作方式推动《巴黎协定》达成，中国还通过切实的国内行动来引领全球气候治理。在美国宣布退出《巴黎协定》的情况下，中国积极应对气候变化不利影响的立场没有改变，始终坚持《联合国气候变化框架公约》（以下简称《公约》）确立的公平原则、共同但有区别的责任原则和各自能力原则。中国的低碳城市建设逐渐成为中国与国际社会合作的一条纽带，通过国家主导的低碳城市国际合作，中国正在成为国际上先进的低碳理念和低碳技术转化应用的重要平台。在中欧领导人峰会、达沃斯论坛、联合国气候变化大会、G20 峰会、"一带一路"峰会等重要的外交场合，应对气候变化都是关键议题，而中国的低碳城市试点工作，不断地向世界讲述中国的低碳发展经验和进步。通过国际交流，中国城市在应对气候变化、能源和绿色低碳发展等领域的国际合作越来越多。

四　推进新时代中国低碳城市建设

党的十九大报告提出，中国特色社会主义进入新时代，我国社会主要矛盾已经转化为人民日益增长的美好生活需要和不平衡不充分的发展之间的矛盾。[①] 提出把我国建成富强民主文明和谐美丽的社会主义现代化强国，以及新"两步走"（2035 年和 2050 年）的发展目标。新时代新阶段的一个重要标志，就是要从高速度的增长走向高质量的增长。

随着美国退出《巴黎协定》，国际社会对于中国引领未来全球应对气候变化进程充满期待。中国要作全球生态文明建设的引领者的战略定位，就是对国际社会期待的公开回应。虽然中国仍处于并将长期处于社会主义初级阶段的基本国情没有变，中国是世界最大发展中国家的国际地位也没有变，[②] 但中国作为负责任的大国，提出的构建人类命运共同体的先进理念，为中国引领全球生态文明建设指明了方向。中国要以更加积极的姿态高举生态文明建设的旗帜，参与全球气候与环境治理，调整角色定位，由被动走向主动并参与引导构建人类命运共同体的进程，倡导责任共担、合作共赢和利益共享的国际气候治理新秩序。

中国已经实施了全方位、大力度、开创性的生态文明建设实践，把生态文明建设作为"十三五"规划的重要内容，落实创新、协调、绿色、开放、共享的发展理念，探索从工业文明向生态文明的转型。[③] 从实践层面来看，2016 年中国的碳强度相比 2005 年下降了 42%，超额完成了到 2020 年下降 40%—45% 的目标。中国十多年来强有力的淘汰落后产能、提高能效、压煤限产的政策已经取得显著成绩，并付出了巨大的代价。相比 2009 年哥本哈根气候大会时关于"中国一星期新建一个煤电厂"的舆论，中国用实际行动刷新了发达国家对中国的刻板印象。国际舆论普遍认为，在很多方面，中国比发达国家做得要好。实际上，中国的低碳发展经

---

① 习近平：《决胜全面建成小康社会 夺取新时代中国特色社会主义伟大胜利——在中国共产党第十九次全国代表大会上的报告》，人民出版社 2017 年版。

② 同上。

③ 求是网：《牢固树立创新、协调、绿色、开放、共享的发展理念》，2015 年 11 月 30 日，http：//www.qstheory.cn/dukan/qs/2015-11/30/c_ 1117268176.htm。

验越来越多地为减排与发展博弈的难题提供了解决方案或思路。新时代，中国低碳城市实现高质量发展的内涵包括以下方面。

第一，城市资源利用的高效率。低碳城市的重要特征就是低碳排放，这就要求低碳城市建设要尽可能高效地利用能源。此外，当前我国城镇化面临着土地资源紧缺、环境污染和水资源短缺等难题，这就要求低碳城市建设要体现出对土地、空气、水、矿产资源等自然资源使用的节约和高效，从而实现更高质量的城镇化模式。当前我国的低碳城市试点分布范围广，一些西部、北部地区的低碳城市试点面临的资源约束要明显高于东部沿海城市，这就要求低碳城市建设须因地制宜，结合当地生态环境特点，探寻合适的低碳发展路径。

第二，城市经济运行的高质量。良好的经济环境是城市繁荣的必要条件。这就要求低碳城市建设必须确保经济系统的高效良性运转。因此，在低碳城市设计和建设过程中，要结合城市的总体特征，明确城市的功能定位，制定合适的经济发展战略，在确保碳排放考核达标的同时，还要确保经济平稳运行，居民安居乐业。新时代，中国多数城市正在进行经济发展方式的转型，需要推动供给侧结构性改革，释放经济发展活力。

第三，城市生活水平的高质量。低碳城市要确保居民生活的舒适感，而这就要求低碳城市建设要有良好的生态环境。因此，低碳城市在建设过程中，要将污染治理和生态修复作为基础工作，通过构建完善的生态环境制度，确保城市生态环境质量不断改善。"污染治理攻坚战"是新时代的"三大攻坚战"之一，中国一些低碳试点城市依然面临严峻的环境污染和生态破坏问题，这就要求低碳城市建设过程中，尽快解决好环境污染问题，加大生态修复力度，确保居民生活水平不断提高。

推动新时代低碳城市建设要做到以下几点。

一是重视低碳城市建设的整体规划，坚持问题导向、需求导向和目标导向，基于不同城市类型，明确发展目标和定位，探索适合的低碳发展模式；认真审视自身优势、城市发展面临的难题，寻求"低碳+"的解决方案。

二是加强能力建设，为科学规划提供支撑，做好城市的能源和碳排放统计、核算和管理体系建设，针对达峰目标做好达峰路径研究，明确目标的部门分解和考核体系。

三是实施配套政策，确保规划目标完成。完善低碳发展的政策体系，激励性财税政策、强制性法令法规、市场机制和公众参与相互配合，进行精准化管理。规划目标可量化，政府定期公开项目进展和目标完成情况，做到信息公开透明。

四是培养社会环保意识，将低碳理念融入生活。通过政策和公共宣传引导市民选择更低碳的生活方式。强烈的环保意识是城市文化的象征，生活方式与消费习惯应在城市发展规划中得到考量和体现。

五是创新发展理念，以制度建设保驾护航。坚持"绿水青山就是金山银山"和"创新、协调、绿色、开放、共享"五大发展理念，深化生态文明体制改革，尽快把生态文明制度的"四梁八柱"建立起来，将生态文明建设纳入制度化和法治化的轨道。[1]

---

① 人民网：《习近平总书记关于狠抓落实重要论述摘录》，2016 年 8 月 8 日，http：//cpc. people. com. cn/n1/2016/0808/c64094-28618582. html。

第二章

低碳城市建设的内涵及影响因素

一 低碳城市的内涵

低碳经济概念一经提出，就受到了世界范围内的广泛认可，并且逐渐成为指导各国经济社会发展的战略思维。较多的研究认为，低碳经济的核心在于经济增长不以能源碳排放的持续增加为特征。有学者从能源消耗和排放方面给出了解释，认为低碳城市是经济增长的同时，能耗和碳排放并不表现出同步的增长；也有学者认为，低碳城市是各个先进绿色低碳技术的有效集合；还有学者认为，低碳城市的建设是一个系统工程，目标在于将城市建设成为一个良性的可持续的能源生态体系。[1][2][3]

对于低碳城市，学术界并没有统一的界定，既可以是城市发展的战略方向和目标，又可以是对发展现状模式的优化改善。从系统的角度上讲，低碳城市的目标是城市经济增长和能源碳排放的合理协调发展。低碳城市是低碳模式的空间承载。从空间形态上看，城市布局、规模、资源利用方式和市民的生活方式都与低碳发展紧密联系。从广义内涵上看，低碳城市研究主要涉及：一是城市碳排放的驱动因素，如城市经济增长、城市能源结构、土地利用水平、城市结构、城市政策管理工具等；二是城市碳排放核算研究，如按城市不同部门或排放范围进行核算；三是城市空间规划，如城市、区域、园区等开展的低碳空间规划，旨在融入低碳发展理念；四是探索低碳发展的各项实施保障措施。

---

[1] 夏堃堡：《发展低碳经济，实现城市可持续发展》，《环境保护》2008 年第 2A 期。

[2] 林崇建：《宁波：加快建设"低碳城市"》，《宁波日报》2012 年 7 月 10 日。

[3] 付允、刘怡君等：《低碳城市的评价方法与支撑体系研究》，《中国人口·资源与环境》2010 年第 8 期。

　　零碳排放是低碳城市的发展目标。零碳排放并不是没有二氧化碳排放，而是通过科学合理的规划设计，使碳源（碳排放）与碳汇（碳吸收）达到动态平衡的活动过程。要实现零碳排放的经济发展方式，必须要以先进的生产力为支撑，采用高效零碳能源，发展低碳产品与低碳技术，从而最终实现生态文明的建设目标。

　　一般来说，零碳城市首先需要做好顶层设计，通过编制"零碳规划"，对近零碳排放示范区建设工作进行整体规划、全面统筹，并设定分阶段的规划目标，为建设工作提供方向性的引领。在建设过程中综合应用好碳普查、碳减源、碳增汇、碳交易等工具。碳普查是指通过温室气体清单编制等方式，对该区域内生产、生活各环节中直接或间接的碳排放量与碳汇量进行统计，确定该区域创建"零碳"所处的阶段。碳减源是指通过使用产业结构调整、提高清洁能源消费占比、推广节能减排技术、淘汰落后产能、降低交通领域能耗、推广绿色建筑等措施，降低各排放源的排放量。而碳增汇则是通过植树造林等方法增加森林碳汇，从而提高对碳的吸收能力。碳交易是对碳排放量进行价格和数量干预的市场调节机制。碳减源以及碳增汇均可在碳交易机制下更加有效地推进，碳交易是以主动的方式来约束与有效控制达到碳平衡时的总量的。

　　随着人们对低碳城市认识的不断深化，城市践行低碳发展的动因也发生了变化。一方面，作为一种新的发展形态和城市建设运营模式，低碳城市不仅具有低碳经济的一般特征，①②③ 即"低碳排放""高碳生产力"和"阶段性"，还具有使"全体居民共享现代化建设成果"的包容性发展特征和保障全体居民低碳人文发展水平不断提高的政策实践需求，这就要求在我国新型城镇化的建设进程中，推动低碳城市建设不仅要从产业和技术层面大力开展低碳经济建设工作，还要重视从消费结构和品质方面推动生活方式和消费方式的绿色低碳转型。另一方面，过去城市实施减排只是为满足低碳试点政策的要求，如今城市主动向低碳发展方式转型，力图寻求新的发展机遇，如广元市打造低碳生态康养旅游城，将低碳发展作为提升城市竞争力、宣传城市的名片。

---

　　①　庄贵阳、潘家华、朱守先：《低碳经济的内涵及综合评价指标体系构建》，《经济学动态》2011 年第 1 期。

　　②　国务院办公厅：《国家标准化体系建设发展规划（2016—2020 年）》，2015 年。

　　③　庄贵阳：《低碳经济：气候变化背景下中国的发展之路》，气象出版社 2007 年版。

综上所述,"低碳城市"(low-carbon city)就是以低碳理念重新塑造城市,城市经济、居民生活、政府管理都以低碳理念和行为为特征,用低碳思维、低碳技术来改造城市的生产和生活,城市中的各个领域及部门使用先进绿色低碳技术,居民秉持低碳消费观念和生活方式。从城市建设的各个方面都实施低碳行动,旨在实现经济社会、资源环境的可持续发展。需要说明的是,由于中国城市仍然处于经济快速增长阶段,城市的碳排放总量还未达到峰值,城市碳排放特征也与发达国家有很大不同。我国低碳城市试点的短期目标,并不是绝对低碳,而是相对低碳,重点在降低单位GDP 的二氧化碳排放量,将人均碳排放保持在可控范围,因此,不能简单地套用发达国家的指标。

二　城市碳排放的影响因素

(一)城市碳排放驱动力

城市之所以造成大量能源消耗和碳排放,主要原因是人类活动对自然系统碳平衡的干扰和破坏。城市多是工业的集聚地,人口相对集中,城市扩张中化石燃料燃烧和土地利用方式的变化,加速了碳排放进程,使城市成为高碳排放的重要源头。人口增长、经济发展和城市化进程,导致对能源资源的高度依赖,与之相关的城市基础设施建设、人们消费方式和行为方式的转变等,都使得城市碳排放呈增长之势。

对城市碳排放的影响因素进行分解,明确影响城市碳排放的主要驱动力(见图 2-1),分析各驱动因素对城市碳排放在时间和空间尺度上的不同影响,有助于制定有效的减排路径。通过研究相关文献,我们发现,城市碳排放的主要影响因素包括人均 GDP、产业结构、城市化率、人口规模和碳排放强度等。

对于城市碳排放驱动力的研究,大多数集中在区域、国家碳排放的驱动因素分解上,在时间尺度或空间尺度上通过碳排放的历史变化来分析各驱动因素的作用。具体来说,经济增长因素与碳排放增加直接相关,但是通过降低经济增长的办法来减少能源需求和碳排放并不可行。城市化和工业化的进一步推进,在促进经济增长的同时,也会进一步增加能耗和碳排放的总量。

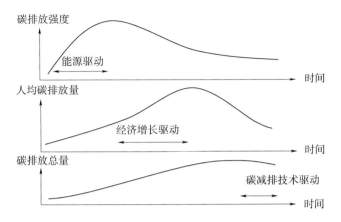

图 2-1　不同发展阶段的碳排放驱动因素①

总的来说，城市碳排放的驱动因素与人类活动直接相关，化石能源的使用无论是生产侧的能源加工、燃料制备，还是消费侧的交通运输、居民生活等产生的碳排放，尤其指向城市发展带来的环境压力。在宏观上，一般将城市碳排放的驱动因素归结为城市化进程中的人口规模、经济增长、城市扩张带来的基础设施建设、能源结构、政策发展导向以及科技水平等；在微观上，驱动因素通常包括生活方式和消费行为，聚焦在家庭消费以及城市居民的个人行为方式等方面。

中国人口基数庞大，尽管人口增长率已经被控制在相当低的水平，但因人口增长惯性，总量还在扩大；伴随着快速城市化进程，城市规模、基础设施建设以及人们生活方式和消费理念的变化，进一步增大了城市对能源资源的需求；大部分城市正处在工业化的加速阶段，物质资料消费和能源需求量大；城市的能源消费以化石能源为主，由于富煤贫油少气的资源禀赋特征，煤炭和石油占一次能源消费的比重大；此外，在国际贸易分工中实际形成了大量的能源和碳排放的间接出口。这些方面共同决定了中国城市的能源需求和碳排放的基本特点。

对于中国大多数城市而言，一是产业发展大都处于工业化的中期阶段，高能耗、高排放的产业占比较大，不少城市仍以钢铁、水泥、玻璃等产业作为地区的主要产业，能耗和碳排放在短期内大幅下降仍有难度。二

① 中国科学院可持续发展战略研究组：《中国可持续发展战略报告——探索中国特色的低碳道路》，科学出版社 2009 年版。

是就能源使用品种而言，地区的资源禀赋和能源使用结构中煤炭等化石能源使用较多，在短期内也难以实现替代。因此从碳排放的输入端考虑，能源结构和产业特征都是制约减排的重要因素。① 在此背景下，弄清城市碳排放驱动力，是明确低碳城市建设目标的前提条件。

（二）城市化和碳排放的关系

城市化表现出人口向城镇区域聚集的特征，城镇的基础设施等投入不断增加，吸引更多的人和更多的投资建设，在相互促进中城镇规模逐渐扩大，能源消耗增长，工业污染也逐渐表现出来，在一段时期内累积成为环境问题。由于解决环境问题的速度远低于污染物扩散进程，环境容量和生态阈值受到威胁，资源环境问题日趋严重。因此，城市化的快速推进促进了能源消耗和增加了碳排放量，是引发和驱动碳排放的重要原因。城市化引起城市人口数量增长，必然引发粮食、能源、交通、建筑等一系列生产生活基本需求量的增加。城市人口的集中又反过来促进了产业的发展，也进一步促进了市场消费和需求，从供给侧和需求侧都指向碳排放量的增加。在交通运输体系上，产品加工中心的建设，对行业企业的规模发展起到正向促进作用。由此看来，城市化进程所带来的农村人口向城市的聚集，对于城市生产生活各项用能构成挑战。

城市化刺激了城市建筑、交通等领域相关产业的发展，固定资产的投资和城市化相互促进。与城市化密切相关的一个驱动因素是土地利用变化。虽然土地利用变化导致的碳排放并不像工业生产过程的直接排放那样，但用途改变产生的间接排放也是碳排放增加的驱动因素。如原有的农用地具有碳汇的作用，通过植物光合作用可以吸收和固定大气中的二氧化碳，一旦转变用途，如用作建设用地、工地、厂房等时就丧失了土壤作为碳汇吸收二氧化碳的积极作用。

关于碳排放与城市化的关系研究成果较多，针对城市化发展对碳排放驱动作用的研究主要有全球尺度、国家尺度、区域尺度等层面。总的来说，虽然在全球尺度上不同国家和地区的具体情况差异较大，涉及经济、人口等很多驱动因素的影响，但碳排放水平与城市化进程同步的趋势还是

---

① 朱婧、丛建辉、张伟：《中国工业主导型城市碳排放驱动机制分析——以济源市为例》，《城市问题》2015年第9期。

基本确定的。

从中国经济增长的实践看，城市化与经济增长显示出一致的发展趋势，城市化过程中投资、消费和出口是推动经济增长的重要途径。但是，如何降低经济增长导致的资源环境成本问题，也是城市化进程中所面临的挑战。尤其是"十一五""十二五"以来，以投资为主要手段拉动经济增长，对于大气、水、土壤等环境的承载力构成巨大挑战，而已经出现的一系列环境问题，更是表明以往粗放型的、以牺牲环境换经济增长的发展方式不可持续。

城市化与碳排放的关系需要客观评价。一方面，城市在生产生活各项经济活动上具有集聚性，资源利用效率上比农村更高，因而在同样情景下城市化反而是合理配置资源的一个积极途径；另一方面，城市将朝着资源节约和环境友好的方向发展，在目前粗放发展现状下积极探索土地节约和能源节约，确实也是城市化进程面临的挑战。

（三）工业化与碳排放的关系

工业化是促进能源消费和碳排放迅速增长的首要原因，对工业化和气候变化问题的相关性分析也可以在一定程度上解释这个问题。气候变化问题以温室气体排放的急剧增加而引发的一系列问题为代表。按照 IPCC 的定义和科学研究，温室气体主要是指二氧化碳、氢氧化物等，主要来自工业革命以来的人为排放，包括工矿企业、发电企业、运输企业、热力供应、航空工业等部门，以及人为地毁林开荒、自然界的森林大火等。

世界各国产业结构和产业发展的历史进程，一般呈现产业结构高级化的趋势，即伴随着经济增长，第一产业占比逐渐下降，第二产业占比逐渐上升，工业化发展到一定阶段后，第三产业又会成为拉动经济增长的主要力量。由于温室气体的产生与化石能源使用直接相关，工业生产能耗较农业生产和服务业更多，因此产业结构的演进影响着产业活动的能耗，从而成为影响城市碳排放的重要因素。就产业发展的内部结构而言，不同的产业结构对碳排放的影响程度差异较大，诸如第二产业中以采掘业、材料工业、重型机械等为代表的重工业，多分布在自然资源禀赋条件较好的地区。这些行业消耗大量的化石能源，是高碳排放的主要原因。

对于产业结构与碳排放的相关性研究多集中于工业行业能源消耗与碳排放上，中国绝大多数城市第二产业占比较大，工业行业尤其是重工业碳排放量巨大。就全国的工业能源消费量来看，尤其是"十一五""十二五"期间，工业用能的高速增长导致碳排放快速上升。

（四）城市居民生活与碳排放的关系

城市居民生活也是城市高碳排放的一个原因，主要涉及城市中的交通运输部门、生活排放等。其中，城市交通运输部门的碳排放主要与能源使用相关，汽车尾气是造成环境问题的主要原因。相关研究表明，2005年全球交通运输业在一次石油总消费量中占比为47%，中国交通运输部门的能耗和碳排放占比也较高，并且近年来有持续增长的趋势。据相关研究测算，交通运输部门的能耗和碳排放增长均高于全社会平均增长率。[1] 交通运输部门通常可以分为营运性交通运输部门和非营运性交通运输部门，统计体系中常用交通运输、仓储及邮电通信业来核算，实际上包括了营运交通运输工具用能，非营运交通运输部门的统计并不完善。从交通运输用能的消费构成来看，机动车是交通运输部门中的耗能大户，重点就在于传统能源车的消耗。

除城市居民交通运输能耗和碳排放外，城市居民生活能源消费也是碳排放的重要来源。居民低碳消费，是发展低碳城市的重要环节，影响城市居民低碳消费行为的因素主要归类为责任感、生态价值观、便捷性、低碳认知、产品价格和政策感知效果。根据《2050中国能源和碳排放报告》的研究，城市居民生活中能耗最大的是居住，住宅能耗超过全社会平均能耗的一半，如果算上生活消费等，城市生活碳排放对整体排放的贡献高达90.88%。[2]

城市居民生活对于碳排放的主要影响，一是来自居民生活直接用能，二是来自居民消费品在生产之外的环节。关于城市居民生活碳排放的国际研究主要集中在家庭用能行为的影响因素，如家庭收入、对环境问题的关

---

[1]　国家发展和改革委员会能源研究所课题组：《中国2050年低碳发展之路：能源需求暨碳排放情景分析》，科学出版社2009年版。

[2]　2050中国能源和碳排放研究课题组：《2050中国能源和碳排放报告》，科学出版社2009年版。

注度以及节能宣传等。[1] 国内学者认为，家庭用能影响因素可归纳为：一是居民对于低碳产品应用的广泛程度，二是家庭收入，三是城市居民对于环境价值的认知程度。总的来说，家庭低碳行为主要指向低碳产品的消费行为。[2]

① Steg，L.，"Promoting Household Energy Conservation"，*Energy Policy*，No. 36，2008.

② 华坚、赵晓晓、张韦全：《城市居民低碳产品消费行为影响因素研究——以江苏省南京市为例》，《经济体制改革》2013 年第 3 期。

第三章

中国低碳城市建设实践进展

城市作为人类活动的主要场所，是现代社会经济的聚集地，是国民收入主要的创造地，也是消耗能源资源、排放污染物和温室气体的主体，产生了全球 70%—80% 的碳排放和 80% 的污染，引发了一系列生态环境问题。我国正处在全面建成小康社会的决胜期，还需要继续推进工业化和城镇化进程，在这个过程中能源需求将表现出继续增长的趋势，对城市控制碳排放造成巨大压力。因此，促进工业化和城镇化的良性互动，在实现经济发展和民生改善目标的同时，节能减排，提高城市气候适应能力，成为当前亟待解决的重要课题。

一　低碳城市试点工作进展与经验

中国政府高度重视节能减排和应对气候变化工作。发展低碳经济，建设生态文明，是全面落实科学发展观、加快转变经济发展方式、坚持发展与保护相统一的重要举措。推动低碳城市建设，需要明确低碳城市的内涵及建设目标，以此为依据完善低碳战略顶层设计，为低碳实践提供指导。

（一）中国低碳发展战略的顶层设计

在国家战略和顶层设计层面，从碳强度下降目标设定到碳排放总量控制再到峰值的总量目标设定，从生态文明建设到低碳宏观战略研究，从低碳试点示范到产业低碳转型，均为我国开展低碳发展提供了有力的政策保障。

1. 大幅降低碳排放强度

2009 年 11 月，中国政府宣布，到 2020 年单位 GDP 碳排放比 2005 年下降 40%—45%。该碳排放强度目标已作为约束性指标被纳入"十二五"规划当中。据统计，相比 2005 年，我国在 2013 年碳排放强度已经下降了 28.5%，相当于少排放 25 亿吨二氧化碳。如果能够达到目标上限，到 2020 年将在 2005 年的基础上共减少排放二氧化碳约 40 亿吨，这意味着还要减排约 15 亿吨二氧化碳。这是中国控制温室气体排放的第一步，也表明中国减少碳排放总量的路线图正在形成。

2. 加强碳排放总量控制

面对资源约束趋紧、环境污染严重、生态系统退化的严峻形势，须探索一条以结构调整、产业转型、制度创新为核心的低碳发展道路，加快构建低碳发展的新模式，在控制碳排放强度的基础上，迈出控制温室气体排放总量这一实质性的一步。党的十八届三中全会明确提出加快生态文明制度建设，"十三五"规划首次将碳总量和碳排放强度指标一同纳入国民经济发展目标，均为我国碳排放控制提供了有力的制度约束。

3. 尽快实现碳排放峰值

2014 年 11 月 12 日，中美双方在北京发布了《中美气候变化联合声明》，提出中国计划在 2030 年前后二氧化碳排放达到峰值，非化石能源占一次能源消费比重提高到 20% 左右。[①] 在控制碳排放总量、大幅度降低碳排放强度的基础上，要尽快实现碳排放峰值的到来。由于碳减排总量和能源结构的设定，中国形成了碳排放输入端和输出端的倒逼机制，增强了国内减排的压力和动力。

4. 开展低碳发展试点示范

自"十二五"时期，中国深入开展低碳省区、城市、城（镇）、园区、社区等不同层级的试点工作。[②] 试点地区在建立控制温室气体排放目标责任制、工业园区低碳管理模式，以及建设低碳社区和特色城镇低碳发展模式等方面进行积极探索，在交通、工业、建筑和能源等相关领域开展低碳发展试点示范，逐步形成绿色低碳生产方式和生

[①]　新华网：《中美元首气候变化联合声明》，2015 年 9 月 26 日，http：//www.xinhuanet.com/world/2015-09/26/c_ 1116685873. htm。

[②]　国家发展改革委：《中国应对气候变化的政策与行动 2016 年度报告》，2016 年 11 月 7 日，http：//www.gov.cn/xinwen/2016-11/07/content_ 5129521. htm。

活方式，从整体上带动和促进全国范围的应对气候变化和绿色低碳发展。

5. 完善低碳发展专项立法等制度建设

在立法上，2011 年中国成立了由全国人大环境与资源保护委员会、全国人大法制工作委员会、国务院法制办公室和 17 家部委组成的应对气候变化法律起草工作领导小组，加快推动《应对气候变化法》和《碳排放权交易管理条例》的立法程序。山西、青海、石家庄和南昌开展了地方应对气候变化和低碳发展的专门立法，逐步将温控目标、污染防治、碳交易等工作纳入法制轨道。

（二）低碳试点城市建设进展

从国家层面建设低碳城市试点，其中一个重要的目标是探索不同类型城市在推进低碳进程中的先进做法，通过梳理适当的政策引导，形成典型模式的经验总结，以便于在更大的城市范围内，将其作为开展低碳建设政策制定的依据。对国家三批低碳试点政策进行对比分析（见表 3-1），发现以下特点。

（1）试点范围在全国层面铺开

省级试点范围逐步减少，试点向市级以及二、三、四线城市发展，同一个城市设多个区县进行试点，例如，在广东省开展的试点中，第一批是广东省，第二批是广州市，第三批是中山市。为了探索资源禀赋、发展阶段、产业结构等不同的省份和城市低碳发展的路径，国家发展改革委在选择前两批试点省份和城市时就充分考虑到了试点地区的代表性，华北地区、华东地区、西南地区、华南地区、西北地区和东北地区均有分布。由于各地在资源禀赋、发展潜力、技术水平、经济发展阶段等条件上存在差异，各地的低碳试点也代表了不同类型省份和城市的发展路径，具有广泛的代表性。例如以北京、天津、上海、广州和深圳等为代表的经济发达、技术先进、资源环境条件优越地区，以昆明、镇江、苏州和厦门等为代表的创新型城市，以遵义、晋城、贵阳、辽宁和保定等为代表的老工业基地和资源型地区，以呼伦贝尔、乌鲁木齐、大兴安岭地区等为代表的生态环境优越而经济欠发达地区。与前两批试点相比，第三批低碳试点分布更为均衡，中国的低碳城市建设已"由点及面"全面铺开。

表 3-1　　　　　　　　　国家三批低碳试点政策对比

	第一批	第二批	第三批
工作背景	调动各方面积极性,先行先试,探索不同行业和地区的低碳发展路径	第一批试点取得了一定成绩,从整体上带动和促进了全国范围的绿色低碳发展。需要扩大试点范围,探寻不同类型地区控制温室气体排放路径和实现绿色低碳发展的举措	鼓励更多的城市探索和总结低碳发展经验,加快推进生态文明建设和绿色发展,积极应对气候变化
范围	5省8市(广东省、湖北省、陕西省、云南省、辽宁省;天津市、重庆市、深圳市、厦门市、南昌市、贵阳市、保定市、杭州市)	1省28市(海南省;广州市、武汉市、延安市、昆明市、北京市、上海市、石家庄市、秦皇岛市等)	45市[乌海市、沈阳市、大连市、朝阳市、南京市、常州市、嘉兴市、金华市、衢州市等城市(区、县)]
选择依据	各地方的工作基础、试点布局的代表性	扩大范围,试点精细化管理、地方特色化	积极探索创新经验和做法
目标任务	1. 编制低碳发展规划 2. 制定支持低碳绿色发展的配套政策 3. 加快建立以低碳排放为特征的产业体系 4. 建立温室气体排放数据统计和管理体系 5. 积极倡导低碳生活方式和消费模式①	1. 明确工作方向和原则要求 2. 编制低碳发展规划 3. 建立以低碳、绿色、环保、循环为特征的低碳产业体系 4. 建立温室气体排放数据统计和管理体系 5. 积极倡导低碳生活方式和消费模式	1. 明确目标和原则 2. 编制低碳发展规划 3. 建立控制温室气体排放目标考核制度 4. 积极探索创新经验和做法 5. 提高低碳发展管理能力
具体要求	加强领导,组织协调,抓好落实,务求实效	提出试点工作要按照党的十八大要求,牢固树立生态文明理念,强调试点的总结、评估和推广	进一步提出试点工作的制度创新要与相关生态建设、节能减排、环境保护等工作统筹协调;②"五位一体""四个全面"和中央会议精神的贯彻落实

（2）目标任务更明晰，要求越来越具体，便于管理落实

根据国家发展改革委低碳试点工作方案，前两批低碳试点均被要求编

---

① 《专访苏伟：应对气候变化挑战 中国贡献实实在在》，2013 年 2 月 6 日，http：//www. gov.cn/jrzg/2013-02/06/content_ 2327780. htm。

② 《关于开展第三批低碳省区和低碳城市试点工作的通知》，2017 年 1 月 24 日，http：// www. ndrc. gov. cn/zcfb/zcfbtz/201701/t20170124_ 836394. html。

制低碳发展规划、制定配套政策、建立低碳产业体系、建立温室气体排放数据统计和管理体系、倡导低碳生活方式和消费模式。[①]

要求第二批低碳试点建立控制温室气体排放目标责任制，结合本地实际确立合理的碳排放控制目标，初步测算并提出试点未来温室气体排放达到峰值的年份，并制定本地区碳排放指标分解和考核办法，为减排目标的落实提供了可量化的科学依据。[②]

在前两批低碳试点探索的基础上，第三批低碳试点的申报明确要求设置达峰目标，以此对城市低碳转型形成倒逼机制。与前两批低碳试点建设工作不同的是，要求第三批低碳试点探索创新经验和做法，在目标设定先进性、体制机制创新等方面形成好的做法，并逐步向全国推广。同时，强调提高低碳发展管理能力，优化组织结构，加强低碳城市能力建设，不断完善碳排放统计核算管理数字化体系。这表明，中国从政策制定和执行层面上具有持续加大低碳政策执行力度的决心，将通过管理制度的完善保障低碳目标的落实。

（3）试点政策体系逐渐融入经济社会和资源环境等多个领域

试点政策体系的构建和政策导向，逐步统筹到国家生态文明建设和绿色发展上，融入经济社会发展全局和资源环境等多个领域。例如，第一批低碳试点提出"在发展经济、改善民生的同时，有效控制温室气体排放"，第二批低碳试点提出"协调资源、能源、环境、发展与改善人民生活的关系"，第三批低碳试点提出"探索建立低碳产业体系和低碳生活方式"。总体来说，我国城市低碳发展的政策制定和执行，基本按照"自上而下"的模式，以政府为主导，城市各领域和部门配合，从宏观层面逐渐细化，企业、公众等各减排主体共同参与。[③]

中国对于低碳城市试点工作的开展，重点聚焦在两个方面：一是探索"自上而下"政府引导的低碳城市建设实践，促进地方低碳建设工作的开展；二是通过市场手段，建立区域性、地方性的碳交易市场试点，促进城市低碳建设。在地方政府的引导下，低碳城市建设目标与节能减排目标有

<hr />

① 《专访苏伟：应对气候变化挑战 中国贡献实实在在》，2013年2月6日，http：//www.gov.cn/jrzg/2013-02/06/content_ 2327780. htm。

② 《2025年前实现碳排放总量达峰值 建成国内低碳发展先进城市》，2017年3月27日，http：//www.cddrc.gov.cn/detail.action? id=850668。

③ 盛广耀：《中国低碳城市建设的政策分析》，《生态经济》2016年第2期。

效结合，对于中国在较短的时间内实现碳排放强度下降，起到了积极带动的作用。

（三）低碳城市试点工作成效

总体上，我国在低碳城市试点中进行了积极探索，积累了很多宝贵经验，具体如下。

第一，中国从国家战略的层面推进应对气候变化和低碳发展的相关工作，整体设定减排目标，同时形成指标分解，为地方规划了低碳发展的方向，实际上是从资源环境倒逼的角度促使地方加强低碳发展的相关工作。中国一直是应对全球气候变化的积极倡导者和实践者。① 从"十一五"时期要求单位 GDP 能源消耗目标降低 20%，到"十二五"时期能耗强度降低 16%、二氧化碳排放降低 17%，再到国家自主贡献承诺的 2030 年达峰目标，能耗、排放控制等约束指标被纳入社会经济发展目标，成为低碳发展的"约束线"。

第二，开展了城市类型多样的低碳城市试点工作，在已经开展的多个低碳城市试点中，地方通过自下而上的减排努力，尝试了很多做法。比如说，进入低碳试点的城市很多有自身的碳排放达峰时间表，设立专门的低碳发展管理机构等。中国低碳发展在短期内取得了较大的成绩，相较于其他国家，中国碳减排工作迅速推进，其中重要的原因是公共政策治理体系发挥了作用。中国的低碳减排工作由政府引导，并通过中央政府和地方政府等不同主体，形成层级低碳治理格局。在节能减排工作推进的过程中，各级行政主管部门是低碳城市建设各项工作开展的责任主体，在处理低碳城市涉及的各个部门和领域的工作时，更多地倾向于采用行政手段干预。这种自上而下的工作推进机制，对中国在较短的时间内实现节能减排目标具有一定的积极作用。

第三，在前期七个试点省市碳排放权交易市场的基础上，2017 年建成全国统一的碳排放权交易市场。该市场旨在将 40 亿吨左右的碳排放权纳入市场交易中，将覆盖全国碳排放总量的 50% 左右，同时也将成为世界上规模最大的碳排放权交易市场。碳排放权交易市场通过市场机制倒逼

---

① 庄贵阳、周伟铎：《中国低碳城市试点探索全球气候治理新模式》，《中国环境监察》2016 年第 8 期。

企业优化能源管理、进行技术创新。根据前期试点的运行经验，碳排放权交易市场的顶层设计是最重要的，顶层配额发放数量的设计，直接决定了碳排放权交易的价格。完善全国碳排放权交易市场，亟待解决以下几个问题：一是配额分配的问题，尤其是配额和经济增长、宏观经济运行下行压力之间的协调问题，企业考虑环境成本之后，在短期内的增长和长期技术进步之间可能会有协调困难，尤其是地方政府如何引导、帮助企业进一步实现发展。二是在不同区域、不同行业之间如何区分。由于行业本身的差异，对于能源等基本生产资料的需求不同，因此碳排放配额对于减排额度的区分处理，就显得尤为重要。三是不同层面的推进主体，即中央和地方政府，如何通过法律法规协调对减排企业的引导和排放规制。

第四，从低碳城市建设的产业特征上讲，产业发展与能耗结构密不可分。一方面，从能源资源开发利用角度看，在企业生产的全流程全环节上，探索创新技术与应用，建设资源的循环利用体系和节能环保管理监督体系，加大新能源的使用比重，尤其是重工业行业和企业的源头用能节能工作，应是低碳城市建设中产业部门减排的重点；另一方面，从产业结构布局及调整的角度上讲，高效节能产品的生产使用，需要以技术进步、市场需求以及鼓励政策等一系列行动措施作为保障。产业部门对于城市碳排放影响的本质，仍是城市的能源使用问题。此外，产业发展与经济建设、生态环境发展应紧密结合，将城市的生态环保领域作为一个产业来发展，也将对低碳城市建设起到积极的作用。

第五，从城市居民低碳意识的角度上讲，加强了节能低碳的公众传播，提高了市民的低碳意识，普及了全民节能行动，也是低碳城市建设的重要方面。政府机关、教育部门、生活社区等非生产部门，在日常生活中应践行低碳理念，如政府机关率先推动公共机构节能降耗，各级学校将节能环保的有益做法纳入课堂，社区等组织开展经常性的低碳宣传活动。结合低碳园区、低碳社区等建设契机，不断推进节能产品普及、垃圾分类回收、社区绿化等低碳行为，培养和引领市民的节约环保意识，积极引导形成低碳消费模式和生活方式。

第六，从低碳城市建设规划角度上讲，低碳规划的目标是实现城市零碳排放。通过低碳城市建设规划，优化城市空间布局，例如城市交通运输部门，如何在道路、车辆存量的基础上，寻找更为节能便捷的出行方式，而不是采用增加能耗、车辆等的增量发展；合理规划产、住以及人口密度之间的协调关系，是城市建设之初从更高的规划设计层面上推进低碳城市建设的有益探索。

总的来说，从低碳城市建设实施的各项工作来看，面对资源环境领域的问题时，主要的治理计划和行动主要由政府各个主管部门主导，制定专业化的、本领域内的治理措施，如土壤问题、水问题、大气问题等，以各类专项问题的解决为基础，依托工程等举措，采用自上而下的推动机制，取得了一定的成效。但就城市碳排放的现状和发展，以及减排的目标任务来看，仍存在一定的压力，进一步推进低碳城市建设，实现可持续发展所强调的经济增长、社会发展和资源环境的协调性，是城市作为一个主体，为低碳发展做出的贡献。

二 低碳城市建设存在的问题及原因分析

从三批低碳试点评估结果来看，试点在低碳发展目标设定、转型路径探索和低碳发展动力转换等方面与社会预期仍有差距，尤其在经济逐渐回暖的背景下，一些试点表现出一定程度的动力不足，亟须剖析根源，"对症下药"找准破解路径。

（一）存在的问题

1. 地方对低碳发展的积极性不高，发展规划缺乏特色

地方政府将资金和政策诉求作为申报参与低碳试点的内在动力之一，没有将低碳作为城市转型的抓手，部分规划中重大项目的低碳相关性不强，仍热衷于高耗能高排放项目建设，存在概念炒作和形象工程。尽管在开展低碳试点工作的相关通知中，并未明确对试点省市给予任何优惠政策或者专项资金，但是低碳试点仍吸引了许多地方政府的关注。事实上，国家发展改革委也基于试点开展，尝试争取一定的配套资金支持，同时也要靠地方政府自己的激励政策。① 一些试点城市集中力量做好了一些基础性工作，比如，南昌市目前主要是在可视化、惠民方面，

---

① 《第二批国家低碳试点申报 20 多个城市将获批》，2012 年 9 月 4 日，http://www.21cbh.com/HTML/2012-9-4/5NNjUxXzUxMzE5NA.html。

发展低碳建筑、公共交通、示范性的光伏发电站、节能路灯等市民看得见的项目，但缺少精细化、规模化的产业转型措施，导致结构性调整难以取得突破。

企业未能充分认识低碳转型的机遇，碳资产管理意识薄弱。由于低碳试点工作仍处于摸索阶段，除参与碳排放权交易试点的企业外，大多数企业仍然延续着传统的经营理念和生产模式，认为节能减排只是一种责任，在推动低碳发展的具体行动措施上较为被动，而即使部分企业希望能够抓住低碳经济的发展机遇，却面临着资金、技术等困难。对于个别企业，低碳发展也只是从商业目的出发进行的概念炒作，与真正能从低碳发展中增强未来竞争力之间还存在较大差距。即便是参与碳排放权交易试点的企业，其碳资产管理意识仍然薄弱，需要进一步认识低碳发展带来的机遇。

社会公众的低碳生活意识仍然欠缺。一些试点省市采取了种类多样的手段宣传和推广低碳生活的理念。比如，为配合"全国低碳日"，宣传低碳生活理念，近年来北京、上海、天津、云南等低碳试点省市纷纷开展系列活动，以展览、路演、市集等方式，希望唤起公众的低碳生活意识。然而，对于大多数试点省市来说，低碳宣传教育机制还远未建立，公众参与途径有限，宣传方式不够多元，理论性的宣传较多，而大众喜闻乐见、生活化的宣传较少。从效果角度来说，公众尚未形成真正低碳的消费与生活方式。比如，北京等省市建立了城市垃圾分类回收系统，但是公众的垃圾分类意识依旧淡薄；虽采取了摇号、限号等方式缓解交通拥堵和污染问题，但仍未解决城市机动车存量的问题。

2. 低碳发展模式差异性不明显，相关规划流于形式，缺乏可操作性

（1）低碳城市规划的科学性不高，发展模式缺乏亮点

由于缺乏综合性低碳城市发展规划制定标准和评估体系，各地的规划水平参差不齐。从各地编制的低碳试点实施方案或低碳发展规划来看，很多城市只是参照其他城市的规划模板，低碳发展规划没有形成自身的特色和系统性的低碳发展目标，只是将涉及的各领域和部门的低碳发展规划进行拼凑，没有深入挖掘低碳城市建设的内涵并体现地方特色，低碳路径相似，对自身发展特色和区位优势缺乏考虑，尤其是不顾自身的经济条件，求全求大，面面俱到地从产业结构升级、能源结构调整、绿色建筑、低碳交通、生态碳汇等方面着手展开，实施途径大都是在试点省市内继续划分

更小的试点市、试点园区等，① 缺少亮点，发展模式特色不突出，没能体现出不同层次试点示范的意义。

（2）相关规划和实施方案缺乏可操作性

有的低碳城市建设流于形式，相关规划或实施方案偏重于原则性和方向性，缺乏可操作性。一些低碳试点省市无视自身条件、产业基础、比较优势和发展环境，片面追求高技术、高附加值的新兴产业，强行抛弃传统产业，新的接续产业布局没有充分考虑到自身发展特点，也不利于地区的产业结构调整升级。部分低碳项目成为概念炒作工具和形象工程，如遍布全国的"太阳城"、低碳大厦、低碳园区等。这些项目兴建伊始，受到了广泛的关注，然而从项目运行一段时间后收到的成效来看，往往并未起到节能减碳的效果。还有的省市不顾自身的资源禀赋、国际化程度与人才配备，为塑造低碳省市的品牌，提高国际化程度，纷纷选择采用国际性论坛、展会等形式，在合作需求不明确、合作路径与理念不清晰的情况下，一味追求打造国际型的低碳城市品牌，举办上千人规模的国际型论坛和展览会，收效远不如预期，而且增大了地方政府的财政负担，造成了社会资源的极大浪费，这样的低碳品牌塑造路径是不可持续的。②

3. 统计核算能力薄弱，缺乏详细的达峰路线

（1）温室气体清单编制的科学性不足

作为低碳试点工作的要求之一，参与低碳试点的省市均已经或正在编制其温室气体排放清单。虽然一些城市效仿镇江市开始尝试建立统一的碳数据管理平台，重点企业的碳排放直报系统也在建设，但低碳发展规划编制所需的数据积累依然不足，对试点主要目标的完成情况和实现路径缺乏定量分析和数据支撑。在清单编制上，很多地方没有形成常态化机制，清单编制的科学性也有待提高。很多城市没有编制能源平衡表，地方发展改革委没有掌握本城市的能源和碳排放数据，使清单的编制质量难以保证。

（2）低碳目标的设立先进性不足

对有关试点省市实施方案的分析显示，大部分的低碳试点省市的减排目标与国家层面的目标基本一致，能耗强度目标和碳排放强度目标基本上

① 《国家低碳试点城市三年考：负责官员称没啥亮点》，2014 年 1 月 8 日，http：//finance. sina. com. cn/china/20140108/015317874961. shtml。

② 《中国低碳城市发展：未上马，已脱缰》，2010 年 12 月 1 日，http：//zqb. cyol. com/content/2010-12/01/content_ 3454386. htm。

在国家承诺目标的区间之内，说明低碳试点先行先试的带动性不强，设立的低碳目标约束性有限。究其原因，一方面是地方政府出于对未来发展空间以及经济增长目标的压力的考虑，另一方面是地方政府作为低碳城市各项工作的主要执行者，对积极应对碳排放的不利影响重视不够。

（3）低碳建设评估标准不一，未能制定详细的达峰路线图

根据低碳试点工作方案，第二批和第三批试点省市要设定碳排放峰值，但大多数省市只是为了迎合评审专家的要求，给出了碳排放达峰的时间，并没有制定科学的达峰路线图。尽管大多数省市结合自身发展阶段提出达峰目标，但尚未确定分领域、分部门、分技术的目标分解，未能识别减排的关键领域和贡献程度，以及提出具体的达峰路径。由于低碳城市缺少官方的、统一的建设和评估标准，缺乏对减排成本效益和影响评价的分析，难以判断相对最优的措施和适用性技术，规划和实施方案的可操作性较差。各试点省市虽然也强调了规划的指导性，但就实施方案来看，存在两种倾向：一种是由于没有明确的系统评估指标和标准，具体实现路径不清晰，相关举措流于概念和口号等；另一种是操之过急，从一个极端走向另一个极端，提出了一些不符合国情和地方基础的目标，没有理解低碳是一个相对的概念和要求，因而对碳排放基数较大的行业、企业一律予以拒绝。

4. 低碳发展考核力度小，低碳创新能力不足

（1）地方未将低碳发展纳入绩效考核体系

缺乏低碳项目实施的监督跟踪制度，降碳指标完成情况尚未纳入经济社会发展综合评价体系和干部政绩考核体系，无法形成减碳约束力。目前试点未实施有效的考核奖惩措施，如最终是否完成指标，并没有实质性的奖惩措施。有些省市只是提出了要结合低碳发展目标制定相应的低碳考核指标体系，并未阐明该体系与政府绩效考核指标体系之间的联系，甚至依旧以 GDP 作为绩效考核的依据；有些省市尚未明确低碳考核的内容。以各试点省市 2015 年政府工作报告为例，在 42 个试点省市中（深圳市、大兴安岭地区和温州市资料不足），有 4 个省市的政府工作报告并未提及低碳发展或碳排放目标。

（2）资金覆盖面窄，低碳创新能力不足

在资金支持上，很多低碳省市虽列出投资需求和项目，但缺乏配套的投融资机制，而且基本没有县一级的低碳专项资金，大量资金缺口导致低

碳项目无法实施。在试点工作推进中，相关从业人员的专业素质和能力参差不齐，比如一些低碳中介机构的工作人员，并未接受系统学习或专业培训就直接上岗，或者由于缺少经验积累，在实际操作中并不能够正确应用，这些因素使有关工作的实施效果一般。此外，产学研合作未被重视，科研单位的研究虽处于学科前沿，但是与企业实际生产产品的结合相对不强，造成低碳技术的实用性不足。同时，由于缺少创新成果转化机制，科研人员无法通过成果的市场应用获得更大的利益分享，因而缺少动力去推动成果的市场化，使一些具备市场潜力的高精尖低碳技术成果，未能在产业层面对低碳发展形成助力。

5. 部门间协调机制不畅，各类政策相互掣肘，难以发挥协同效应

低碳发展、生态文明建设、大气污染防治等顶层政策设计都体现了可持续发展理念，具有一定的契合性，但目前在城市层面未能实现协同，导致人们在认识上难以获得统一，政策执行中缺乏系统性和条理性，政策的落实效果必然大打折扣。比如，国家低碳、绿色、城镇化、环境保护、可再生能源、生态文明、可持续发展方面的试点很多，试点工作的内涵相关，但主管单位不同。因此，如何发挥政策协同效应，成为当前低碳转型实践中的一大难题。

低碳发展涉及城市的产业、交通、建筑等具体部门，但在执行过程中存在政出多门、协调不畅的现象，使节能降耗、环境保护、产业结构调整和碳汇建设等相关政策难免各行其是、相互掣肘。从杭州市的部门职责及实际分工情况看，全市的节能工作由经济和信息化委员会（以下简称经信委）负责，而应对气候变化工作则由发展改革委负责，二者尚未建立起适当的沟通机制，这种条块式的管理方式在全国其他城市也有一定的普遍性。[①]

（二）原因分析

中国低碳城市的建设还处于探索阶段，目前并无成熟的经验。国家试图通过低碳省市带动、典型经验案例总结以及在更大的范围内推广的路径推动低碳发展，但由于低碳省市试点强调自下而上主动性的工作，本身不具有强制性，以及从政策资金的支持角度上讲，确实与其他类型的试点差异较大，因此，低碳试点政策实质上是一种弱激励、弱约束政策。如何催

---

① 刘恒伟、丁丁、徐华清：《杭州市国家低碳城市试点工作调研报告》，2015年。

生低碳发展的红利、形成低碳转型的约束力,成为推进低碳试点工作的关键。当前最大的症结,恰恰在于试点省市短期内看不到实际收益,且缺乏外在监督约束,因而内在转型动力不足,这既有政策本身的问题,也有执行层面的问题。

1. 政策层面的问题

(1) 激励及保障体系不健全,造成城市低碳发展的动力不足

由于试点建设无标准、无资金、无奖惩、无实权,前两批试点省市的政策带动性不明朗,出现了低碳发展在某些方面退步的情况。由于看不到政策带来的红利,一些地方政府开始不作为,尤其是因经济复苏,一些原来提出峰值的省市,已明确表示无法达峰。还有些省市,希望依托核电项目,但由于公众的反对以及其他原因,与原来的设想出现偏离,达峰目标无法实现。一方面,国家对于试点省市的评估考核力度不够,没有形成完善的机制或操作模式,没有自上而下的明确考核规范,缺乏对低碳建设的约束力,在实施中面对相关方的利益冲突常常难以执行到位。[①] 试点省市每年仅提交自评估报告,约束力度较弱,缺乏对自身实际问题的说明。另一方面,低碳省市试点尚未形成统一的政策、土地、财政资金等方面的支持,工作动力不足的问题也有所显现。

(2) 城市低碳发展的政策手段单一,市场机制未充分发挥作用

目前低碳城市发展的各项政策制定和执行均以政府为主体,尚缺乏调动社会各方资源参与低碳建设的有效机制,政策显得孤立,缺乏协同性。尤其是在充分调动社会资本参与低碳城市建设的相关工作中,如何用好政府引导资金,撬动社会资本参与,从市场角度进一步加强低碳城市的各项建设,仍需要进一步研究。此外,应从产品标识、低碳消费理念角度,不断鼓励公众的低碳生活方式。

(3) 尚未将低碳发展充分纳入综合性城市规划,配套体制机制不完善

城市规划是城市发展的蓝图,但目前低碳发展、生态文明建设、大气污染防治等政策未能有机融入综合性城市发展规划中,成为政策协同性差的根本原因。一方面,缺乏统一的管理平台,而且基层政府专职干部配备明显不足,导致决策体系条块分割比较严重,交通、建筑、能源等部门间

---

① 盛广耀:《中国低碳城市建设的政策分析》,《生态经济》2016 年第 2 期。

的利益难以协调；另一方面，碳排放权交易制度、碳评估制度和配额制度还未健全，低碳发展的制度基础薄弱，给低碳发展许多具体行动和措施带来一些障碍。

2. 执行层面的问题

（1）地方对低碳发展的认识存在误区，低碳政策连贯性较差

低碳城市建设根本上是要处理好资源环境约束和社会经济发展的关系。作为低碳城市建设的主体，政策制定者和执行者对低碳发展的认识非常重要。但事实上还是有一些问题，例如一些地方的认识不足，认为能耗和碳排放的问题与经济增长相互制约，没有将保增长与调结构、促转型相结合。也有承诺达峰年份的省市，认为预期年份达峰存在困难。此外，地方领导存在频繁调动现象，不利于政策长期执行。很多中西部城市负责气候变化的部门人员较少，缺乏低碳建设工程项目的高层次管理人才和技术人才，对于工作的开展推动不利。

（2）缺乏完备的低碳发展专项政策实施细则

城市各领域低碳化发展的政策措施较为零散，未成系统。各部门和领域有自身的工作重点，就结合自身主要工作开展低碳城市的建设，如产业领域的低碳工业技术、低碳建筑领域的零碳建筑、低碳交通领域的新能源汽车等，但政策措施相对分散，主要还是集中在某一部门或领域开展。事实上，低碳城市的建设规划是一个系统工程，应当在更宏观的层面进行整体设计，各部门以该整体方案为基准，进一步细化自身领域或部门的操作细则。[①]

三　进一步推进低碳城市试点工作的政策建议

（一）以三个导向为抓手推动创新，发挥政策协同效应

进一步推进我国城市低碳试点工作，需要以三个方面的导向为基础推动创新。

一是以问题为导向进行创新。针对当前低碳城市建设中理论研究和实

---

① 盛广耀：《中国低碳城市建设的政策分析》，《生态经济》2016 年第 2 期。

践活动面临的各种问题，需要探索地区低碳标准化建设经验，确立统一的指导和衡量标准；加强政策协同性，明确政府各部门的减排责任，将低碳创新发展的各项任务分解落实到有关部门和相关单位；引入非政府背景的各种力量，形成多元多层推动低碳创新发展的态势。

二是以目标为导向进行创新。围绕峰值目标的实现，量化细分减排目标，明确各领域各部门减排路径；健全减排相关的数据收集、更新和信息分享机制；将峰值目标提升到立法层面，通过行政力量确保碳排放总量和强度控制。围绕转型目标的实现，树立低碳发展思维，加强企业层面碳减排、碳资产管理意识，引导公民形成低碳生活方式。围绕发展目标的实现，推动"低碳+"战略，促进多产业升级、多政策协同和形成多角度渗透，将低碳理念融入城市社会经济发展。

三是以需求为导向进行创新。明确试点城市定位，培育低碳发展的动力，形成新经济增长点。提高低碳发展能力，建立低碳发展智库，推动产学研合作，促进专业人才队伍建设，加强低碳节能技术攻关。夯实低碳发展保障力，健全考核评价体系，推动政府由管理、审批型向服务、监管型转变。具体在政策设计安排上，需要从国家层面和试点城市层面分别推进。

低碳城市建设以可持续发展为目标，是中国生态文明建设进程中的重要组成部分。因此，城市需要立足于生态文明建设的总体框架，将低碳城市建设作为协调城市化、工业化与低碳化、生态化之间关系的战略选择，在顶层设计中以碳排放控制为加快城市产业结构调整、应对气候变化、推进城市经济发展方式转变的"切入点"，充分协调已有的各项低碳发展政策措施，从整体上不断推进低碳城市建设，合理调整空间布局，加快形成绿色低碳发展的新格局，开创生态文明建设新局面。

（二）以系统工程思维推进低碳城市建设，出台指导意见

从系统工程视角看，低碳城市建设工作至少应该包括规划、建设、治理三大环节。这三大环节形成了紧密相关的三大研究领域——低碳城市规划、低碳城市建设和低碳城市治理。没有规划，发展就迷失了方向；只注重建设而疏于治理，就会无序发展。

低碳城市规划作为低碳城市建设和低碳城市治理的主要依据，必然在低碳城市发展过程中承担重要角色。低碳城市规划涉及面广，涵盖能源、产业、交通、建筑、消费等多个领域，但低碳城市规划不能无所不包，面面俱到。低碳城市规划应该抓住规划的几个核心要素，尤其是低碳发展的核心目标——综合的碳排放量指标、关键领域的可操作性措施和规划实施的保障机制。作为规划，不仅要明确目标，而且要有行动计划，应该给出达到目标的路径和措施。

低碳城市建设是一个动态的过程，其发展和形成必然有其深层的规律。国外发达城市在进行低碳城市建设方面先行一步，取得了比较成熟的经验。目前总结出的成功模式包括：以节能零排放为方向的哥本哈根模式、以产业低碳转型为支撑的伯明翰模式、以低碳社区建设为中心的伦敦模式、以全面建设低碳社会为主体的东京模式等，不尽相同。借鉴国外经验，中国应根据每个城市的定位、类型与功能实行分类指导，形成各具特色的发展模式。

低碳城市治理是一个新概念，从管理到治理是推进低碳工作的基本趋势。管理是他组织，治理是自组织。管理一般是单主体，治理一般指多主体。与管理相比，治理抛弃了传统政府管理中的强制性，强调政府、企业、团体和个人的共同作用，重视网络社会组织之间的对话与合作关系。提高管理工作的开放性和精细化程度，大力推进低碳城市治理体系改革和治理能力提升是城市低碳发展的重要途径。

当前中国低碳城市试点尚处于探索阶段，目的是鼓励更多的城市积极探索和总结低碳发展经验，将试点城市的成功经验向全国铺开。因此，建议从顶层设计上，基于前期低碳工作基础，尽快出台深化低碳城市试点示范的指导性意见，明确建设目标、行动领域和考评标准。

（三）发挥规划综合引领作用，制定城市达峰路线图

统一规划，发挥规划综合引导作用。低碳发展专项规划应始终以城市规划为根本导向，立足于城市的发展阶段和潜力，将城市经济发展目标、民生建设目标、环境保护目标与峰值目标相结合，制定统一的发展目标和发展计划，尤其是用好已出台的部门领域的各项低碳发展专项规划，将部门的工作整合，在此基础上做出部门间的目标细分，明确各方职责，也为政策考核提供依据。同时通过部门联席会议制度、生态补偿制度等加强政策沟通，建立利益协调机制，从而节约管理成本，最大限度地发挥政策协同效应。

作为城市低碳发展的"先驱者",低碳试点城市应以身作则,增强紧迫感,对低碳发展有更加严格的要求,制定高于一般城市水平的年度低碳发展规划,争取尽快达到峰值,发挥引领和示范效应。鼓励城市形成规范性低碳文件,加紧法规政策配套建设。同时,加强减排方案的成本收益分析,制定量化细分的减排目标,将目标细化到每一个部门,明确工业、交通和建筑各领域达峰路径,并进一步制定相关法令法规和财政政策来确保这些行动方案的实施。政府定期公开项目进程和目标完成情况,接受公众监督,向社会传递政府减排的信心和决心。加强对具体措施和实施方案的技术可行性和经济有效性评估,明确各领域碳减排的贡献程度,明确分阶段、分部门、分领域的达峰路径,促进低碳发展理念转化为各行各业的具体行动。

低碳试点城市应深刻地认识到低碳城市建设是长期系统工程,需要明确定位,推动个性化导向发展,确立体制机制的具体创新方向,突出地方发展目标和发展途径的特色。第三产业占比大于55%的消费型城市,重点控制交通、建筑和生活领域碳排放的快速增长,建立绿色消费模式;第二产业占比大于50%的工业型城市,着力推进产业转型升级,培育绿色低碳经济增长点;第二产业和第三产业比重接近且不超过50%的综合型城市,应实施碳排放强度和总量"双控",努力实现经济社会的跨越式发展;第一产业比重较大且城市化水平较低的生态优先型城市,应把握好生态资源禀赋,合理布局产业和能源体系。

(四) 加强智慧城市与低碳城市的融合,提高低碳治理效率

把低碳城市规划、建设、治理与智慧城市结合起来,建立低碳城市的智能化管理平台,是推进低碳城市的有效途径。智慧城市作为一种决策的手段和工具,在进行城市规划、建设、治理以及资源与环境保护的过程中,可以起到不可替代的作用。根据低碳城市工作的需求,低碳城市的智能化管理平台,可以针对低碳城市建设评价体系的应用而建立,基于大数据技术,实现对低碳城市建设评价的数据管理、数据分析、可视化结果输出等基本要求。智能化管理平台的开发,不仅是信息技术和智能技术的运用,更主要是将改变城市的治理方式。

可通过大数据、信息化工具以及智能管理方式,实现全市政务信息系统互联互通,加快低碳数据的开放,鼓励社会力量挖掘数据价值,促进低

碳信用体系建设，在低碳信息化领域探索有益的创新经验。推广厦门、镇江建设碳排放智能管理云平台的先进经验，对具体能源或产品的排放数据从源头进行跟踪和管理，为在线精准监测、自动碳规范盘查、减碳效果诊断和减碳路径分析等提供依据。同时，积极发展节能减碳中介，搭建低碳发展平台。可采用合同能源管理等模式，通过节能服务公司的专业化运作，垫付资金并逐步返还，有效推进低碳项目的实施。培育碳减排咨询、认证、培训等中介组织，为减排企业提供技术咨询、减排核查、能力建设等相关服务。

（五）评建结合，建立"资金+考核"的长效机制

评价是管理的基础。低碳城市的建设首先要有一套科学的理论、评估方法和考核标准，既要反映城市低碳发展现状，又要在考虑城市地域特点和资源禀赋的同时，兼顾城市向低碳转型的努力程度，能够帮助城市了解其低碳发展的现状与差距，发现问题，找出优势与劣势，进而科学地推动中国城市低碳转型进程。在建设低碳城市之前，需要有一个量化测度的评价工具，基于评价结果指导制定低碳城市发展的政策措施。因此，低碳城市的建设过程中，既要考虑低碳城市的"评价"，又要以低碳城市"建设"目标为导向。建设是发展的基础和过程，评价是管理的手段和保障，"建设"与"评价"相结合才能形成完整的低碳城市评价体系，才能真正有利于城市低碳发展。

党的十八大以后，传统上靠国家财政资金支持开展的试点形式不宜鼓励，应该引导城市在公平的政策环境下开展试点。如住房和城乡建设部的节水城市试点，虽然没有国家财政支持但也搞得如火如荼。在资金支持层面，要发挥好绿色金融的作用，灵活运用绿色债券、绿色基金，形成多层次的低碳融资结构，并以PPP资本合作模式弥补低碳建设资金缺口。低碳试点城市可根据自身实际，从高耗能高排放单位入手，建立碳排放权交易体系，逐步引入金融机构、机构投资者、个人投资者等市场主体，提高社会各方的参与度，推动碳金融产品创新，采用PPP资本合作模式，发挥政府种子基金的撬动作用。在监督考核层面，建议发展改革委明确顶层设计的考核监督办法，严格对低碳试点城市进行逐级考核，对于各种试点，鼓励竞争，淘汰落后，并考虑引入清退机制。

第二篇

低碳城市建设评价的国际经验与国内实践

开展低碳城市建设评价，应在全面提升城市生产、生活、生态功能的框架下，以提高城市碳生产力为核心，制定适合本地实际的低碳城市发展蓝图，明确城市低碳发展蓝图的重要定性和定量表征指标，实现城市低碳发展蓝图和城市低碳建设评价指标体系的无缝对接。本篇从指标结构、研制主体的视角对国内外低碳城市建设方法的总体进展进行了系统总结，结合与低碳城市建设评价指标体系相关的典型案例，分析了不同的评价分析模式包含的政策框架重点和实践需求。认为需要从评价目标选择、评价指标体系主题设置、统计方法的统一性、指标选取的稳定性等方面构建评价指标体系，为低碳城市建设评价工作提供理论支持。

第四章

国际低碳城市建设评价：基于指标结构的比较分析

目前，与低碳城市建设评价指标体系相关的研究很多。从指标体系的主题看，也不限于低碳城市，最常见的还有环保城市、绿色城市、生态城市、宜居城市、可持续城市、城市低碳竞争力等。从指标体系的应用看，部分指标体系评价结果已连续发布多年，有较大的影响力。为了学习借鉴国际经验，本章在对国际低碳城市建设相关评价方法总体进展进行概述的基础上，选择几个典型指标体系进行比较分析。

一 国际低碳城市建设相关评价方法总体进展

随着低碳经济理论研究的不断深化和低碳城市实践的发展，国际上提出了不少与低碳城市评价相关的指标体系和评价方法。

例如，美国劳伦斯—伯克利国家实验室（LBNL）中国能源组在低碳城市建设相关评价方法方面有较多研究。Christopher Williams、Nan Zhou 收集了 16 种指标体系，包括美国、加拿大、澳大利亚、瑞士、英国等国家有关生态城市的研究成果（见表 4-1），其中 8 种进行了排名，7 种没有排名。与中国有关的有两种，一是应用耶鲁环境法律与政策中心研制的环境绩效指数对中国进行省际排名，与城市研究不可比；二是城市中国计划（UCI）发布的城市可持续性指数 2013 年版。[①]

在欧洲，荷兰瓦赫宁根大学的 Meijering 等学者 2014 年发表论文，对欧洲六种城市指标体系的内涵、指标、排名方法、社会影响等方面进行了

---

① Nan Zhou and Christopher J. Williams, *An International Review of Eco-city Theory, Indicators, and Case Studies*, Lawrence Berkeley National Laboratory, 2013.

比较分析，包括欧洲能源奖（European Energy Award，EEA）[①]、欧洲绿色首都奖（European Green Capital Award，EGCA）[②]、欧洲无烟尘城市排名（European Soot-free City Ranking）和可再生能源系统冠军杯（RES Champions League）等（见表4-2）。从中可见，欧洲地区的各城市排名和评价，其发起者既有政府部门，也有第三方机构，参与评价的合作方众多，其发布频率不尽相同，还需完善排名和评价的定期更新机制。

在亚洲，联合国亚太经济社会理事会（ESCAP）组织专家学者建立的东北亚低碳城市平台（The North-East Asia Low Carbon Cities Platform，NEA-LCCP），对7种城市相关指标体系进行同行评议（见表4-3），包括美国劳伦斯—伯克利国家实验室开发的中国低碳生态城市评价工具（Eco and Low-carbon Indicator Tool for Evaluating Cities，ELITE Cities）和低碳城市标杆和节能工具（Benchmarking and Energy Saving Tool for Low Carbon Cities，BEST Cities）[③]、马来西亚KeTTHA开发的低碳城市框架和评价系统（Low Carbon Cities Framework and Assessment System，LCCFAS）[④]、亚太经济合作组织（APEC）能源专家组开发的APEC低碳城镇指标体系（LCT-1）、欧盟开发的后碳城市指数（Post Carbon Index，PCI）[⑤]、经济学人智库（Economist Intelligence Unit，EIU）开发的亚洲绿色城市指数（AGCI）[⑥]、城市环境协定（Urban Environmental Accords，UEA）和UNEP合作开发的城市环境指数（Urban Environmental Index，UEI）[⑦]。

[①] "European Energy Award"，http：//www. european-energy-award. org，2017.

[②] "European Green Capital Award"，http：//ec. europa. eu/environment/europeangreencapital/index en. htm，2017.

[③] Nan Zhou, Gang He, Christopher Williams, David Fridley, "ELITE Cities：A Low-carbon Eco-city Evaluation Tool for China"，*Ecological Indicators*，Vol. 48，2015，pp. 448-456.

[④] Muhammad Fendi Mustafa, "Low Carbon Cities Framework and Assessment System"，http：//www. jpbdselangor. gov. my/Laporan/mampan/KETTHA. pdf，December 2012.

[⑤] Catarina Selada, Ana Luísa Almeida, Daniela Cuerreiro, "Towards a Post-carbon Future Benchmarking of 10 European Case Study Cities"，https：//pocacito. eu/sites/default/files/D3_ 4_ Benchmarking_ Case_ Study_ Cities * final. pdf，August 2015.

[⑥] The Economist Intelligence Unit（EIU），"The Green City Index"，http：//www. siemens. com/entry/cc/en/greencityindex. htm，2017.

[⑦] 根据网站http：//ueama. org/bbs/content. php？ co_ id＝01010000介绍，UEA在韩国光州，是城市绿色低碳发展平台，每两年召开一次大会，其与UNEP合作开发该指标体系，并根据评价结果设立全球绿色发展城市奖，没有指标体系的详细信息。

表 4-1   生态城市评价的 16 种指标体系

评价类型	参考指标	评价目标	指标结构
城市层面排序型评价	EIU（2011）	亚洲的 22 个大型中心城市	8 大类 29 个指标
	普华永道（2011）	世界 26 个大型金融和政治中心城市	可持续类型下 4 个指标
	未来论坛（2010）	英国的 20 个大型城市	3 大类 11 个指标
	ACF（2011）	澳大利亚的 20 个大型城市	3 大类 15 个指标
	Karlenzig 等（2007）	美国的 50 个大型城市	15 大类 15 个指标
	Corporate Knights（2011）	加拿大人数最多的 17 个城市及各省人数最多的城市	5 大类 28 个指标
	EU Green Capitals（2011）	人数超过 200000 人的候选城市	10 大类 71 个指标
	MONET（2009）	瑞士的 17 个城市	3 大类 31 个指标
省级层面排序型评价	Esty 等（2011）	中国省（直辖市、自治区），未对香港、澳门、台湾进行评价	12 大类 33 个指标
城市层面非排序型评价	GCI（2007）	促进各城市政策分享的核心及二级指标	20 个主题 77 个指标
	ESMAP（2011）	能使城市领导者同其他城市进行能效对标以制定最佳政策和策略的工具	6 大类 28 个指标
	Heine 等（2006）	改善澳大利亚维多利亚州市民参与、社区规划和政策制定的指标	可持续环境类型下 21 个指标
	Sustainable Seattle	促进西雅图市可持续发展倡导者和实践者采取有效行动的指标	22 大类 99 个指标
	Boston Indicators Project（2012）	普及信息获取、促进知情公共话语、了解公民共同目标进展及报告项目	可持续类型下 29 个指标
	欧盟可持续发展城市环境战略监测（2007）	欧盟环境优先项目，如气候变化、自然和生物多样性、环境质量与健康、可持续资源使用和废弃物管理	5 大类 45 个指标
	Xiao 等（2010）	测度中国城市可持续发展相对绩效的工具	5 大类 18 个指标

资料来源：Christopher Williams，Nan Zhou，Gang He，et al.（2012）。

表 4-2   **欧洲 6 种城市指标体系的比较**

评价类型	主要发起者	项目主要合作方	发布情况（次）	评价期（年）
欧洲能源奖	来自瑞士、奥地利、德国和波兰的合作方	EEA 国际办公室、EEA 论坛、各国家和地区 EEA 办公室	11	2012
欧洲绿色首都奖	欧盟委员会	欧洲议会、欧洲环境署、欧洲环境司、地区委员会、ICLEI、乡村规划服务集团	3	2012
欧洲绿色城市指数	西门子	经济学人智库	1	2009
欧洲无烟尘城市排名	德国联邦环境、自然保护、建设与核安全部	欧洲环境司、德国环保组织 DUH、德国自然保护联盟、德国交通俱乐部、气候作品网络	1	2011
可再生能源系统冠军杯	可再生能源联络委员会	太阳能组织 Solarthemen、保加利亚能源机构协会、生态替代联盟、能源俱乐部环境协会、波兰能源城市网络、环保联盟、德国环保组织 DUH、气候联盟、欧洲委员会	定期更新	2012
欧洲城市生态系统评价	意大利环境部	德克夏银行、环保联盟、气候联盟、波罗的海城市联盟、地中海城市网络、意大利城市协会、意大利地方 21 世纪议程	2	2007

资料来源：Jurian V. Meijering, Kristine Kern, Hilde Tobi, "Identifying the Methodological Characteristics of European Green City Rankings", *Ecological Indicators*, 2014, Vol. 43, pp. 132-142。

表 4-3   **NEA-LCCP 比较的 7 种指标体系**

	ELITE Cities	BEST Cities	LCCFAS	LCT-1	PCI	AGCI	UEI
研发机构	LBNL	LBNL	KeTTHA	APEC	EU	EIU	UEA、UNEP
网络工具	有	制定中	有	有	无	无	无
重点领域	低碳	低碳	低碳	低碳	可持续发展	绿色城市	可持续发展
评价类型	清单	清单、政策制定	清单、评级	打分	清单、案例研究	评级	清单
指标类型	QL、QN	QN	QL、QN	QL	QN	QL、QN	QN
应用城市个数	N/A	N/A	16	11（试点）	10	12	N/A

续表

	ELITE Cities	BEST Cities	LCCFAS	LCT-1	PCI	AGCI	UEI
环境							
二氧化碳	x	x	—	x	x	x	x
能源	x	x	x	x	x	x	x
建筑	x	x	x	x	x	x	—
水	x	x	x	x	x	x	x
空气质量	x	—	x	x	x	x	x
废弃物	x	x	x	x	x	x	x
流动性	x	x	x	x	x	x	x
土地使用	x	x	x	x	x	x	x
生物多样性	—	—	x	x	x	—	x
N&P 循环	—	—	—	—	—	—	x
经济							
GDP	—	x	—	—	x	—	—
就业	x	—	—	—	x	—	—
投资	x	—	—	—	x	—	—
金融	—	—	—	—	x	—	—
社会							
健康	x	—	—	—	x	—	—
教育	x	—	—	—	x	—	—
网络	x	—	—	—	—	—	—
住房	x	—	—	—	—	—	—
不平等	—	—	—	—	x	—	—

注："N/A"表示无，"x"表示包含，"—"表示不包含；"QL"即 Quality，"QN"即 Quantity。

资料来源：东北亚低碳城市平台。

　　2015 年，国家应对气候变化战略研究和国际合作中心（以下简称国家气候战略中心）对国内外主要机构和智库建立的城市低碳建设评价相关指标体系进行了综述。国际机构的指标体系包括联合国人居署的城市指标（1993）、全球城市指标（2007）、欧洲绿色城市指数（2009）和亚洲绿色城市指数（2011）（见表4-4）。[①] 从中可见，各城市评价体系都涉及能源和环境维度的评价，部分还考虑了减贫维度的因素。其中，全球城市指标考虑了消费侧的评价因素，而联合国人居署制定的城市指标、经济学人智库制定的绿色城市指数（欧洲、亚洲）则更多地从供给端考虑指标体系的研制。

表4-4　　　　　　　　　国外低碳城市建设评价相关指标体系

名称	机构	制定时间（年）	框架	指标数量（个）	应用情况
城市指标	联合国人居署	1993	住房、社会发展和消除贫困、环境管理、能源管理	42	用于测度城市的可持续发展目标
全球城市指标	城市指标基金组织	2007	城市服务，生活质量	74	10万以上人口城市，启动于拉美和加勒比海地区
欧洲绿色城市指数	经济学人智库和西门子公司	2009	二氧化碳排放，能源、建筑、交通、水、废弃物和土地利用、空气质量、环境治理	30	欧洲30个主要城市
亚洲绿色城市指数	经济学人智库和西门子公司	2011	能源和二氧化碳、土地利用、建筑、交通、废弃物处理、水、环境卫生、空气质量和环境治理	29	亚洲地区主要城市

资料来源：国家应对气候变化战略研究和国际合作中心。

二　国际低碳城市建设评价相关指标体系典型案例

从上述国际低碳城市建设评价相关指标体系总体进展的描述中可以看到，各类指标体系非常多，难以逐一详述，但有一些指标体系被多次提及，比较有影响力。本节选取一些低碳城市建设相关指标体系的典型案例进行介绍和分析。

（一）绿色城市指数

绿色城市指数（Green City Index，GCI）由西门子公司资助经济学人

----

① 丁丁、蔡蒙、付琳等：《基于指标体系的低碳试点城市评价》，《中国人口·资源与环境》2015年第10期。

智库（Economist Intelligence Unit，EIU）开发，最早应用于欧洲，称为欧洲绿色城市指数（European Green City Index，EGCI），[①] 后移植到世界各大洲。[②] 目前评价全球超过118个城市，包括美国和加拿大27个，非洲15个，亚洲22个，欧洲30个，拉美17个和大洋洲7个。2009—2012年陆续发布绿色城市指数评价总报告和系列地区评价报告，各地区所用评价指标略有不同，在全球具有较大的影响力。

　　绿色城市指数的指标体系包括8个领域（二氧化碳、能源、建筑、交通、水、废弃物和土地利用、空气质量、环境治理）共30个指标，其中16个为定量指标，14个为定性指标（见图4-1）。

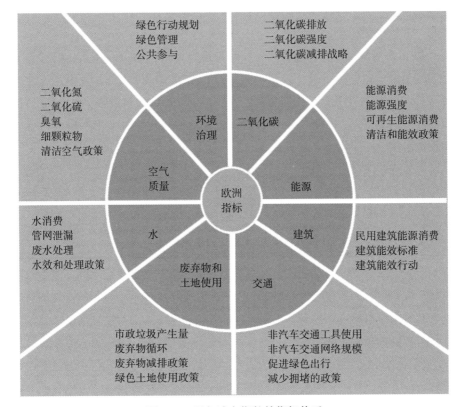

图4-1　绿色城市指数的指标体系

---

① EIU, "The Green City Index", http://www.siemens.com/entry/cc/en/greencityindex.htm, 2017.

② Economist Intelligence Unit, *European Green City Index: Assessing the Environmental Impact of Europe's Major Cities*, Munich, Germany, 2009.

（二）欧洲能源奖

欧洲能源奖（European Energy Award，EEA）通过标准的审计手段，根据已经实施的方法评估，围绕四年评价期内设定的新目标，开展综合能源政策项目，对目标城市能源政策效果进行评价。[①] 开展综合能源政策项目评价，需要由一位经过认证的咨询顾问来支持城市的整个项目实施过程。如果一个城市设定的主要定量和定性绩效指标达到了一定标准，就可以申请"欧洲能源奖"。通过这一申请的城市必须每年监督选定领域的发展情况，每四年重新进行申请，校验取得的成就。最后由一个独立的机构来评估申请奖项的城市的综合能源政策项目绩效，并且在达标条件下授予城市"欧洲能源奖"。

EEA 是对城市实施的能源和气候政策进行评价，该指标体系会根据每年的实施反馈信息进行更新，包含定性指标和定量指标两大类。其中，定性指标又具体分为79个指标，涉及发展与空间规划、市政建筑设施、供给和配置、流动性、内部组织、沟通与合作六大领域；定量指标包含城市碳排放量、能源消费总量、注册汽车总量和绿色电力消耗量占电力总耗电量的比重。

目前参与该项目的国家包括奥地利、法国、德国、意大利、卢森堡、摩纳哥、瑞士等普通成员国以及摩洛哥、罗马尼亚和乌克兰三个试点国家，包括1456个城市（见表4-5），涉及人口总量4600万。

表4-5　　　　　　　欧洲各国 EEA 获奖和参评城市[②]　　　　　单位：个

国家		获奖城市数量				获金奖的城市总数	参评城市总数
		5000 人以下规模城市	5000—50000人规模城市	50000 人以上规模城市	合计		
普通成员国	奥地利	75	42	4	121	18	233
	瑞士	164	226	10	400	40	637
	德国	33	116	87	236	44	329
	法国	1	7	33	41	2	116
	意大利	5	3	1	9	3	16
	列支敦士登	9	2	—	11	—	11
	卢森堡	55	21	1	77	4	104
	摩纳哥	—	1	—	1	—	1

[①] European Energy Award, *European Energy Award Activities* 2014, Zurich, June 2015.

[②] European Energy Award, *European Energy Award Activities* 2016, Zurich, June 2017.

续表

国家		获奖城市数量				获金奖的城市总数	参评城市总数
		5000 人以下规模城市	5000—50000 人规模城市	50000 人以上规模城市	合计		
试点国家	摩洛哥	—	—	1	1	—	3
	罗马尼亚	—	—	—	—	—	4
	乌克兰	—	—	1	1	—	2
合计		342	418	138	898	111	1456

（三）欧洲绿色首都奖

欧洲绿色首都奖（European Green Capital Award，EGCA）最早是在 2006 年提出的。2006 年 1 月欧盟委员会承诺支持和鼓励欧洲城市采取更全面的城市管理方法。[①] 2006 年 5 月爱沙尼亚城市协会和 15 个欧洲城市（塔林、赫尔辛基、里加、维尔纽斯、柏林、华沙、马德里、卢布尔雅那、布拉格、维也纳、基尔、科特卡、达特福德、塔尔图和格拉斯哥）在爱沙尼亚塔林最早提出建立一个公认的奖项，奖励那些在生活环境保护方面领先的城市。2008 年欧盟委员会正式设立这一"诺奖级"的城市奖项，每年奖励欧洲最"绿"的城市。该奖项的口号是"绿色城市——适宜生活"，目标包括三个方面：第一，奖励一贯实现高环境标准的城市；第二，鼓励城市执行环境改善和可持续发展计划；第三，树立榜样，并促进最佳实践经验在其他欧洲城市推广。

欧盟官方通过评选授予城市年度"欧洲绿色首都"称号，[②] 由该城市负责开展系列活动，通过媒体宣传、组织会议和活动等多种手段让本市市民及时了解并参与绿色城市的项目，普及绿色理念，推进绿色首都建设。EGCA 共包括 12 个评价指标：（1）气候变化：缓解和适应；（2）地方交通；（3）包含可持续土地利用的绿色城市地区；（4）自然和生物多样性；（5）环境空气质量；（6）声环境质量；（7）废物生产和管理；（8）水管

---

① EGCA, "Background to the European Green Capital Award", http：//ec. europa. eu/environment/.

② European Green Capital Award, *Urban Environment Good Practice & Benchmarking Report*, European Green Capital Award, 2017.

理；（9）废水处理；（10）环境创新和可持续就业；（11）能源绩效；（12）综合环境管理。

评奖过程首先由 10 万人口以上的城市自愿提出申请，然后由国际认可的专家评审团根据 12 项指标对各个城市提供的相关信息进行评价，筛选出能够进入名单的城市，之后交由欧洲委员会、DG 环境部、欧洲议会、环境委员会、区域委员会以及欧洲环境局组成的评审团对进入名单的城市进行评价，最后决出获奖城市。为了扩大宣传，获奖城市需要在获奖当年举办一系列活动，欧洲绿色首都奖当年就会评选出下一年的获奖城市。截至目前，获奖城市包括瑞典斯德哥尔摩（2010 年）、德国汉堡（2011 年）、西班牙维多利亚（2012 年）、法国那特（2013 年）、丹麦哥本哈根（2014 年）、英国布里斯托尔（2015 年）、斯洛文尼亚卢布尔雅那（2016 年）、德国埃森（2017 年）和荷兰奈梅亨（2018 年）。

（四）欧洲无烟尘城市

欧洲无烟尘城市主要关注城市空气质量，从九个方面评价 23 个欧洲城市，包括减排情况、低排放区建设和禁止高排放情况、公共采购、非道路交通体系、经济激励措施、机动性管理、鼓励公共交通、鼓励步行和自行车、参与度和透明度，采用五级评分方法（++，+，0，-，--）。相关网站（http：//www.sootfreecities.eu/city）给出 2012 年和 2015 年城市各项评估结果，例如瑞士苏黎世 2015 年名列第一，综合得分 B+，比 2012 年的 B-有进步（见图 4-2）。[①]

（五）后碳城市指数

欧盟低碳城市项目"欧洲未来的后碳城市"（European Post Carbon Cities for Tomorrow，POCACITO）2014 年启动，2016 年结束。项目开发了后碳城市指数（Post Carbon Index，PCI），并对欧洲十几个案例城市进行了分析和评价，给出了城市标杆。该指标体系为四层结构，分社会、环境和经济三大领域，共 25 个指标，包括 6 个社会指标、12 个环境指标和 7

---

① "Ranking Overview"，http：//www.sootfreecities.eu/.

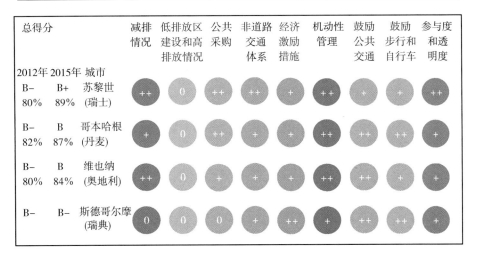

图 4-2　2012 年和 2015 年欧洲无烟尘城市评价结果比较

个经济指标（见表 4-6）。[1][2]

该指标体系属于研究项目成果，后碳城市不同于低碳城市，概念上强调未来城市不再依赖碳，相应地社会、生态圈和经济将发生重要转型（见图 4-3），更注重环境、社会和经济的密切联系和可持续发展。例如，社会因素包含社会融合、公共服务和基础设施、城市治理的有效性等。该指标体系偏重学术探讨，并未实际应用。

表 4-6　　　　　　　　　　后碳城市指数的指标体系

指标层	二级指标层	指标	单位	样本期（年）
社会	社会融合	按性别的失业水平变化率	%	2003—2012
		贫困变化率	%	2003—2012
		按性别的高等教育水平变化率	%	2003—2012
		平均预期寿命	数值	2003—2012
	公共服务和基础设施	可使用的绿色空间变化率	%	2003，2012
	城市治理的有效性	减排监测体系	有/无，描述性	2013

---

① Noriko Fujiwara，CEPS，*Roadmap for Post-carbon Cities in Europe*：*Transition to Sustainable and Resilient Urban Living*，2016.

② Selada C.，Silva C. and Almeida A. L.，et al.，"Towards a Post-carbon Future：Benchmarking of 10 European Case Study Cities"，D3-4 of the project Post-Carbon Cities of Tomorrow（POCACITO），http：//pocacito.eu/start，2017.

续表

指标层	二级指标层	指标	单位	样本期（年）
环境	生物多样性	生态系统保护区变化率	%	2012
	能源	能源强度变化率	吨油当量/欧元	2003，2012
		按部门的能源消费变化率	%	2003，2012
	气候与空气质量	碳排放强度变化率	吨二氧化碳/欧元	2003，2012
		按部门的碳排放变化率	吨二氧化碳	2003，2012
		空气质量限值超标量	数值	2010，2012
	交通和流动性	可持续交通变化率	%	2001，2011
	废弃物	城市废弃物产生量变化率	千克/（人·年）	2007，2012
		城市废弃物回收变化率	%	2007，2012
	水	水损变化率	立方米/（人·年）	2003，2012
	建筑和土地使用	建筑能效变化率	%	2007，2012
		城市建筑密度变化率	座/平方千米	2003，2012
经济	可持续经济增长	财富水平变化率	欧元/人	2003—2012
		按部门的 GDP 变化率	%	2003—2012
		按部门的失业水平变化率	%	2003，2012
		企业生存变化率	%	2008，2009，2010
	公共财政	预算赤字变化率	%	2003—2012
		债务水平变化率	%	2003—2012
	研究和创新动力	研发强度变化率	%	2003—2012

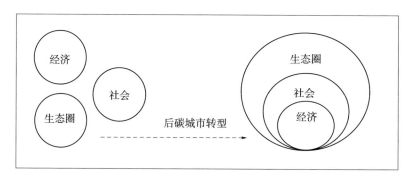

图 4-3　后碳城市转型示意图

（六）城市可持续发展前景评估指标体系

2017 年 8 月 25 日，联合国开发计划署（UNDP）发布一项报告，用人类发展指数和生态投入指数等构建了城市可持续发展前景评估指标体系，对中国 35 个大中城市的可持续发展前景进行了衡量与排名。结果显示，在目前的发展模式下，大多数中国城市可持续发展能力并不乐观。和 2015 年相比，2016 年中国 35 个城市的平均生态投入指数从 0.32 上升到 0.44，这意味着需要消耗更多资源、排放更多污染才能实现发展（见图 4-4、表 4-7 和表 4-8）。①

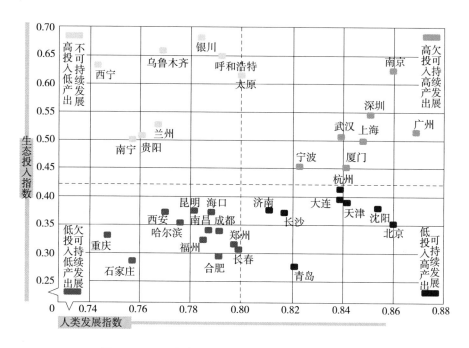

图 4-4　2016 年中国 35 个大中城市的生态投入指数
资料来源：联合国开发计划署：《2016 年中国城市可持续发展报告：
衡量生态投入与人类发展》，2016 年。

---

① UNDP, *China Sustainable Cities Report 2016：Measuring Ecological Input and Human Development*, United Nations Development Programme in China, Beijing, China.

表 4-7　2016 年中国 35 个大中城市生态投入、资源消耗和污染排放指数

序号	城市	生态投入指数 UEII	资源消耗指数 URCI	污染排放指数	序号	城市	生态投入指数 UEII	资源消耗指数 URCI	污染排放指数
1	青岛	0.28	0.33	0.23	19	大连	0.40	0.38	0.42
2	石家庄	0.29	0.26	0.31	20	杭州	0.41	0.47	0.35
3	合肥	0.29	0.32	0.26	21	厦门	0.45	0.59	0.32
4	长春	0.31	0.31	0.30	22	宁波	0.45	0.42	0.49
5	郑州	0.32	0.32	0.31	23	上海	0.50	0.61	0.39
6	福州	0.32	0.32	0.33	24	南宁	0.50	0.49	0.51
7	重庆	0.33	0.28	0.38	25	武汉	0.51	0.65	0.37
8	成都	0.34	0.41	0.27	26	贵阳	0.51	0.57	0.44
9	南昌	0.34	0.42	0.26	27	广州	0.51	0.69	0.34
10	北京	0.35	0.46	0.24	28	兰州	0.53	0.50	0.56
11	哈尔滨	0.35	0.36	0.35	29	深圳	0.55	0.75	0.33
12	西安	0.37	0.37	0.37	30	太原	0.61	0.61	0.62
13	长沙	0.37	0.47	0.27	31	南京	0.62	0.76	0.49
14	海口	0.37	0.49	0.30	32	西宁	0.63	0.56	0.70
15	昆明	0.37	0.42	0.32	33	呼和浩特	0.65	0.61	0.69
16	济南	0.38	0.46	0.29	34	乌鲁木齐	0.66	0.74	0.58
17	沈阳	0.38	0.37	0.39	35	银川	0.68	0.64	0.73
18	天津	0.39	0.42	0.36	—	—	—	—	—

表 4-8　　　　2016 年中国 35 个大中城市人类发展指数计算

序号	城市	人类发展指数 HDI	教育指数 EI	收入指数 II	预期寿命指数 LEI	序号	城市	人类发展指数 HDI	教育指数 EI	收入指数 II	预期寿命指数 LEI
1	青岛	0.82	0.70	0.85	0.94	9	南昌	0.79	0.69	0.80	0.89
2	石家庄	0.76	0.67	0.75	0.87	10	北京	0.86	0.78	0.85	0.95
3	合肥	0.79	0.72	0.80	0.87	11	哈尔滨	0.78	0.68	0.76	0.90
4	长春	0.80	0.70	0.80	0.91	12	西安	0.77	0.68	0.79	0.86
5	郑州	0.80	0.70	0.81	0.90	13	长沙	0.82	0.73	0.87	0.87
6	福州	0.79	0.70	0.80	0.86	14	海口	0.79	0.71	0.75	0.92
7	重庆	0.75	0.63	0.74	0.89	15	昆明	0.78	0.71	0.77	0.89
8	成都	0.79	0.69	0.80	0.90	16	济南	0.81	0.72	0.82	0.90

续表

序号	城市	人类发展指数 HDI	教育指数 EI	收入指数 II	预期寿命指数 LEI	序号	城市	人类发展指数 HDI	教育指数 EI	收入指数 II	预期寿命指数 LEI
17	沈阳	0.85	0.81	0.83	0.92	27	广州	0.87	0.78	0.89	0.94
18	天津	0.84	0.74	0.86	0.94	28	兰州	0.77	0.72	0.76	0.82
19	大连	0.84	0.72	0.87	0.95	29	深圳	0.85	0.73	0.92	0.92
20	杭州	0.84	0.72	0.86	0.95	30	太原	0.80	0.73	0.77	0.90
21	厦门	0.84	0.77	0.83	0.92	31	南京	0.86	0.77	0.87	0.96
22	宁波	0.82	0.70	0.85	0.94	32	西宁	0.74	0.66	0.74	0.84
23	上海	0.85	0.75	0.85	0.96	33	呼和浩特	0.79	0.70	0.85	0.84
24	南宁	0.76	0.69	0.73	0.87	34	乌鲁木齐	0.77	0.71	0.80	0.80
25	武汉	0.84	0.75	0.85	0.93	35	银川	0.78	0.69	0.79	0.89
26	贵阳	0.76	0.69	0.76	0.84	—	—	—	—	—	—

（七）全球绿色经济指数

2016 年 10 月，美国咨询机构 Dual Citizen LLC 发布了第五版全球绿色经济指数（GGEI），[①] 通过领导力与气候变化、效率部门、市场投资以及环境与自然资本四个方面的 19 项指标，对全球 80 个国家和 50 个城市的绿色经济水平进行了评价。[②] 2016 年 11 月，美国国家科学院发布报告《走向城市可持续发展之路：挑战与机遇》，根据各个城市的具体市情，构建不同的指标体系，通过环境、经济、社会三大类指标，剖析了 9 个不同类型城市的可持续发展状况。

全球绿色经济指数从 2010 年开始编制发布，被政策制定者、国际组织、民间社会和私人机构所广泛引用，GGEI 对于绿色经济表现的衡量，为政府及私人部门制定促进绿色经济转型的投资决策提供了强有力的支持。该评价指标体系在保持连续性、基本框架和核心指标相对稳定的同时，每一年都会有所改进。在评价指标的调整过程中，在指标选取的依据、指标体系的框架构建、指标体系的侧重领域、指标评价测算方法、数

[①]　Dual Citizen LLC, *GGEI 2016*, http：//dualcitizeninc.com/GGEI-2016.pdf, 2017.

[②]　Jeremy Tamanini, *The Global Green Economy Index*, *GGEI 2016—Measuring National Performance in the Green Economy*, 2016.

据收集等方面积累了丰富的经验。例如，在 2014 年年初，指标体系扩大到旅游业以外的部门，包括建筑、运输和能源等其他效率部门，同时还引入环境绩效指数的评价结果，由此在领导力与气候变化之间建立了更为明确的联系。2016 年，在以往 80 个国家之外，从 C40 全球城市气候领袖群（C40 Cities Climate Leadership Group）中选取 50 个城市，全球绿色经济评价由国家层面延伸到城市层面。

GGEI 评价指标体系（2016）包括领导力与气候变化、效率部门、市场投资以及环境与自然资本四个维度，每个维度又细分了不同方面，共包含 19 个具体指标。

（1）领导力与气候变化，偏重定性指标，主要反映国家或城市在气候变化方面的表现、在国际气候论坛上的发声、领导人的政治意愿、新闻媒体的宣传力度等。

（2）效率部门，主要衡量建筑、交通、旅游、能源等部门通过有效资源利用实现低碳转型情况。例如，USGBC（The United States Green Building Council）网站上的能源和环境设计领导力（Leadership in Energy and Environmental Design）认证统计数据，采用国际能源机构和世界银行提供的交通部门碳排放数据及其趋势、可持续旅游状况、可再生能源发电的百分比、资源回收率等指标。

（3）市场投资，引入了 WWF 清洁技术集团全球清洁技术创新指数（GCII），主要评估可再生能源投资、清洁技术创新、企业可持续发展和绿色投资促进及其便利化等方面的努力。

（4）环境与自然资本，包含 6 个方面的指标：农业、空气质量、水、生物多样性和栖息地、渔业和森林。GGEI 直接使用了耶鲁环境法律和政策中心（YCELP）和哥伦比亚大学国际地球科学信息网络中心（CIESIN）合作开发的环境绩效指数（EPI）的评价结果。

利用上述评价指标体系进行评价，结果显示，瑞士仍然是 2015 年后表现最好的国家，绿色城市当中哥本哈根位居第一，北京排第 22 名，香港排第 27 名。包括中国在内的亚洲国家在 GGEI 2016 中排名都在第 20 名之后，同时中国在市场投资方面表现也较弱。

三　国际低碳城市建设评价相关指标体系的比较

比较上述典型低碳城市建设评价相关指标体系，可以归纳为如下特点（见表4-9）。

表4-9　　　　　　　　国际指标体系的比较

序号	名称	发布机构	评价对象	城市分类	指标体系	评价指数
1	绿色城市指数（GCI）	经济学人智库，西门子公司（2009）	综合，全球120个城市	按大洲分组	8—30个，定量/定性	1
2	欧洲能源奖（EEA）	NGO	单项，在能源方面表现突出的欧洲城市，参与城市超过500个，连续发布超过10年	否	6—79个，定量/定性	专家评审
3	欧洲绿色首都奖（EGCA）	欧盟（2010）	综合，欧洲大中型城市，每年参与城市20个左右，每年连续发布	10万人口以上城市	12个	自愿申请，专家评审
4	欧洲无烟尘城市（Soot Free Cities）	NGOs	单项，在空气质量方面表现突出的欧洲城市	否	9个，半定量	5级评分
5	后碳城市指数（PCI）	EU POCACITO项目（2016）	综合，欧洲案例城市十余个	项目组选择的案例城市	3—13—25个	比较但未排名
6	全球绿色经济指数（GGEI）	Dual Citizen LLC（2010）	综合，全球80个国家，50个城市，每年连续发布	否	4—19个，定量/定性，个别指标借用其他机构指数评价结果	1

第一，主题多元。有些指数涉及领域多，综合性强，如绿色城市指数包括8个领域30个指标；有些侧重某个单项，例如欧洲能源奖、欧洲无

烟尘城市，覆盖面较窄。

第二，评价组织者中政府较少参与，咨询公司、研究机构、NGO、城市联盟等发挥重要作用。

第三，评价对象的扩展。坚持时间长的往往影响力大，有些指标体系从区域评价逐渐扩展到全球，有些从国家延伸到城市。

第四，不少指标体系采用定量和定性指标相结合的方式，评价环节在定量测算之外还请第三方专家组成评审团。

第五，评价对象之间要有可比性。可以通过设置人口门槛、进行城市分组、自选案例等方式增强可比性。

此外，指标体系可用指标不足时，可以借用其他机构的评价结果作为指标体系的一部分，例如全球绿色经济指数（GGEI）的评价指标不多，但都非常综合，如环境与自然资本的衡量，就直接借用了环境绩效指数，包括了六大环境领域。可再生能源投资数据就采用了 IREN 的评估结果。这样做的好处是指标体系形式简洁，但涵盖内容广泛，缺点是评估过程不够透明，数据更新受制于人。

四　城市可持续发展指标体系国际标准 ISO 37120

1992 年里约联合国环境与发展大会以来，全球可持续发展运动风起云涌，绿色低碳发展势不可当。联合国人居署、联合国环境规划署、亚洲开发银行、欧盟等经济体、国际发展组织、金融机构和各国学者开发了大量有关低碳城市、生态城市、绿色城市、可持续城市的评价指标体系。层出不穷的各种指标体系主题略有差异，覆盖面和指标选取也各有侧重，但往往都包含经济、社会、能源、环境等一些核心指标，内容也多有交叉重叠。相比而言，可持续城市包含了绿色、低碳等理念，内涵最为丰富，国际上讨论也最多。但由于标准化的缺失，给国际上城市可持续发展绩效比较带来困难，限制了各城市了解和对标世界城市可持续发展前沿水平的可行性，也不便于各城市通过可持续发展的"通用语"，共享可持续发展的"最佳做法"。因此，从标准化的角度构建指标体系，综合评估和监测城市可持续发展绩效，对于加强城市之间发展经验借鉴和交流工作，具有重要的推动作用。

标准化已成为重要的国家和城市治理手段。近年来，标准化的对象覆盖了产品、过程和活动，应用于经济发展、社会治理、文化建设、生态文明等领域和方面，成为创新国家治理和新型城镇化建设的重要手段，通过发展对标、以评促建，不断推动经济提质增效，提升法治政府建设水平，提高中国在营商环境方面的国际优势和对外开放水平。国际标准化组织（ISO）成立于1946年，其成员的国民总收入占世界的98%，人口占世界的97%，是推动国际标准化的权威机构，被称作"技术联合国"。

2012年ISO成立了ISO/TC268技术委员会和ISO/TC268/SC1分技术委员会，前者负责城市和社区可持续发展领域的标准化工作，后者负责城市基础设施智能化的标准化工作。2014年5月15日，在加拿大多伦多举行的全球城市峰会期间，ISO/TC268正式发布了第一个针对城市服务和生活品质的国际标准ISO 37120——城市可持续发展指标体系，[1] 强调以人为核心，以推动城市可持续发展为最终目标，包括城市可持续发展管理体系要求、指南和标准，不包括城市建设方面的具体技术和标准。[2][3]

ISO 37120文本共有22章，第1—4章为规范性说明，说明该标准的适用范围、规范性引用文件、关键术语和定义、制定标准的目的、指标分类等。第5—21章为评价指标，从不同领域衡量城市可持续发展绩效，包括经济、教育、能源、环境、财政、火灾与应急响应、治理、健康、休闲、安全、庇护、固体废弃物、通信与创新、交通、城市规划、废水、水与卫生17个方面100个指标。[4] 许多指标与低碳城市建设密切相关，46个核心指标和54个辅助指标的划分为城市根据自身实际进行指标取舍留出了空间。

2014年5月开始，ISO/TC268组织各国共同开展ISO 37120的试点工作，已拥有20个样本城市，这些城市来自西亚和东非、澳大利亚、北美、

---

① 2014年5月15日，在加拿大多伦多举行的全球城市峰会（Global Cities Summit）期间，ISO/TC268正式发布了ISO 37120：2014《城市可持续发展——城市服务和生活品质的指标》国际标准。中国参与了ISO/TC 268启动ISO 37120的修订工作。

② 中国标准化研究院：《关于对〈城市可持续发展——城市服务和生活品质的指标〉国家标准征求意见的函》，《〈城市可持续发展——城市服务和生活品质的指标〉国家标准征求意见稿》，2015年12月。

③ 杨锋：《ISO 37120：2014〈城市可持续发展　城市服务和生活品质的指标〉实施指南》，中国标准出版社2017年版。

④ 同上。

南美和欧洲，在地理和人口规模上很有代表性。此外，世界城市数据协会（World Council on City Data，WCCD）与 ISO 一起建立了城市数据平台，在国际层面上推进城市数据的标准化工作，已有初步成效。中国上海参加了 ISO 37120 试点，但网站上有关上海的数据大部分缺失。城市数据全球委员会总裁兼首席执行官、加拿大多伦多大学麦卡尼教授在首届"世界城市日"全球城市论坛上的主旨演讲中指出，通过应用 ISO 37120 能够帮助上海开展全球城市标准化数据的国际对标和了解发展需求，推动上海 2050 发展战略研究。

2015 年 9 月，联合国通过《2030 年可持续发展议程》，核心是一套覆盖 17 个领域 169 个具体目标的可持续发展目标（SDGs）。[①] 第 11 个领域有关城市发展，提出建设包容、安全、韧性、可持续城市和人类住区，包含 10 个具体目标。随后，联合国第三次人居大会通过了"新城市议程"，对该目标进行了分解和细化。联合国统计委员会和专家组制定了全球层面可持续发展目标的统计监测指标体系，有关城市的统计指标大约有 13 个。尽管联合国制定的指标体系并不具备国际标准的地位，但对各国落实可持续发展目标具有重要的指导意义，在后续 ISO 城市相关标准的修订中也会有所体现。

---

① United Nations, *Global Sustainable Development Report 2016*, Department of Economic and Social Affairs, New York, 2016.

第五章

国内低碳城市建设评价：基于研制机构的比较分析

除了国际低碳城市建设相关指标体系有大量研究成果和实际应用案例，近年来，国内无论是学术研究还是实际应用都取得了长足的进步，涌现了大量文献。本章选取部分典型案例进行介绍和比较分析。

一 国内低碳城市建设评价相关指标体系

（一）可持续发展评估指标体系

中国科学院可持续发展战略研究组，是国内较早系统研究可持续发展理论和评估指标体系的著名机构。多年来，中国科学院可持续发展战略研究组围绕中国可持续发展战略不同主题研究的需要，不断吸纳整合优势资源和力量，基本上形成了一个"小核心、大外围、开放式"的跨学科专家协作网络。《中国可持续发展报告（2015）——重塑生态环境治理体系》[①]围绕中国全面深化改革背景下"重塑生态环境治理体系"的发展需求，分析了中国建立"政府、企业和社会"等利益相关方共同参与生态环境保护的基本情况，提出了中国生态环境治理体系的主要建设目标、基本原则和总体框架，并对生态环境保护与治理体系改革中的法律、管理体制、企业责任、社会治理等制度安排进行了阐述，为全面深化生态文明建设的体制机制改革、实现"用制度保护生态环境"和编制"十三五"规划提供决策参考。

中国科学院可持续发展战略研究组建立了庞大的中国可持续发展评估

----

① 中国科学院可持续发展战略研究组：《中国可持续发展报告（2015）——重塑生态环境治理体系》，科学出版社 2015 年版。

指标体系，辅助中国可持续发展能力评估。该指标体系分为五级，由五大支持系统、16 个变量、45 个指数和 225 个基本要素指标构成。每年的研究报告都结合当年主题，应用可持续发展指标体系进行综合评估。《中国可持续发展报告（2015）——重塑生态环境治理体系》① 通过建立可持续发展评估指标体系，构建资源环境综合绩效指数，综合评估了不同省（直辖市、自治区）1995 年以来的可持续发展能力及 2000 年之后的资源环境综合绩效。该指标体系没有直接评价城市，但对低碳城市建设评价指标体系有一定的借鉴意义。

（二）低碳试点城市评价指标体系

2015 年，国家气候战略中心在广泛参考国内外相关指标体系研究进展的基础上，构建了一个低碳试点城市评价指标体系。评价指标体系框架由研究目的、研究内容、指标类型和指标内容四个层次组成（见图 5-1），包括人口、人均 GDP、城镇化率、三次产业比例、人均碳排放、万元 GDP 碳排放、排放目标、单位用能碳排放、万元 GDP 能耗、人均能耗、非化石能源比重、森林覆盖率等 17 个具体指标，可以划分为社会/经济/能源/资源情况表征指标、碳排放指标、低碳发展相关指标和体制机制创新相关指标四种类型。②

国家气候战略中心的研究人员以第一批和第二批 36 个低碳试点城市为例，基于经济和碳排放的核心指标进行聚类分析，将 36 个低碳试点城市划分为领先型、发展型、后发型和探索型四类（见图 5-2）。在广泛收集数据的基础上对低碳试点城市进行分类评估，并基于指标体系，分析了四类城市的特点、发展趋势，分别提出四类城市未来低碳发展的需求，从而提出差异化的低碳发展模式与发展途径。

（三）绿色低碳发展指数

绿色创新发展中心（iGDP）开发的绿色低碳发展指数先对城市进行了分类，评价对象包括 11 个后工业化阶段城市（P）、37 个工业化后期的后半阶段 I 类城市（H3）、21 个工业化后期的后半阶段 II 类城市（H2）、

---

① 中国科学院可持续发展战略研究组：《中国可持续发展报告（2015）——重塑生态环境治理体系》，科学出版社 2015 年版。

② 国家应对气候变化战略研究和国际合作中心：《低碳城市评估指标体系研究》，2015 年。

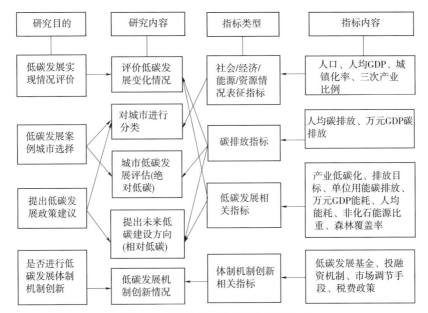

图 5-1 低碳试点城市评价指标体系

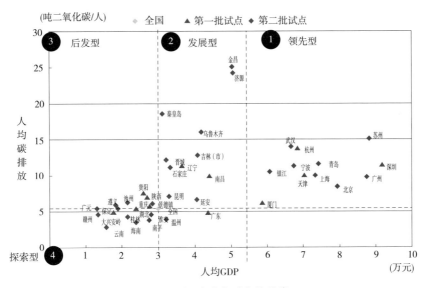

图 5-2 低碳试点城市的分类

38 个工业化后期的前半阶段城市（H1）和 8 个工业化中期城市（M）。①
绿色创新发展中心参照 SMART 指标评估方法和 LBNL 开发的 ELITE

---

① Innovative Green Development Program，*iGDP Annual Report 2015-2016*，2017.

工具，构建了反映城市经济转型、碳排放、环境和碳汇、政策四大领域绿色低碳程度的指标体系，该指标体系包括 8 个大类指标，共 19 个定量指标和 4 个定性指标（见表 5-1）。

表 5-1　　　　　　　　　绿色低碳发展指数的关键指标

领域	大类指标	详细指标	单位	最高分值	标杆值
经济转型	A 低碳经济转型	A1 单位 GDP 能耗	吨标标煤/万元（2005 年不变人民币价格）	10	0.24
		A2 单位 GDP 二氧化碳排放	吨/万元（2005 年不变美元价格）	10	0.71
碳排放	B 能源	B1 人均二氧化碳排放量	吨/（人·年）	6	4.94
		B2 人均能源消费量	吨标准煤/（人·年）	6	1.12
		B3 非化石能源占一次能源消费比重	%	6	20
	C 工业	C1 单位工业增加值能耗	吨标准煤/万元	9	0.21
		C2 重工业增加值占工业增加值比重	%	9	29
	D 交通	D1 万人公共汽车拥有量	辆/万人	2	34.80
		D2 城市轨道交通线网密度	千米/平方千米	2	0.054
		D3 人均居民公交出行强度	次/（人·年）	2	553.91
	E 建筑	E1 绿色建筑占新建建筑比重	%	2	100
		E2 人均居住建筑能耗	千瓦时/人	3	434.74
		E3 第三产业从业人员人均公共建筑能耗	千瓦时/人	3	7095.36
环境和碳汇	F 环境	F1 人均生活垃圾清运量	吨/人	3	0.11
		F2 全年环境空气质量指数（AQI）优良率	%	4	100
		F3 细颗粒物（PM2.5）年均浓度[a]	微克/立方米	3	10
		F4 人日均生活用水量	升/（人·天）	3	60
		F5 节能环保支出占当地财政支出比重	%	3	7
	G 土地利用	G1 人均绿地面积	平方米/人	4	191.90

续表

领域	大类指标	详细指标	单位	最高分值	标杆值
政策	P 制度建设和社会认知	P1 城市低碳发展/应对气候变化规划	—	2.5	是
		P2 城市新能源和可再生能源战略规划		2.5	是
		P3 实施气候变化脆弱性评价，编制适应气候变化规划		2.5	是
		P4 推动低碳消费和生活方式的公众倡议行动		2.5	是

注：a. 2010 年采用 PM10 作为指标值，标杆值为 20 毫克/立方米。

从排名结果（见表 5-2）来看，广东揭阳为 2010 年指数排名榜首，广东深圳为 2015 年指数排名榜首。揭阳、汕头、厦门、桂林和南宁 5 个城市都进入 2015 年和 2010 年十佳城市名单。深圳、昆明、广州、厦门和桂林 5 个国家低碳试点城市进入 2015 年十佳城市，桂林、厦门和赣州 3 个国家低碳试点城市进入 2010 年十佳城市。排名前十的城市处于不同经济发展阶段，如深圳、厦门已经进入后工业化阶段，而揭阳仍处于工业化后期的前半阶段，其未来城市主体功能定位为能源石化及制造业基地，尽管"十二五"期间，揭阳表现突出，但可以看到"十三五"期间其城市绿色低碳发展压力巨大。

表 5-2　　　　　　　　　　　　绿色低碳发展指数排名

2015 年		2010 年	
城市	排名	城市	排名
深圳	1	揭阳	1
厦门	2	宿迁	2
揭阳	3	厦门	3
昆明	4	汕头	4
常德	5	赣州	5
南宁	6	南宁	6
汕头	7	南充	7
海口	8	湛江	8
广州	9	桂林	9
桂林	10	庐州	10

（四）城市可持续发展指数

城市可持续发展指数（USI）是城市中国计划（UCI)[①]推出的研究项目。2013 年城市可持续发展指数指标体系包含 34 个指标，结合《国家新型城镇化规划》中采用的 18 个城镇化指标，最终选取了社会、环境、经济、资源四个方面的 23 个指标（见表 5-3）。[②]

表 5-3　　　　　2013 年城市可持续发展指数指标体系

分项类别（权重 = 100%）		组成部分 （分项中权重 = 100%）	指标
社会 （33%）	社会民生 （33.0%）	就业（25%） 医生资源（25%） 教育（25%） 养老保险（12.5%） 医疗保险（12.5%）	城市就业率（%） 人均拥有医生数量（人/千人） 中学生占年轻人口比重（%） 养老保险覆盖率（%） 医疗保险覆盖率（%）
环境 （33%）	清洁程度 （16.5%）	空气污染（11%） 工业污染（11%） 空气质量合格天数（11%） 废水处理（11%） 生活垃圾处理（5%）	二氧化硫浓度（毫克/立方米） 二氧化氮浓度（毫克/立方米） PM10 浓度（毫克/立方米） 单位 GDP 工业二氧化硫排放 （吨/10 亿元） 空气质量合格等级达到二级 （以上）天数（天） 废水处理比率（%） 生活垃圾处理比率（%）
	环境建设 （16.5%）	城市人口密度（11%） 公共交通使用情况（11%） 公共绿地（11%） 公共供水（5%） 互联网接入（11%）	建成区每平方千米人口 使用公共交通的乘客（次/人） 建成区绿化面积（%） 公共供水覆盖率（%） 家庭接入互联网比率（%）
经济 （17%）	经济发展 （17.0%）	收入水平（33%） 对工业依赖度（33%） 研发投入（33%）	人均可支配收入（千元） 服务业 GDP 占比（%） 政府研发投入（万元/人） 能源消费强度（吨标准煤/万元 GDP）

---

① 城市中国计划（UCI）由哥伦比亚大学、清华大学和麦肯锡公司于 2010 年合作创建。
② 城市中国计划：《城市可持续发展指数（2013)》，2014 年。

续表

分项类别（权重＝100%）		组成部分 （分项中权重＝100%）	指标
资源 （17%）	资源利用 （17%）	能源消耗（33%） 用电效率（33%） **用水效率（33%）**	住宅电力消耗（千瓦时/人） **用水强度（升/万元 GDP）**

　　注：a. 因四舍五入，权重之和可能不为 100%，余同；b. 加黑项是未列入 2011 年城市可持续发展指数的指标。

　　《城市可持续发展指数（2016）》研究报告，对 2006—2014 年中国 185 个地级和县级城市进行大数据分析，通过选取经济、社会、资源、环境等方面的 23 个指标，对样本城市整体可持续发展水平进行研究和排名；样本城市中可持续发展综合水平前 10 位的多是东部地区的城市，包括深圳、杭州、舟山、珠海、宁波、广州、威海、湖州、中山和绍兴。[①] 《城市可持续发展指数（2016）》是建立在《城市可持续发展指数（2013）》基础上的分析成果，得出与中国城市可持续发展水平和基本规律有关的主要结论，有利于城市明确其所处的发展阶段，为其他城市提供了参考和借鉴，然而，大中经济体量城市和小经济体量城市之间的发展比较优势却不能在《城市可持续发展指数》研究报告中得到校验。

（五）人类绿色发展指数

　　北京师范大学李晓西、刘一萌、宋涛以社会经济、资源环境方面的 12 个领域及其表征指标（见表 5-4）为计算基础，测算了 123 个国家和地区人类绿色发展指数及其排序。评价结果分为三组：深绿（瑞典、瑞士等 1—41 名），中绿（42—82 名），浅绿（83—123 名），中国排第 86 名。将人类绿色发展指数与人类发展指数测算的国家排序进行比较分析发现，人类绿色发展指数排名上升的国家（地区）主要是自然环境表征指标较好的国家（地区），而绿色发展指数排名下降的国家主要是中东、中亚地区等资源丰度较高的国家。从人类绿色发展指数和人类发展指数的指标结构和测度排序上进行对比分析和相关性分析，可以认为，样本国家和地区在这两个指数测算和排序上的趋同，往往是由各国社会经济发展的客观水平决定的，而样本国家和地区在这两个指数测算和排名上的差异更多

---

　　① 城市中国计划：《城市可持续发展指数（2016）》，2017 年。

受自然环境条件的影响。[①]

表 5-4 人类绿色发展指数指标体系

人类绿色发展的两个方面	人类绿色发展的 12 个领域	指标	指标性质	指标权重（%）
社会经济的可持续发展	贫困	低于最低食物能量摄取标准的人口比重	逆	8.33
	收入	不平等调整后的收入指数	正	8.33
	健康	不平等调整后的预期生命指数	正	8.33
	教育	不平等调整后的教育指数	正	8.33
	卫生	获得卫生设施改善的人口比重	正	8.33
	水	获得饮用水源改善的人口比重	正	8.33
资源环境的可持续发展	能源	一次能源强度	逆	8.33
	气候	人均二氧化碳排放量	逆	8.33
	空气	PM10	逆	8.33
	土地	陆地保护区面积占土地面积百分比	正	8.33
	森林	森林面积占土地面积百分比	正	8.33
	生态	濒临危险动物占总物种百分比	逆	8.33

注：因四舍五入，权重之和可能不为 100%。

　　《中国绿色发展指数报告》连续出版多年，《中国绿色发展指数报告（2014）——区域比较》将该指标体系向省域和城市延伸。[②] 2016 年 9 月，北京师范大学亚太绿色发展中心联合亚洲理工学院亚太地区资源中心、新加坡国立大学东亚研究所发布《亚太城市绿色发展报告》，该报告组织协调了来自国内外知名智库和高水平研究机构的 50 余位专家学者历时两年完成，对城市绿色发展的概念进行了理论界定，通过建立城市绿色发展评价分析框架，构建城市绿色发展评价指标体系，在对亚太地区 100 个样本城市进行绿色发展评价、对中国城市绿色发展进行专题研究的基础上，为亚太地区样本城市和中国城市在 2030 年可持续发展议程框架下推动绿色

　　[①]　李晓西、刘一萌、宋涛：《人类绿色发展指数的测算》，《中国社会科学》2014 年第 6 期。

　　[②]　北京师范大学经济与资源管理研究院、西南财经大学发展研究院、国家统计局中国经济景气监测中心：《中国绿色发展指数报告（2014）——区域比较》，科学出版社 2014 年版。

发展提供了政策建议。①

（六）中国低碳生态城市指标体系

《兼顾理想与现实：中国低碳生态城市指标体系构建与实践示范初探》一书，围绕生态指标体系构建和生态城市示范评价这两大主题，分析了开展低碳生态城市建设的必要性，构建了低碳生态城市评价指标体系方法学，结合案例城市评价，分析了低碳生态理念和评价指标体系在不同类型城市中的适用性。② 此后，中国城市科学研究会成立的"低碳生态城市指标体系构建与生态城市示范评价"研究课题组，利用德尔菲法构建了中国低碳生态城市指标体系，包括了资源节约、环境友好、经济持续、社会和谐方面的 30 个核心指标、扩展指标和引领指标（见表5-5）。③

表 5-5　　　　　　　中国低碳生态城市指标体系

序号	指　　标	性质	2015 年	2020 年
1	再生水利用率（%）	核心	严重缺水地区≥25，缺水地区≥15	严重缺水地区≥30，缺水地区≥20
2	工业用水重复利用率（%）	扩展	≥90	≥95
3	非化石能源占比（%）	引领	≥15	≥20
4	单位 GDP 碳排放量（吨/万元）	引领	2.13	1.67
5	单位 GDP 能耗（吨标准煤/万元）	核心	≤0.87	≤0.77
6	人均建设用地面积（平方米/人）	核心	≤85	≤80
7	绿色建筑比重（%）	核心	既有建筑≥15，新建建筑100	既有建筑≥20，新建建筑100
8	空气优良天数	核心	≥310	≥320
9	PM2.5 日均浓度达标天数	引领	≥292	≥310
10	集中式饮用水水源水质达标率（%）	核心	100	100
11	城市水环境功能区水质达标率（%）	扩展	100	100

---

① 赵峥：《亚太城市绿色发展报告——建设面向 2030 年的美好城市家园》，中国社会科学出版社 2016 年版。

② 仇保兴：《兼顾理想与现实：中国低碳生态城市指标体系构建与实践示范初探》，中国建筑工业出版社 2012 年版。

③ 李爱民、于立：《中国低碳生态城市指标体系的构建》，《建设科技》2012 年第 12 期。

续表

序号	指　标	性质	2015 年	2020 年
12	生活垃圾资源化利用率（%）	引领	无害化处理率 100	
			资源化利用率≥50	资源化利用率≥80
13	工业固体废弃物综合利用率（%）	扩展	90	95
14	环境噪声达标区覆盖率（%）	扩展	≥95	100
15	公园绿地 500 米服务半径覆盖率（%）	核心	≥80	≥90
16	生物多样性	核心	综合物质指数≥0.5	综合物种指数≥0.7
			本地植物指数≥0.7	本地植物指数≥0.85
17	第三产业增加值占 GDP 比重（%）	扩展	≥47	≥51
18	城镇失业率（%）	核心	4.20	3.20
19	R&D 经费支出占 GDP 比重（%）	扩展	≥2.2	≥2.6
20	恩格尔系数（%）	扩展	≤33	≤30
21	保障性住房覆盖率（%）	扩展	≥20	≥30
22	住房价格收入比	核心	≤10.0	≤6.0
23	基尼系数	扩展	$0.33 \leqslant G \leqslant 0.4$	$0.33 \leqslant G \leqslant 0.4$
24	城乡居民收入比	引领	2.54	2.41
25	绿色出行交通分担率（%）	核心	65	80
26	社会保障覆盖率（%）	核心	90	100
27	人均社会公共服务设施用地面积（平方米/人）	扩展	5.5	6.0
28	平均通勤时间（分钟）	扩展	≤35	≤30
29	城市防灾水平	扩展	（1）城市建设满足设防等级要求；（2）城市生命线系统完好率 100%；（3）人均固定避难场所面积≥3 平方米	
30	社会治安满意度（%）	扩展	≥85	≥90

资料来源：李爱民、于立：《中国低碳生态城市指标体系的构建》，《建设科技》2012 年第 12 期。

（七）城市低碳发展水平指标体系

中国社会科学院城市发展与环境研究所长期坚持低碳城市建设评价指标体系研究，先后出版多项研究成果，如《低碳城市：经济学方法、应用与案例研究》《中国城市低碳发展蓝图：集成、创新与应用》《重构中国低碳城市评价指标体系——方法学研究与应用指南》等，对低碳经济及其核心要素、低碳经济转型的特征、国内外对低碳经济的认识差异与低碳城市建设模式进行系统分析，从理论支撑、方法学、政策应用等方面对低碳城市综合评价进行系统研究。[1][2][3]　其中，庄贵阳等的《中国城市低碳发展水平排位及国际比较研究》一文比较有代表性。[4]　作者对国内 100 个城市的低碳发展水平进行综合评价，按人均 GDP 3 万元以下、3 万—6 万元、6 万元以上分 A、B、C 三组，指标体系包括低碳产出、低碳消费、低碳资源和低碳政策四个层面，共 10 指标（见表 5-6），并对城市低碳发展水平进行了分组排名（见表 5-7）。

表 5-6　　　　　　　　中国城市低碳发展水平指标体系

一级指标	序号	二级指标	权重（%）
低碳产出	1	单位 GDP 碳排放	30
低碳消费	2	人均碳排放	10
	3	人均生活碳排放	10
低碳资源	4	非化石能源占一次能源消费比重	10
	5	森林覆盖率	10
低碳政策	6	低碳经济发展战略与规划	6
	7	碳排放监测、统计和管理体系	6
	8	建筑	6
	9	交通	6
	10	新能源产业	6

表 5-7　　　　　　　　中国城市低碳发展水平分组排名

排名	A 组		B 组		C 组	
	城市	得分	城市	得分	城市	得分
1	重庆	87.5	温州	85.8	深圳	88.8

①　潘家华、庄贵阳、朱守先等：《低碳城市：经济学方法、应用与案例研究》，社会科学文献出版社 2012 年版。

②　庄贵阳等：《中国城市低碳发展蓝图：集成、创新与应用》，社会科学文献出版社 2015 年版。

③　中国社会科学院城市发展与环境研究所：《重构中国低碳城市评价指标体系——方法学研究与应用指南》，社会科学文献出版社 2013 年版。

④　庄贵阳、朱守先、袁路等：《中国城市低碳发展水平排位及国际比较研究》，《中国地质大学学报》（社会科学版）2014 年第 2 期。

续表

排名	A 组		B 组		C 组	
	城市	得分	城市	得分	城市	得分
2	广元	79.0	福州	84.7	北京	83.6
3	南宁	76.0	台州	84.2	杭州	81.0
4	桂林	75.3	海口	82.4	珠海	77.1
5	钦州	74.6	厦门	79.8	佛山	77.0
6	长沙	74.3	成都	76.2	广州	76.8
7	德阳	73.7	株洲	72.9	宁波	73.5
8	保定	72.6	昆明	72.1	铜陵	71.9
9	张家界	71.5	嘉兴	68.9	天津	71.3
10	十堰	71.0	武汉	67.7	青岛	67.7
11	九江	68.7	柳州	67.6	东营	67.6
12	丽江	68.5	盐城	66.8	烟台	67.2
13	吉安	68.0	南昌	65.6	苏州	66.8
14	咸阳	66.5	哈尔滨	64.7	大连	66.3
15	怀化	66.4	济南	63.6	东莞	66.1
16	郴州	66.2	徐州	63.0	沈阳	64.3
17	曲靖	64.5	郑州	62.7	无锡	64.2
18	黄山	64.3	扬州	62.6	威海	61.8
19	眉山	63.3	石家庄	61.4	上海	61.1
20	德州	63.1	合肥	61.1	大庆	60.1

（八）京津冀低碳发展指数

2017 年 9 月 12 日，北京市财政项目"京津冀低碳发展的技术进步路径研究"课题组发布阶段性成果《京津冀低碳发展指数报告》。报告基于能源强度和碳强度，采用熵值法对京津冀 10 个城市（北京、天津、秦皇岛、保定、沧州、石家庄、廊坊、张家口、承德、唐山）2005—2014 年的节能减排效率进行了评价。① 《京津冀低碳发展指数报告》显示，京津

---

① 《〈京津冀低碳发展指数报告〉发布——京津冀城市群节能减排与世界先进水平差距在缩小》，《中华读书报》2017 年 9 月 20 日第 2 版。

冀 10 个城市的节能减排效率指数均值从 2005 年的 0.326 上升至 2014 年的 0.456。2005 年，10 个城市中，节能减排效率指数在 0.5 以上的有北京与天津，2014 年增加了秦皇岛、沧州、保定、石家庄 4 个城市。

这套评价体系不仅关注与经济增长相关的节能和减排两个重要方面，还关注资源的充分利用、污染物排放的降低和治理、国家政策以及相应的制度安排等，将区域低碳发展系统划分为经济、资源、环境和效率四个子系统。

（九）国内评价指标体系的比较

国内各种评价指标体系既有共性，又各有特点。根据指标体系的名称、开发机构和时间、评价对象、城市分组、指标体系、评价指数进行归纳比较（见表 5-8）。

表 5-8　　　　　　　　　国内评价指标体系的比较

序号	名称	开发机构和时间	评价对象	城市分组	指标体系	评价指数
1	可持续发展评估指标体系	中国科学院，1998	各省（直辖市、自治区）	否	5—16—45—225，定量	1
2	低碳试点城市评价指标体系	国家气候战略中心，2015	36 个低碳试点城市	按人均 GDP 和人均碳排放指标分为 4 组：领先型、发展型、后发型、探索型	4—16，定量	1
3	绿色低碳发展指数	iGDP，2016	115 个城市，2010 年，2015 年	按不同工业化水平分 5 组	4—8—23，定量/定性	1
4	城市可持续发展指数	UCI，2013，2016	185 个地级市，2006—2014 年	否	4—5—23（2013），4—5—23（2016），定量 JP	1
5	人类绿色发展指数	北京师范大学，2016	亚太地区 100 个主要城市	否	2—12，定量	1
6	中国低碳生态城市指标体系	城市科学研究会，2012	2010 年	否	4—30，定量核心/扩展/引领	1

续表

序号	名称	开发机构和时间	评价对象	城市分组	指标体系	评价指数
7	城市低碳发展水平指标体系	中国社会科学院城市发展与环境研究所，2014	100 个城市	按不同发展水平分为 3 组	4—10，定量	1
8	京津冀低碳发展指数	北京市科学技术研究院，2017	10 个城市2005—2014 年	否	4—21，定量	1

通过比较，得出以下结论。

（1）多数指标体系的评价对象为城市，虽然评估各地区的指标体系可供借鉴，但需要根据城市特点进行调整。国家气候战略中心的指标体系直接针对前两批的低碳试点城市，针对性较强。

（2）多数指标体系为新开发，也有部分指标体系重视时间上的连续性，例如 UCI 的城市可持续发展指数整理了 185 个地级市 2006—2014 年的数据，中国科学院多年坚持研究可持续发展评估指标体系，建立了专门的指标数据库，为后续研究打下了良好的基础，也促进了信息传播，产生了社会影响力。

（3）中国地区发展不平衡，城市之间差异较大。尽管分组方法不同，但不少指标体系考虑了评估对象的分组，以增加评估对象的可比性。

（4）多数指标体系规模适中，有 20—30 个指标，规模过大则操作性不强，指标太少又难以覆盖相关领域。定量和定性指标结合已经是普遍的做法。

（5）多数指标采用了单指数排名。国际上 UNDP 的城市可持续发展前景指标体系采用生态投入指数、人类发展指数双指数评价的方法，也有可取之处。

二　国家和地方制定的低碳城市建设评价指标体系

近年来，国家和地方出台了一系列与低碳城市建设相关的政策文件，包含各类用于评估和考核的指标体系，对推动中国生态文明和低碳发展起到了重要作用，对低碳城市建设指标体系的研究和应用具有重要的指导意义和借鉴作用。

（一）国家层面

2016 年 12 月，中共中央办公厅、国务院办公厅印发了以各省（自治区、直辖市）党委和政府为考评参与主体的《生态文明建设目标评价考核办法》，国家发展改革委、国家统计局、环境保护部、中央组织部制定印发了引导各参与主体加强生态文明建设的《绿色发展指标体系》和《生态文明建设考核目标体系》，① 为各地区、各部门、各行业参与生态文明建设提供了技术支撑。其中，绿色发展指标体系主要用于年度考核，而生态文明建设考核在五年规划期结束后的次年开展，采用先自查再考核的办法，考核结果划分为优秀、良好、合格、不合格四个等级，作为党政领导干部评价考核体系和政绩考核的必要组成部分，成为各地区、各部门党政领导综合考核评价和干部奖惩任免的重要依据，为推动我国绿色发展和生态文明建设提供坚强保障。

从考评内容方面看，《绿色发展指标体系》的政策重点主要集中于资源利用、环境治理、环境质量、生态保护、增长质量、绿色生活、公众满意程度七个方面（见表 5-9）。这七个方面的表征指标共有 56 项，包括了《"十三五"规划纲要》确定的资源环境约束性指标、《"十三五"规划纲要》和《中共中央、国务院关于加快推进生态文明建设的意见》提出的主要监测评价指标及其他绿色发展重要监测评价指标，对三类指标赋予了不同权数（权重）。②

其中，标"★"的为《"十三五"规划纲要》确定的资源环境约束性指标；标"◆"的为《"十三五"规划纲要》和《中共中央、国务院关于加快推进生态文明建设的意见》等提出的主要监测评价指标；标"△"的为其他绿色发展重要监测评价指标。③ 根据其重要程度，三类指标的权数之比为 3 : 2 : 1，标"★"的指标权数为 2.75%，标"◆"的指标权数为 1.83%，标"△"的指标权数为 0.92%。6 个一级指标的权数

---

① 国家发展改革委、国家统计局、环境保护部、中央组织部：《关于印发〈绿色发展指标体系〉〈生态文明建设考核目标体系〉的通知》，2016 年。

② 国家发展改革委、国家统计局、环境保护部、中央组织部：《绿色发展指标体系》，2016 年。

③ 国家发展改革委、国家统计局、环境保护部、中央组织部：《关于印发〈绿色发展指标体系〉〈生态文明建设考核目标体系〉的通知》，2016 年。

分别由其所包含的二级指标权数汇总生成。

表 5-9　　　　　　　　　　　　　绿色发展指标体系

一级指标	序号	二级指标	计量单位	指标类型	权数（%）	数据来源
一、资源利用（权数=29.3%）	1	能源消费总量	万吨标准煤	◆	1.83	国家统计局、国家发展改革委
	2	单位 GDP 能源消耗降低	%	★	2.75	国家统计局、国家发展改革委
	3	单位 GDP 二氧化碳排放降低	%	★	2.75	国家发展改革委、国家统计局
	4	非化石能源占一次能源消费比重	%	★	2.75	国家统计局、国家能源局
	5	用水总量	亿立方米	◆	1.83	水利部
	6	万元 GDP 用水量下降	%	★	2.75	水利部、国家统计局
	7	单位工业增加值用水量降低率	%	◆	1.83	水利部、国家统计局
	8	农田灌溉水有效利用系数	—	◆	1.83	水利部
	9	耕地保有量	亿亩	★	2.75	国土资源部
	10	新增建设用地规模	万亩	★	2.75	国土资源部
	11	单位 GDP 建设用地面积降低率	%	◆	1.83	国土资源部、国家统计局
	12	资源产出率	万元/吨	◆	1.83	国家统计局、国家发展改革委
	13	一般工业固体废物综合利用率	%	△	0.92	环境保护部、工业和信息化部
	14	农作物秸秆综合利用率	%	△	0.92	农业部
二、环境治理（权数=16.5%）	15	化学需氧量排放总量减少	%	★	2.75	环境保护部
	16	氨氮排放总量减少	%	★	2.75	环境保护部
	17	二氧化硫排放总量减少	%	★	2.75	环境保护部
	18	氮氧化物排放总量减少	%	★	2.75	环境保护部
	19	危险废物处置利用率	%	△	0.92	环境保护部
	20	生活垃圾无害化处理率	%	◆	1.83	住房和城乡建设部
	21	污水集中处理率	%	◆	1.83	住房和城乡建设部
	22	环境污染治理投资占 GDP 比重	%	△	0.92	住房和城乡建设部、环境保护部、国家统计局

一级指标	序号	二级指标	计量单位	指标类型	权数（%）	数据来源
三、环境质量（权数=19.3%）	23	地级及以上城市空气质量优良天数比率	%	★	2.75	环境保护部
	24	细颗粒物（PM2.5）未达标地级及以上城市浓度下降	%	★	2.75	环境保护部
	25	地表水达到或好于Ⅲ类水体比重	%	★	2.75	环境保护部、水利部
	26	地表水劣Ⅴ类水体比重	%	★	2.75	环境保护部、水利部
	27	重要江河湖泊水功能区水质达标率	%	◆	1.83	水利部
	28	地级及以上城市集中式饮用水水源水质达到或优于Ⅲ类比重	%	◆	1.83	环境保护部、水利部
	29	近岸海域水质优良（Ⅰ、Ⅱ类）比重	%	◆	1.83	国家海洋局、环境保护部
	30	受污染耕地安全利用率	%	△	0.92	农业部
	31	单位耕地面积化肥使用量	千克/公顷	△	0.92	国家统计局
	32	单位耕地面积农药使用量	千克/公顷	△	0.92	国家统计局
四、生态保护（权数=16.5%）	33	森林覆盖率	%	★	2.75	国家林业局
	34	森林蓄积量	亿立方米	★	2.75	国家林业局
	35	草原综合植被覆盖率	%	◆	1.83	农业部
	36	自然岸线保有率	%	◆	1.83	国家海洋局
	37	湿地保护率	%	◆	1.83	国家林业局、国家海洋局
	38	陆域自然保护区面积	万公顷	△	0.92	环境保护部、国家林业局
	39	海洋保护区面积	万公顷	△	0.92	国家海洋局
	40	新增水土流失治理面积	万公顷	△	0.92	水利部
	41	可治理沙化土地治理率	%	◆	1.83	国家林业局
	42	新增矿山恢复治理面积	公顷	△	0.92	国土资源部

续表

一级指标	序号	二级指标	计量单位	指标类型	权数（%）	数据来源
五、增长质量（权数=9.2%）	43	人均 GDP 增长率	%	◆	1.83	国家统计局
	44	居民人均可支配收入	元/人	◆	1.83	国家统计局
	45	第三产业增加值占 GDP 比重	%	◆	1.83	国家统计局
	46	战略性新兴产业增加值占 GDP 比重	%	◆	1.83	国家统计局
	47	研究与试验发展经费支出占 GDP 比重	%	◆	1.83	国家统计局
六、绿色生活（权数=9.2%）	48	公共机构人均能耗降低率	%	△	0.92	国家机关事务管理局
	49	绿色产品市场占有率（高效节能产品市场占有率）	%	△	0.92	国家发展改革委、工业和信息化部、质检总局
	50	新能源汽车保有量增长率	%	◆	1.83	公安部
	51	绿色出行（城镇每万人口公共交通客运量）	万人次/万人	△	0.92	交通运输部、国家统计局
	52	城镇绿色建筑占新建建筑比重	%	△	0.92	住房和城乡建设部
	53	城市建成区绿地率	%	△	0.92	住房和城乡建设部
	54	农村自来水普及率	%	◆	1.83	水利部
	55	农村卫生厕所普及率	%	△	0.92	国家卫生计生委
七、公众满意程度（不参与总指数的计算）	56	公众对生态环境质量满意程度	%	—	—	国家统计局

资料来源：国家发展改革委、国家统计局、环境保护部、中央组织部：《关于印发〈绿色发展指标体系〉〈生态文明建设考核目标体系〉的通知》，2016 年。

　　《生态文明建设考核目标体系》的政策重点主要包括五个领域：资源利用、生态环境保护、年度评价结果、公众满意程度、生态环境事件，共有 23 个考核指标（见表 5-10）。其中年度评价结果采用了"十三五"期间绿色发展指数的评价结果，每年分值为 4 分。[1]

---

　　[1]　国家发展改革委、国家统计局、环境保护部、中央组织部：《生态文明建设考核目标体系》，2016 年。

表 5-10　　　　　　　　　　　　生态文明建设考核目标体系

目标类别	目标类分值	序号	子目标名称	子目标分值	目标来源	数据来源
一、资源利用	30	1	单位 GDP 能源消耗降低★	4	规划纲要	国家统计局、国家发展改革委
		2	单位 GDP 二氧化碳排放降低★	4	规划纲要	国家发展改革委、国家统计局
		3	非化石能源占一次能源消费比重★	4	规划纲要	国家统计局、国家能源局
		4	能源消费总量	3	规划纲要	国家统计局、国家发展改革委
		5	万元 GDP 用水量下降★	4	规划纲要	水利部、国家统计局
		6	用水总量	3	规划纲要	水利部
		7	耕地保有量★	4	规划纲要	国土资源部
		8	新增建设用地规模★	4	规划纲要	国土资源部
二、生态环境保护	40	9	地级及以上城市空气质量优良天数比率★	5	规划纲要	环境保护部
		10	细颗粒物（PM2.5）未达标地级及以上城市浓度下降★	5	规划纲要	环境保护部
		11	地表水达到或好于Ⅲ类水体比重★	(3)ª (5)ᵇ	规划纲要	环境保护部、水利部
		12	近岸海域水质优良（Ⅰ、Ⅱ类）比重	(2)ª	水十条	国家海洋局、环境保护部
		13	地表水劣Ⅴ类水体比重★	5	规划纲要	环境保护部、水利部
		14	化学需氧量排放总量减少★	2	规划纲要	环境保护部
		15	氨氮排放总量减少★	2	规划纲要	环境保护部
		16	二氧化硫排放总量减少★	2	规划纲要	环境保护部
		17	氮氧化物排放总量减少★	2	规划纲要	环境保护部
		18	森林覆盖率★	4	规划纲要	国家林业局
		19	森林蓄积量★	5	规划纲要	国家林业局
		20	草原综合植被覆盖度	3	规划纲要	农业部

续表

目标类别	目标类分值	序号	子目标名称	子目标分值	目标来源	数据来源
三、年度评价结果	20	21	各地区生态文明建设年度评价的综合情况	20	—	国家统计局、国家发展改革委、环境保护部等有关部门
四、公众满意程度	10	22	居民对本地区生态文明建设、生态环境改善的满意程度	10	—	国家统计局等有关部门
五、生态环境事件	扣分项	23	地区重特大突发环境事件、造成恶劣社会影响的其他环境污染责任事件、严重生态破坏责任事件的发生情况	扣分项	—	环境保护部、国家林业局等有关部门

　　注：标"★"的为《"十三五"规划纲要》确定的资源环境约束性目标。对于"资源利用""生态环境保护"类目标数据的获取，主要采用有关部门组织开展专项考核认定的数据，完成的地区有关目标得满分，未完成的地区有关目标不得分，超额完成的地区按照超额比重与目标得分的乘积进行加分。"非化石能源占一次能源消费比重"子目标主要考核各地区可再生能源占能源消费总量比重；"能源消费总量"子目标主要考核各地区能源消费增量控制目标的完成情况。"地表水达到或好于Ⅲ类水体比重""近岸海域水质优良（Ⅰ、Ⅱ类）比重"子目标分值中括号外右上角标注"a"的，为天津市、河北省、辽宁省、上海市、江苏省、浙江省、福建省、山东省、广东省、广西壮族自治区、海南省等沿海省份分值；括号外右上角标注"b"的，为沿海省份之外的省、自治区、直辖市分值。

　　资料来源：国家发展改革委、国家统计局、环境保护部、中央组织部：《生态文明建设考核目标体系》，2016年。

　　"年度评价结果"采用"十三五"期间各地区年度绿色发展指数，每年绿色发展指数最高的地区得4分，其他地区的得分按照指数排名顺序依次减少0.1分。"公众满意程度"指标采用居民对本地区生态文明建设、生态环境改善满意程度抽样调查获得。① "生态环境事件"为扣分项，该

---

　　① 由国家统计局组织，主要是通过每年调查居民对本地区生态环境质量表示满意和比较满意的人数占调查人数的比例，并将五年的年度调查结果的算术平均值乘以该目标分值，得到各省、自治区、直辖市的"公众满意程度"分值。

项取值区间为［0，20］。① 具体引起扣分的"重特大突发环境事件""造成恶劣社会影响的其他环境污染责任事件""严重生态破坏责任事件"由环境保护部、国家林业局等部门根据《国务院办公厅关于印发国家突发环境事件应急预案的通知》等有关文件规定进行认定。② 根据各地区约束性目标完成情况，生态文明建设目标考核对有关地区进行扣分或降档处理：仅 1 项约束性目标未完成的地区该项考核目标不得分，考核总分不再扣分；2 项约束性目标未完成的地区在相关考核目标不得分的基础上，在考核总分中再扣除 2 项未完成约束性目标的分值。由于采用了"百分制评分"和"约束性指标完成情况"结合的考评方法，目标地区如果有 3 项（含）以上约束性目标未完成，该地区考核等级则直接确定为不合格，进行通报批评。其他非约束性目标未完成的地区有关目标不得分，考核总分中不再扣分。

（二）部委层面

中央制定的《绿色发展指标体系》《生态文明建设考核目标体系》的评估对象是各省、自治区和直辖市。国家各部委还出台了一系列针对小城镇、乡镇、社区等基层单元与低碳建设相关的政策文件，例如，2016 年12 月，国家发展改革委、财政部、环境保护部和国家统计局联合印发《循环经济发展评价指标体系（2017）》，③ 国家发展改革委 2015 年 2 月印发了《低碳社区试点建设指南》，④ 环境保护部 2012 年印发了《国家级生态乡镇建设指标（试行）》和 2014 年 1 月印发了《国家生态文明建设示范村镇指标（试行）》，⑤ 住房和城乡建设部等 2011 年印发了《绿色低碳

---

① 每发生一起重特大突发环境事件、造成恶劣社会影响的其他环境污染责任事件、严重生态破坏责任事件的地区，"生态环境事件"项扣 5 分，该项总扣分不超过 20 分。
② 国家发展改革委、国家统计局、环境保护部、中央组织部：《生态文明建设考核目标体系》，2016 年。
③ 国家发展改革委、财政部、环境保护部、国家统计局：《循环经济发展评价指标体系（2017）》，2017 年。
④ 国家发展改革委：《低碳社区试点建设指南》，2015 年。
⑤ 环境保护部：《关于印发〈国家生态文明建设示范村镇指标（试行）〉的通知》，2014 年。

重点小城镇建设评价指标（试行）》（见表5-11）等。①

表5-11　　　　　　　　　　绿色低碳重点小城镇建设评价指标

类型	项目	指标	总分	评分方法		
一、社会经济发展水平（10分）	1. 公共财政能力	（1）人均可支配财政收入水平（%）	2	与所在市（县、区）平均值比较，<110%得0分，每增加10%加0.5分，直至满分2分		
	2. 能耗情况	（2）单位GDP能耗	2	与所在省（自治区、直辖市）平均值比较，比值>1得0分，比值为1时得0.5分，比值每减少0.1加0.5分，直至满分2分		
	3. 吸纳就业能力	（3）吸纳外来务工人员的能力（%）	2	暂住人口与镇区户籍人口相比，比值为1时得2分，比值每减少0.1扣减0.5分，扣完为止		
	4. 社会保障	（4）社会保障覆盖率（%）	2	100%时2分，每降低10%扣0.5分，扣完为止		
	5. 特色产业	（5）本地主导产业有特色、有较强竞争力的企业集群，并符合循环经济发展理念	2	优良，2分	一般，1分	较差，0分
二、规划建设管理水平（20分）	6. 规划编制完善度	（6）镇总体规划在有效期内，并得到较好落实，规划编制与实施有良好的公众参与机制	2	优良，2分	一般，1分	有总体规划，但其他方面较差，0分；无总体规划，一票否决
		（7）镇区控制性详细规划覆盖率	2	≥100%，2分	60%—80%，1分	<60%，0分
		（8）绿色低碳重点镇建设整体实施方案	1	有，1分	—	无，0分

① 住房和城乡建设部、财政部、国家发展改革委：《关于印发〈绿色低碳重点小城镇建设评价指标（试行）〉的通知》，2011年。

续表

类型	项　目	指　标	总分	评分方法			
二、规划建设管理水平（20分）	7. 管理机构与效能	（9）设立规划建设管理办公室、站（所），并配备专职规划建设管理人员，基本无违章建筑	2	机构人员齐全且基本无违章建筑，2分	机构或人员不齐全，1分	既无机构也无人员或明显存在违章建筑，0分	
	8. 建设管理制度	（10）制定规划建设管理办法，城建档案、物业管理、环境卫生、绿化、镇容秩序、道路管理、防灾等管理制度健全	2	7项具备，2分	4项具备，1分	3项以下具备，0分	
	9. 上级政府支持程度	（11）县级政府对创建绿色低碳重点镇责任明确，发挥领导和指导作用，进行了工作部署，并落实了资金补助	4	部署明确，分工合理并落实了资金补助，4分	部署明确，并落实了资金补助，3分	部署明确，分工合理，但未落实补助资金，1分	无部署，一票否决
	10. 镇容镇貌	（12）居住小区和街道：无私搭乱建现象	1	优秀，1分	良好，0.5分	一般，0分	
		（13）卫生保洁：无垃圾乱堆、乱放现象，无乱泼、乱贴、乱画等行为，无直接向江河湖泊排污现象	2	优秀，2分	良好，1分	一般，0分	
		（14）商业店铺：无违规设摊、占道经营现象；灯箱、广告、招牌、霓虹灯、门楼装潢、门面装饰等设置符合建设管理要求	2	优秀，2分	良好，1分	一般，0分	
		（15）交通与停车管理：建成区交通安全管理有序，车辆停靠管理规范	2	优秀，2分	良好，1分	一般，0分	

续表

类型	项目	指标	总分	评分方法		
三、建设用地集约性（10分）	11. 建成区人均建设用地面积	（16）现状建成区人均建设用地面积（平方米/人）	2	≤120，2分	120—140，1分	>140，0分
	12. 工业园区土地利用集约度（注：无工业园区此项不评分）	（17）工业园区平均建筑密度	1	≥0.5，1分	0.3—0.5，0.5分	<0.3，一票否决
		（18）工业园区平均道路面积比重（%）	1	≤25%，1分	20%—25%，0.5分	>25%，0分
		（19）工业园区平均绿地率（%）	1	≤20%，1分	20%—30%，0.5分	>30%，0分
	13. 行政办公设施节约度	（20）集中政府机关办公楼人均建筑面积（平方米/人）	2	≤18，2分	>18，0分一票否决	
		（21）院落式行政办公区平均建筑密度	2	≥0.3，2分	0.2—0.3，1分	<0.2，一票否决
	14. 道路用地适宜度	（22）主干路红线宽度（米）	1	≤40，1分	40—60，0.5分	>60，0分
四、资源环境保护与节能减排（26分）	15. 镇区空气污染指数（API指数）	（23）年API小于或等于100的天数（天）	1	≥300，1分	240—300，0.5分	<240，0分
	16. 镇域地表水环境质量	（24）镇辖区水Ⅳ类及以上水体比重（%）	1	≥50%，1分	30%—50%，0.5分	<30%，0分
	17. 镇区环境噪声平均值	（25）镇区环境噪声平均值〔dB（A）〕	1	<56，1分	56—60，0.5分	≥60，0分
	18. 工矿企业污染治理	（26）认真贯彻执行环境保护政策和法律法规，辖区内无滥垦、滥伐、滥采、滥挖现象	1	无，1分	轻微，0.5分	严重，0分
		（27）近三年无重大环境污染或生态破坏事故	1	无，1分	—	有，一票否决

类型	项目	指标	总分	评分方法		
四、资源环境保护与节能减排（26分）	19. 节能建筑	（28）公共服务设施（市政设施、公共服务设施、公共建筑）采用节能技术	3	3项设施全采用，3分	有1项采用，1分	无，0分
		（29）新建建筑执行国家节能或绿色建筑标准，既有建筑节能改造计划并实施	1	两项均有，1分	有一项，0.5分	无，0分
	20. 可再生能源使用	（30）使用太阳能、地热、风能、生物质能等可再生能源，且可再生能源使用户数合计占镇区总户数的15%以上	3	3项及以上，3分	1—2项，1分	无或使用规模不达标，0分
	21. 节水与水资源再生	（31）非居民用水全面实行定额计划用水管理	1	是，1分	—	否，0分
		（32）节水器具普及使用比重（%）	1	≥90%，1分	80%—90%，0.5分	<80%，0分
		（33）城镇污水再生利用率（%）	1	≥10%，1分	<10，0.5分	无，0分
	22. 生活污水处理与排放	（34）镇区污水管网覆盖率（%）	2	≥90%，2分	80%—90%，1分	<80%，0分
		（35）污水处理率（%）	2	≥80%，2分	60%—80%，1分	<60%，0分
		（36）污水处理达标排放率100%	1	是，1分	—	否，0分
		（37）镇区污水处理费征收情况	1	收费价格大于直接处理成本，收取率可实现保本微利，1分	收费价格大于直接处理成本，收取率无法实现收支平衡，0.5分	收费价格小于直接处理成本，0分
	23. 生活垃圾收集与处理	（38）镇区生活垃圾收集率（%）	2	≥90%，2分	70%—90%，1分	<70%，0分
		（39）镇区生活垃圾无害化处理率（%）	2	≥80%，2分	60%—80%，1分	<60%，0分
		（40）镇区推行生活垃圾分类收集的小区比重（%）	1	≥15%，1分	0—15%，0.5分	无，0分

续表

类型	项目	指标	总分	评分方法		
五、基础设施与园林绿化（18分）	24. 建成区道路交通	（41）建成区道路网密度适宜，且主次干路间距合理	2	优秀，2分	一般，1分	较差，0分
		（42）非机动车出行安全便利	2	良好，2分	一般，1分	较差，0分
		（43）道路设施完善，路面及照明设施完好，雨箅、井盖、盲道等设施建设维护完好	2	优秀，2分	良好，1分	一般，0分
	25. 供水系统	（44）饮用水水源地达标率100%	1	是，1分	—	否，0分
		（45）居民和公共设施供水保证率（%）	2	≥95%，有备用水源，2分	90%—95%，1分	<90%，0分
	26. 排水系统	（46）新镇区建成区实施雨污分流，老镇区有雨污分流改造计划	2	是，2分	—	否，0分
		（47）雨水收集排放系统有效运行，镇区防洪功能完善	2	无水患现象，2分	有部分水患，1分	雨季水患严重，0分
	27. 园林绿化	（48）建成区绿化覆盖率（%）	1	≥35%，1分	—	<35%，0分
		（49）建成区街头绿地占公共绿地比重（%）	2	≥50%，2分	25%—50%，1分	<25%，0分
		（50）建成区人均公共绿地面积（平方米/人）	2	≥12，2分	8—12，1分	<8，0分
六、公共服务水平（9分）	28. 建成区住房情况	（51）建成区危房比重（%）	1	≤5%，1分	5%—15%，0.5分	≥15%，0分
	29. 教育设施	（52）建成区中小学建设规模和标准达到《农村普通中小学校建设标准》要求，且教学质量好、能够为周边学生提供优质教育资源	2	优秀，2分	基本达标，1分	较差，0分

类型	项目	指标	总分	评分方法		
六、公共服务水平（9分）	30. 医疗设施	（53）公立乡镇医院至少1所，建设规模和标准达到《乡镇卫生院建设标准》要求，且能够发挥基层卫生网点作用，能够满足居民预防保健及基本医疗服务需求	2	优秀，2分	基本达标，1分	较差，0分
	31. 商业（集贸市场）设施	（54）建成区至少拥有集中便民集贸市场1个，且市场管理规范	2	优秀，2分	一般，1分	较差，0分
	32. 公共文体娱乐设施	（55）公共文化设施至少1处：文化活动中心、图书馆、体育场（所）、影剧院等	1	4项都有，1分	有1—3项，0.5分	全无，0分
	33. 公共厕所	（56）建成区公共厕所设置合理	1	合理，1分	一般，0.5分	无，0分
七、历史文化保护与特色建设（7分）	34. 历史文化遗产保护	（57）辖区内历史文化资源，依据相关法律法规得到妥善保护与管理	1	良好，1分	一般，0.5分	较差，0分
		（58）已评定为"国家级历史文化名镇"，并制定《历史文化名镇保护规划》，实施效果好	2	评定为国家级历史文化名镇，且实施效果好，2分	评定为省级历史文化名镇，实施效果一般，1分	实施效果较差，0分
	35. 城镇建设特色	（59）城镇建设风貌与地域自然环境特色协调	1	良好，1分	一般，0.5分	较差，0分
		（60）城镇建设风貌体现地域文化特色协调	1	良好，1分	一般，0.5分	较差，0分
		（61）城镇主要建筑规模尺度适宜，色彩、形式协调	1	良好，1分	一般，0.5分	较差，0分
		（62）已评定为"特色景观旅游名镇"，并依据相关规划及规范进行建设与保护	1	良好，1分	一般，0.5分	较差，0分

资料来源：住房和城乡建设部、财政部、国家发展改革委：《关于印发〈绿色低碳重点小城镇建设评价指标（试行）〉的通知》，2011年。

（三）地方层面

为了落实国家政策文件，各地方也纷纷出台了文件，例如，2017年5月江西省发布了《江西省生态文明建设目标评价考核办法（试行）》，针对全省11个设区市和100个县（市、区）党委和政府开展生态文明建设目标的评价考核。① 在实际考核过程中还突出了地方特色。在保持与国家生态文明建设考核指标体系的一致性、综合性和实效性的同时，在指标设置和制度安排方面，删除不符合省情的海洋、草原类指标，新增群众关注度高且与社会生活息息相关的如农业面源污染、雾霾天气比重等评价指标，体现生态文明建设服务于人民的核心主旨。2015年9月陕西省住房和城乡建设厅发布了《陕西省绿色生态城区指标体系（试行）》。2015年8月北京市质量技术监督局发布了《低碳社区评价技术导则》。2014年12月河北省发布了《河北省生态示范城市建设评价指标（试行）》。② 2012年5月重庆市城乡建委发布了《重庆市绿色低碳生态城区评价指标体系（试行）》。2017年8月深圳市发布了《深圳市可持续发展规划（2017—2030年）》③和《深圳市国家可持续发展议程创新示范建设方案（2017—2020年）》，④ 提出一套深圳可持续发展建设目标。

以2015年8月北京市质量技术监督局发布的《低碳社区评价技术导则》征集意见稿为例，该导则规定了低碳社区评价的基本要求、评价指标体系、评价方法和评价程序。评价内容分为8个一级指标及16个二级指标，分别从居民碳排放水平、能源使用、水资源利用、节能建筑、固体废弃物处理、公共设施建设、公众参与及社区治理方面进行评价（见表5-12）。

---

① 《江西省生态文明建设目标评价考核办法（试行）》，2017年；陕西省住房和城乡建设厅：《陕西省绿色生态城区指标体系（试行）》，2015年。

② 河北省住房和城乡建设厅：《河北省生态示范城市建设评价指标（试行）》，2014年。

③ 重庆市城乡建委：《重庆市绿色低碳生态城区评价指标体系（试行）》，2012年。

④ 深圳市政府：《深圳市可持续发展规划（2017—2030年）》《深圳市国家可持续发展议程创新示范建设方案（2017—2020年）》，2017年。

表 5-12　　　　　　　　　北京市低碳社区评价指标体系

准则层（B） （一级指标）	指标层（C，二级指标）	权重（W）
社区居民碳排放 水平（B1）	人均碳排放量（C1）	0.17
社区能源使用 （B2）	清洁能源普及率（C2，适用于对城镇社区的评价）	0.08
	可再生能源普及率（C2，适用于对农村社区的评价）	
社区水资源利用 （B3）	非传统水源利用率（C3）	0.03
	人均月用水量（C4）	0.03
社区节能建筑（B4）	节能建筑占现有居住建筑的比例（C5）	0.09
社区固体废弃物 处理（B5）	生活垃圾分类收集率（C6，适用于对城镇社区的评价）	0.06
	生活垃圾无害化处理率（C6，适用于对农村社区的评价）	
	再生资源回收站点数量（C7，适用于对城镇社区的评价）	0.04
社区公共设施建设 （B6）	绿地率（C8）	0.06
社区公共 参与 （B7）	低碳出行率（C9）	0.05
	节电器具使用率（C10）	0.08
	低碳宣传教育活动（C11）	0.04
	低碳家庭创建（C12）	0.03
社区治理（B8）	社区治理的组织架构、低碳发展规划和实施方案（C13）	0.05
	社区能源统计及能源管理制度（C14）	0.07
	社区碳排放核算（C15）	0.06
	社区信息服务（C16）	0.06

资料来源：北京市质量技术监督局：《低碳社区评价技术导则》，2015 年 8 月。

三　低碳城市建设评价相关的国家标准

（一）国家标准是推动低碳发展的重要手段

比政府文件更具规范性的是国家组织编制的国家标准。一般而言，国家标准的编制和修订，从预研、立项，到最后出版等，要经过非常严格的程序（见图 5-3）。技术委员会负责起草的国家标准草案通常需要公开征求社会各界的意见，这是一个非常重要的环节。

中国从"十五"时期开始关注标准化问题，随着经济实力的增强和

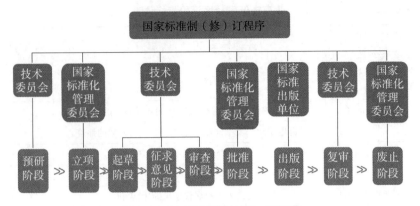

图 5-3   国家标准制（修）订程序

国际地位的提升，对标准化工作越来越重视。2015 年 12 月，国务院办公厅发布《国家标准化体系建设发展规划（2016—2020 年）》。中国在国际标准制定方面的影响力和话语权日益增强，截至 2017 年 5 月，中国已有189 项标准提案成为 ISO 的国际标准，特别是中国在高铁、核电、通信、汽车等领域从国际标准跟随者发展为国际标准引领者。2016 年 9 月，中国作为东道主的第 39 届 ISO 大会在北京召开，习近平主席亲自向大会致贺信。

标准化对促进中国低碳发展发挥着重要作用。在国家战略层面，标准体现国家在推动生态文明建设方面的利益和价值观念，起到规范和引领各地区、各领域绿色循环低碳发展的作用，是促进绿色低碳适用技术研发、推广应用产业化、市场化的关键环节，是中国参与国际绿色发展合作与碳排放市场竞争的重要手段，也是国家经济利益和经济安全的保障措施。以标准化推动中国节能减排也初见成效。2015 年 11 月，首批 11 项温室气体管理国家标准发布，包括发电、电网、镁冶炼、铝冶炼、钢铁、民用航空、平板玻璃、水泥、陶瓷、化工行业核算和报告要求以及工业企业核算和报告通则。

国家标准不仅指导产业节能减排和低碳发展，也是促进城乡建设低碳发展的重要手段。例如，《国家标准〈美丽乡村建设指南〉》（GB 32000—2015）已于 2015 年 6 月 1 日起正式实施。标准的发布使美丽乡村建设从方向性概念转化为定性、定量、可操作的工作实践，为全国提供了框架性、方向性技术指导，成为全国首个指导美丽乡村建设的国家标准。

（二）《绿色城市评价指标》国家标准

与低碳城市建设直接相关的国家标准是 2017 年中国标准化研究院公布的《〈绿色城市评价指标〉国家标准（征求意见稿）》。[①] 该指标体系包含绿色生产、绿色生活和环境质量三个方面。绿色生产又分为资源利用和污染控制两个方面，共 18 个指标；绿色生活又分为绿色市政、绿色建筑、绿色交通和绿色消费四个方面，共 25 个指标；环境质量又分为生态环境、大气环境、水环境、土壤环境、声环境和其他六个方面，共 23 个指标。为了增强灵活性，每个方面都设置了必选指标和可选指标，并以"四选二""三选二"或"二选一"的方式提供了一些可选指标。实施绿色城市评价时共考核 54 个三级指标，其中绿色生产领域 15 个指标（12 个必选指标，3 个可选指标），绿色生活领域 19 个指标（12 个必选指标，7 个可选指标），环境质量领域 20 个指标（17 个必选指标，3 个可选指标）（见表 5-13）。

表 5-13　　　　　　　　　　绿色城市评价指标体系

一级指标	权重	二级指标	权重	指标类型	三级指标	权重
绿色生产	0.35	资源利用	0.210	必选	可再生能源消费比重（+）	0.01680
					单位 GDP 能耗（-）	0.03780
					单位 GDP 水耗（-）	0.03780
					工业用水重复利用率（+）	0.02940
					工业固体废物综合利用率（+）	0.02940
					单位 GDP 建设用地面积（-）	0.01680
					环境保护投资占 GDP 的比重（+）	0.01680
				可选	单位 GDP 能耗下降率目标完成率（+）	0.02520（四选二，均为0.01260）
					单位 GDP 二氧化碳排放量（-）	
					建筑废物综合利用率（+）	
					非常规水资源利用率（+）	

①　中国标准化研究院：《〈绿色城市评价指标〉国家标准（征求意见稿）》，2017 年。

续表

一级指标	权重	二级指标	权重	指标类型	三级指标	权重
绿色生产	0.35	污染控制	0.140	必选	单位 GDP 氨氮排放量 （-）	0.02520
					单位 GDP 化学需氧量排放量 （-）	0.02520
					单位 GDP 氮氧化物排放量 （-）	0.02520
					单位 GDP 二氧化硫排放量 （-）	0.02520
					工业废水达标排放率 （+）	0.02520
				可选	单位 GDP 工业固体废物产生量 （-）	0.01400 （二选一）
					危险废物处置率 （+）	
绿色生活	0.30	绿色市政	0.090	必选	生活污水集中处理率 （+）	0.01990
					供水管网漏损率 （-）	0.01620
					生活垃圾无害化处理率 （+）	0.01620
					生活垃圾清运率 （+）	0.01990
				可选	生活垃圾分类设施覆盖率 （+）	0.01800 （四选二，均为0.00900）
					餐厨垃圾资源化利用率 （+）	
					雨污分流管网覆盖率 （+）	
					年径流量控制率 （+）	
		绿色建筑	0.060	必选	绿色建筑占新建建筑比重 （+）	0.02400
					大型公共建筑单位面积能耗 （-）	0.02400
				可选	节能建筑比重 （+）	0.01200 （二选一）
					屋顶利用比重 （+）	
		绿色交通	0.0900	必选	清洁能源公共车辆比重 （+）	0.02250
					万人公共交通车辆保有量 （+）	0.01800
					公共交通出行分担率 （+）	0.02250
				可选	慢行交通网络覆盖率 （+）	0.02700 （四选二，均为0.01350）
					绿色出行比重 （+）	
					公共事业新能源车辆比重 （+）	
					公共交通站点 500 米覆盖率 （+）	
		绿色消费	0.060	必选	人均居民生活用水量 （-）	0.01500
					人均居民生活用电量 （-）	0.01500
					人均生活垃圾产生量 （-）	0.01800
				可选	人均生活燃气量 （-）	0.01200 （三选二，均为0.00600）
					节水器具和设备普及率 （+）	
					照明节能器具使用率 （+）	

续表

一级指标	权重	二级指标	权重	指标类型	三级指标	权重
环境质量	0.35	生态环境	0.116	必选	建成区绿化覆盖率（+）	0.00896
					生态恢复治理率（+）	0.02016
					生态保护红线区面积保持率（+）	0.02800
					综合物种指数（+）	0.01792
					本土植物指数（+）	0.01456
					人均公园绿地面积（+）	0.00896
				可选	建成区绿地率（+）	0.01750（二选一）
					公园绿地500米服务半径覆盖率（+）	
		大气环境	0.042	必选	灰霾日数（-）	0.02100
					空气质量优良天数（+）	0.02100
		水环境	0.070	必选	集中式饮用水水源地水质达标率（+）	0.01750
					地下水环境功能区水质达标率（+）	0.01750
					地表水劣Ⅴ类水体比重（-）	0.01750
				可选	地表水环境功能区水质达标率（+）	0.01750（二选一）
					地表水达到或好于Ⅲ类水体比重（+）	
		土壤环境	0.070	必选	受污染土壤面积占国土面积比重（-）	0.02450
					中度及以上土壤侵蚀面积比（-）	0.02450
				可选	受污染耕地安全利用率（+）	0.02100（二选一）
					污染地块安全利用率（+）	
		声环境	0.028	必选	环境噪声达标区覆盖率（+）	0.01680
					交通干线噪声平均值（-）	0.01120
		其他	0.028	必选	公众对环境的满意度（+）	0.01400
					环境保护宣传教育普及率（+）	0.01400

注：表格中（+）表示正指标，（-）表示逆指标。

资料来源：中国标准化研究院：《〈绿色城市评价指标〉国家标准（征求意见稿）》，2017年。

　　该国家标准在征求意见的基础上修改完善，很可能正式颁布进入实施阶段，用于指导绿色城市建设。低碳城市建设与绿色城市有重叠相近之处，该指标体系无论是指标选取、权重确定，还是必选指标和可选指标的区分，都对低碳城市建设评价体系的开发应用有较大的参考价值。

四　指标体系的比较分析

将上述低碳城市建设相关指标体系进行比较，可以梳理出一些关键特征（见表 5-14）。

表 5-14　　　　国内低碳城市建设相关指标体系的比较

序号	名称	发布机构	评价对象	指标体系	指数
1	绿色发展指标体系	国家发展改革委、国家统计局、环境保护部、中央组织部，2016	各省	7—56，定量/定性（满意度）	1
2	生态文明建设考核目标体系	国家发展改革委、国家统计局、环境保护部、中央组织部，2016	各省	5—23，定量/定性（满意度），有扣分项	1
3	绿色低碳重点小城镇建设评价指标	住房和城乡建设部，2011	小城镇	7—35—62，定量	1
4	北京市低碳社区评价指标体系	北京市质量技术监督局，2015	社区	8—16，定量	1
5	绿色城市评价指标体系	中国标准化研究院，2017	城市	3—12—54，定量，必选/可选	1

第六章

低碳城市建设评价的分析模式与经验借鉴

评价指标体系的构建与应用是低碳城市政策制定和建设管理的内生需求。不同的国际组织（机构）、科研院所和智库研究机构基于不同的研究领域和学科视角，通过构建低碳城市建设评价指标体系和智能化工具，从全球、区域和国家（地区）、城市（部门/行业）等不同层面对低碳城市建设进展和效率进行整体评价和专项评价。以低碳经济为低碳城市建设评价指标体系构建的分析起点，不同的评价分析模式内含着不同的政策框架重点和实践需求。

一 低碳城市建设评价的基本分析模式

（一）"低碳+"模式下基于主要指标法的城市低碳发展水平测度

主要指标法能够从宏观上或部门的技术效率视角更加直接和精准地反映特定地区（城市）的低碳水平以及碳排放的动态特征，应用研究主要包括以下三个方面。（1）基于环境库兹涅茨理论假说，以碳排放为环境质量的代理变量[1][2][3][4]，构建综合政策评价模型，评估减缓气候变化的政

---

① Kaya, Y., *Impact of Carbon Dioxide Emission on GNP Growth: Interpretation of Proposed Scenarios*, Paris: Presentation to the Energy and Industry Subgroup, Response Strategies Working Group, IPCC, 1989.

② 林伯强、刘希颖：《中国城市化阶段的碳排放影响因素和减排策略》，《经济研究》2010年第8期。

③ 宋德勇、卢忠宝：《中国碳排放影响因素分解及其周期性波动研究》，《中国人口·资源与环境》2009年第3期。

④ 胡秀莲、刘强、姜克隽：《中国减缓部门碳排放的技术潜力分析》，《中外能源》2007年第4期。

策绩效及人口空间分布的碳排放外部效应，制定有利于政策响应的工具和机制，探讨特定国家和城市地区实现低碳情景所需要达到的技术效率和发展路径，或应用指数分解方法建立因素分解模型，对引致碳排放的自变量进行因素分解，定量分析各层面驱动碳排放增长的指标及各指标间的相对重要性，从规模、结构、技术效应及碳生产率（增长率）指标方面测度特定国家或城市地区应对气候变化的努力程度和低碳发展绩效。（2）基于区域分布、经济水平和城市规模的比较和分组[①]，从单位 GDP 二氧化碳排放水平、人均二氧化碳排放水平和减碳目标方面对低碳试点城市的碳排放现状和低碳工作成效进行分析，或通过碳排放弹性系数（二氧化碳排放增长率/人均 GDP 增长率）评价低碳城市建设的绩效[②]，开展回归分析和情景分析研究，设置碳减排目标体系，制定城市低碳发展策略。（3）在对低碳经济的概念进行界定的基础上[③]，基于资源禀赋、技术水平及消费方式，提出城市低碳发展水平的测度指标，进行特定地区城市特定发展阶段下的人均碳排放、碳生产率和碳能源排放系数等单一指标的测算和比较，并进一步用产业结构多元化演进水平（ESD）、非煤能源比重两个指标，预测样本城市的低碳发展潜力，制定提高单位碳排放经济产出效率的政策建议。

（二）"低碳+"模式下基于复合指标法的评价指标体系构建

复合指标法则能够从更加系统和综合的视角测度和评价特定地区城市的低碳水平以及碳排放的动态特征。低碳城市建设问题导向的评价分析模式，包括以下方面。（1）通过"驱动力—压力—状态—影响—响应"（DPSIR）模型[④]，统筹考虑指标的可定量性及基础数据的可得性，参照既有环境保护和生态建设标准，建立低碳城市建设评价指标体系，对样本城市低碳发展水平进行评价分析；或通过构建低碳环保综合指数，基于样本城市类型，对样本城市的低碳、环保、经济社会发展进行单项指数分

①　庄贵阳：《低碳经济：气候变化背景下中国的发展之路》，气象出版社 2007 年版。

②　陈飞、诸大建：《低碳城市研究的内涵、模型与目标策略确定》，《城市规划学刊》2009 年第 4 期。

③　朱守先：《城市低碳发展水平及潜力比较分析》，《开放导报》2009 年第 4 期。

④　邵超峰、鞠美庭：《基于 DPSIR 模型的低碳城市指标体系研究》，《生态经济》2010 年第 10 期。

析，定量评价样本城市低碳、环保、发展三者之间的相互关系，探究促进三者协调发展的有效途径。① （2）通过脱钩模型②，从投入—产出视角对经济增长、能源资源等生产要素投入、经济产出引致的环境性污染物排放之间的相互关系及变化方向进行分析，在用分项指标定量描述城市发展过程中经济、资源、环境表征变量的演变特征基础上，对城市低碳建设现状进行评价。（3）通过生命周期评价（LCA）模型和碳足迹分析方法③④，基于城市家庭能源消费的碳排放核算或结合环境投入—产出数据库的使用⑤，把研究尺度从产品、活动和项目层面提升至家庭、企业、城市（社区）和国家层面，从国家或城市地区物质和能源消费总量的视角核算样本地区的碳排放量，并进行直接/间接排放、输入/输出排放差异或贸易隐含碳的比较⑥，解析部门间的碳排放结构和分布特征，提出建设低碳产业园区、低碳示范企业、低碳社区等低碳经济载体及提高样本地区碳排放效率的政策建议，促进节能降碳目标与经济发展同步。

（三）"+低碳"模式下基于复合指标法的评价指标体系构建

在"+低碳"模式下，国内机构和学者主要是在以生态城市、可持续发展示范区、新能源示范城市和国家生态文明先行示范区等专项工程、综合性工程建设为主题的实践工作中，从整体与部分关系的视角，把低碳作为对能源资源节约和效率提高、生态文明建设、环境保护和管理、社会进步有利的新兴因素和需要加强培育的"细胞"。2016 年党中央把《生态文

---

①　刘佳骏、史丹、裴庆冰：《我国低碳试点城市发展现状评价研究》，《重庆理工大学学报》2016 年第 10 期。

②　刘竹、耿涌、薛冰等：《基于"脱钩"模式的低碳城市评价》，《中国人口·资源与环境》2011 年第 4 期。

③　陈莎、李燚佩、程利平等：《基于 LCA 的北京市社区碳排放研究》，《中国人口·资源与环境》2013 年第 11 期。

④　唐建荣、李烨啸：《基于 EIO—LCA 的隐性碳排放估算及地区差异化研究——江浙沪地区隐含碳排放构成与差异》，《工业技术经济》2013 年第 4 期。

⑤　Zheng, Siqi, Wang, Rui, Glaeser, E. L., et al., "The Greenness of China: Household Carbon Dioxide Emissions and Urban Development", *Journal of Economic Geography*, 2011, Vol. 11 (5), pp. 761-792.

⑥　陈迎、潘家华、谢来辉：《中国外贸进出口商品中的内涵能源及其政策含义》，《经济研究》2008 年第 7 期。

明建设目标评价考核办法》列入改革工作要点和党内法规制订计划，在
《"十三五"规划纲要》等文件确定的 2020 年中国生态文明建设的总体目
标下，制定《绿色发展指标体系》《生态文明建设考核目标体系》①，采
用综合指数法和包含了扣分或降档机制的 100 分制的打分（对标）法，
测算和检验党中央、国务院确定的重大目标任务实现情况及生态文明建设
成效和老百姓在生态环境改善上的获得感。其中，能源消费总量（◆）、
单位 GDP 能源消耗降低（★）、单位 GDP 二氧化碳排放降低（★）、非
化石能源占一次能源消费比重（★）等及绿色低碳生活项下的公共机构
人均能耗降低率（△）、绿色产品市场占有率/高效节能产品市场占有率
（△）、新能源汽车保有量增长率（◆）、绿色出行（△）、城镇绿色建筑
占新建筑比重（△），都是从微观—中观—宏观层面上直接或间接反映和
测度低碳城市建设成效的核心指标。② 相对应的，在国际上，"+低碳"模
式下，欧美国家和地区的城市主要是在提高能效、改进废弃物管理、开展
可再生能源投资等城市更新和经营实践活动中，从推动消费模式转型和公
共管理的视角，把推动低碳发展纳入综合性的可持续发展或绿色发展框架
下开展多元化的城市建设评价研究。例如，欧盟通过制定各种各样的排名
来测量欧洲城市的环境可持续性，这些评价和排名主要有欧洲能源奖、欧
洲绿色首都奖、欧洲无烟尘城市评价、可再生能源系统冠军杯和欧洲城市
生态系统评价，通过样本地区城市的能源、环境绩效评价和排名，为欧洲
地区城市能源、环境政策的制定和能源、环境政策绩效评价提供客观依
据。此外，由西门子公司委托经济学人智库（EIU）研发的亚洲绿色城市
指数③，通过对全世界 120 多个城市进行评价和排序，得出这些城市的生
态可持续性。其中，围绕着环境保护和气候变化治理，通过构建亚洲绿色
城市指数对 22 个样本城市进行评价，支持城市在可持续发展的基础上增
加其基础设施建设、推进亚洲地区新兴城市的健康增长及保障本地区居民

---

① 国家发展改革委、国家统计局、环境保护部、中央组织部：《关于印发〈绿色发展指标
体系〉〈生态文明建设考核目标体系〉的通知》，2016 年。

② 标"★"的为《"十三五"规划纲要》确定的资源环境约束性指标，标"◆"的为
《"十三五"规划纲要》和《中共中央、国务院关于加快推进生态文明建设的意见》等提出的主
要监测评价指标，标"△"的为其他绿色发展重要监测评价指标。

③ EIU, *Asian Green City Index: Assessing the Environmental Performance of Asia's Major Cities*,
Munich, Germany: Economist Intelligence Unit, 2011.

高质量的生活。

（四）低碳韧性协同模式下的评价指标体系构建

作为应对气候变化重要方面，相对于减缓工作的长期性，适应更具有紧迫性。联合国气候变化专门委员会（IPCC）科学评估报告把城市作为全球气候变化灾害风险的高发区域和适应气候变化的重要领域；国家和省（直辖市、自治区）国民经济和社会发展规划及应对气候变化规划都明确提出，要主动适应气候变化，提升重点领域、重点地区和敏感单位应对气候灾害的能力。低碳韧性协同模式将减缓和适应气候变化工作相结合，为提高城镇化碳生产力水平和促进城镇化向质量型转型提供了政策分析框架[1][2][3]，在统筹考虑减缓和适应气候变化目标和政策工具排序的条件下，主要包括：（1）从减缓与适应气候变化两方面，提出主动控制碳排放及增强适应气候变化能力的应对气候变化统计指标体系，政策评价的重点主要是关注气候变化减缓、适应、资金、管理等领域；（2）在界定增量型适应及分析减缓气候变化的活动领域基础上，从海岸带适应措施、农田水利设施、城市绿化方面，对样本城市减排和适应的协同发展效率进行定性评价，提出适应和减缓协同条件下开展低碳城市建设及评价的途径和方法；（3）采用驱动力—压力—响应（DSP）可持续发展评估模型和气候变化（灾害）风险分析工具与技术，对单一基础设施韧性进行定量评价；或把多样性、变化适应性、模块性、创新性、快速响应及反馈能力、社会资本存量及生态系统的服务能力等作为低碳城市的韧性特征，围绕社会资本、经济资本、物质资本、人力资本及自然资本五种资本形态对低碳城市的韧性水平进行测度[4]，把能源供应和电力、建筑、交通、生态系统、水资源和流域管理、土地利用和城市空间规划作为评价样本城市低碳政策绩

① 王文军、赵黛青：《减排与适应协同发展研究：以广东为例》，《中国人口·资源与环境》2011 年第 6 期。

② 郑艳、王文军、潘家华：《低碳韧性城市：理念、途径与政策选择》，《城市发展研究》2013 年第 3 期。

③ 李亚、翟国方、顾福妹：《城市基础设施韧性的定量评估方法研究综述》，《城市发展研究》2016 年第 6 期。

④ Mayunga, J. S., *Understanding and Applying the Concept of Community Disaster Resilience: A Capital-based Approach*, Summer Academy for Social Vulnerability and Resilience Building, Munich, Germany, 2007.

效和韧性发展能力的重要评价领域，从城市空间规划、协同治理机制、开展低碳韧性城市及试点社区建设等公共服务方面提出提高城市可持续发展能力的政策建议。

（五）基于标准和智能化支持系统的低碳城市建设评价

低碳城市的建设离不开标准和信息技术的支撑。（1）从标准建设的视角看，构建低碳城市建设评价指标体系，就是要在"低碳+"战略下[①]充分发挥标准化引领城市转型升级的标杆（对标）效应及其在低碳城市建设中的基础性、战略性、引领性作用。国际标准化组织于2014年从标准化的角度研究和发布了关于综合评价城市可持续发展状况的第一套国际标准指标体系（ISO/TC268），涉及城市可持续发展各个方面，包括评价指标和概要指标两大类，46个应采用的核心指标、54个宜采用的辅助指标和39个概要指标。其中，100个定量评价指标直接或间接表征了城市低碳发展效率和韧性能力特征，39个概要指标作为基本统计和选择样本城市的背景信息，从人口、住房、经济、地理与气候四个方面为城市分组及选择同类型城市进行对标提供参考和依据。（2）从信息技术应用的视角看，评价指标工具的智能化逐渐成为发达国家（地区）推动低碳城市建设评价的重要发展方向，低碳城市建设（评价）决策支持系统的建立和使用不仅需融入低碳城市建设评价工作的全链条，从功能上看还是低碳城市建设评价工作的拓展和延伸，侧重于对低碳城市建设（评价）工作的管理决策提供支持。例如，生态低碳城市评价指标工具（ELITE）是由美国能源部资助研发的评价工具，主要应用于智慧城市和韧性城市及城市基础设施建设领域，围绕生态低碳城市建设中的优先性问题选取具有代表性的33个关键指标，通过与基准效率值的比较，评价国内城市的生态低碳发展绩效[②]；低碳城市框架和评价体系（LCCFAS）是一套评价特定城市的发展措施是否有利于降低其温室气体排放量的行动操作指南，旨在鼓励和促进低碳城镇概念在马来西亚的推广、增强城镇与本地区自然系统的兼容性、指导城市绿色解决方案的选择和决策，致力于到2020年在该行

---

① 马德秀、曾少军、朱启贵等：《"低碳+"的内涵、外延与路径》，《经济研究参考》2016年第62期。

② Nan Zhou, Gang He, Christopher Williams, et al., "ELITE Cities: A Low-carbon Eco-city Evaluation Tool for China", *Ecological Indicators*, 2015, Vol. 48, pp. 448—456.

动框架下使马来西亚的碳排放强度减少 40%；城市低碳发展政策选择工具（BEST-Cities）是在能源基金会（中国）支持下，由中国能源集团（China Energy Group）研发的决策支持工具①，主要通过对本地区城市部门因能源消费和能源相关的二氧化碳和甲烷排放进行快速评估，为城市管理机构提供可作用于减少温室气体排放的政策选项；低碳示范镇指标是一个简洁的用户友好型自评价系统，旨在通过对不同特色、规模的低碳城镇项目建设进展的评估和监测，支持城镇一级的低碳示范镇建设、提高碳排放管理水平，促进亚太经合组织经济体中低碳城镇数量增长。

二　低碳城市建设评价存在的问题与经验借鉴

总的来看，能用、适用、好用的低碳城市建设评价指标体系，应具有统计方法的统一性、统计指标选取的相对稳定性、评价标准的普适性、应用的便利性和友好性等特点，评价指标既要符合一般评价指标选取的原则，又要符合低碳城市建设评价的特点要求，才能得出科学、合理、准确、可靠的评估结果，更好地指导低碳城市建设的实践。

（一）存在的问题

目前，低碳城市建设相关指标体系的研究虽然数量很多，但仍不能满足监测、评估、指导和促进低碳城市建设实践的需求。概括而言，存在一些共性的问题。

（1）研究多，应用少。研究者在学术期刊上发表的学术论文，主要是从低碳经济（城市）评价指标体系建立的原则、依据、评价方法方面，结合某一个具体城市低碳建设，进行案例分析，多以理论探讨为主，缺乏实践检验。

（2）低碳指向性不强。绿色低碳发展研究机构和学术团体推出的与生态、绿色、低碳和可持续相关的城市评价指标体系，涵盖面广，指标数

---

① 这个决策支持工具的创建部分是基于能源部门管理援助计划（ESMAP）中为城市用能快速评价而开发的工具模型（TRACE）。主要是核算特定地区城市部门的二氧化碳（CO_2）和甲烷（CH_4）排放，这些部门包括工业、公共和商用建筑、民用建筑、交通、电力和供热、街道照明、水和废水、固体废弃物、城市绿地。

量多，低碳指标往往被稀释，对低碳城市建设实践的指导意义不强。

（3）更新和应用缺乏连续性。很多指标体系只有一个时间点上的测算，没有及时更新和连续发布，难以进行横向和纵向的比较，社会接受度也受到影响。

（4）需要系统性理论支撑。地方政府制定的低碳经济指标体系大多以满足工作需求为目的，强调地域性特点。很多缺乏足够的理论支撑，适用性和系统性较差。

（5）低碳相关的统计指标较少。现有统计体系还不能满足实践的需求，与低碳相关的统计指标严重不足，指标体系研究往往因数据可得性而取其次。

（6）评价指标缺乏对标的标准。一些指标体系没有对各指标设置固定的评价标准，而是依靠一组评价样本的最大值和最小值进行无量纲化。这样做的好处是绕开设置评价标准带来的主观性，缺点是如果换一组样本，同一个对象的评价结果就会发生变动，导致评价结果不稳定。

（7）需加强分类指导和推广应用。指标体系研究普遍对不同用户的需求考虑不足，对宣传推广环节不够重视。随着公众对气候变化和低碳发展的认识不断提高，低碳城市建设评价不仅是政府部门的工作，社会公众也会关心。很多指标体系只重视前期研究和测算，不重视社会认知度和宣传推广，测算方法复杂又没有用户友好的界面，决策者不能有效利用，非专业人士很难理解和应用。

（二）启示和经验借鉴

通过上述回顾，总结了国际、国内低碳城市建设评价相关指标体系开发和应用情况，可以得出以下几点启示。

1. 评估对象要明确

评价指标体系的评估对象包括国家、省、城市、小城镇、社区等不同层面。虽然国家、省的评价指标体系可能对城市有借鉴意义，但针对性不强。低碳城市建设评价应明确评估对象。同类型城市可比性较强，而城市差异过大不利于比较排名，例如特大城市和中小城市缺乏可比性，发展水平差距过大或特色非常鲜明的城市往往也不好比较，可采用城市分类，增强可比性。

2. 主题选取需扩展

目前各类指标体系的主题很杂，有低碳、绿色、生态、可持续、低碳竞争力、生态文明、循环经济、绿色人文发展、宜居、能源、环境、安全、韧性（脆弱/风险）、健康、小康、美丽、创新等。低碳城市建设中，低碳是核心概念，但不能局限在低碳一个方面。国外评价体系，很多是单项的，综合评价最常见的主题是可持续发展。建议以低碳为核心，采用"低碳+"的方法适当扩展具有低碳含义的方面，例如城市基础设施建设和公共服务、城市治理等。

3. 统计方法的统一性

成功的评价指标体系应有清晰的构建方法和评价方法。当前欧洲城市排名指标体系的构建方法和使用方法普遍不公开，也缺少和构建评价体系的步骤匹配一致、系统完善的方法学支撑。在构建我国低碳城市建设评价指标体系的过程中，要保障评价指标体系构建和使用方法的公开、公平（基于国际比较的考虑）和科学。

4. 指标选取的相对稳定性

成功的评价指标体系应遵循具体问题具体分析的构建原则。一方面，评价指标体系的构建与各国所处发展阶段、政治制度、管理体制密切相关，在借鉴国际经验构建我国低碳城市建设评价指标体系的过程中，应具体问题具体分析，避免错用、误用评价指标。另一方面，成功的评价指标体系一般应由定量指标和定性指标组成，包括具体的定量指标、定性指标描述及取值，能体现低碳城市建设评价的核心需求。考虑到数据不完善造成的指标选择困难，可采用必选指标和自选指标相结合的方法，给地方政府一定的灵活性空间。

5. 评价标准的普适性

成功的评价指标体系应遵循科学规范和普遍适用的构建步骤。包括对评价目标的特征进行解构，把具体的特征转化为可描述的评价指标，进行数据收集、（缺省数据）评估和质量检查，对评价指标进行加总构建复合指标，选择评价目标（城市选择）和抽样方法，撰写评价报告，定期修订、更新和完善既有评价指标体系。更重要的是，在具体的构建步骤和应用中，应建立普适的评价标准，一是对评价指标进行清晰、科学的描述、界定和分类；二是对部分关键指标给出适合一定时期和一定条件的一致规范，例如，具有国际（区域）公平内涵的绝对（相对）的定量/定性标准。

6. 评价方法

构建低碳城市建设评价指标体系后，评价方法可以侧重综合排名，也可以侧重监测和比较，各有利弊。综合排名在指标合成过程中必然会造成信息损失，低碳城市建设是一个系统工程，不主张地方政府过于重视排名，应该鼓励地方政府重视发掘城市自身潜力，在正确的方向上不断进步。

7. 用户多样性

低碳城市建设评价指标体系可以用于自评、考核或第三方评估，因此其用户多样。自评时低碳城市建设评价指标体系可作为地方政府决策支持和政策选择工具。考核时上级政府可定期对下级政府进行评估，督促其工作。第三方评估时可由上级政府委托相关机构开展评估，体现专业性和公正性。

8. 应用便利性、友好性

对评价目标进行评价和决策时，信息化和智能化水平是影响评价指标体系应用的重要技术因素。例如，面向中国城市研制的 BEST-Cities、ELITE Cities 等体现了低碳城市建设规划工具智能化、可视化的发展方向。低碳城市建设评价指标体系的开发，必须考虑应用的便利性和界面的友好性。可以考虑以下三个方面。

一是对于复杂的评价目标，在进行程序设计和指标化体系建构时，应采用最优化处理技术。

二是大数据已经改变了信息的量、速度和特性，应从人类生活的各个方面获取信息，对评价指标体系进行数据库建设。

三是通过在线参与工具，提高评价的透明度、参与度和责任度。在低碳城市建设评价中，透明度主要表现为允许获得更多的与政府、企业、市民解决城市低碳发展问题有关的大量共享信息。参与度和责任度则主要表现为通过智能化决策工具的应用，使构成低碳发展合力的各方能够参与创建技术工具，为生活和工作中的城市低碳发展问题找到解决方案。

9. 改进统计体系，明确统计监测方法，争取与国际接轨

我国现有统计体系不能满足低碳城市建设的需求，如行业碳排放核算和报告要求以及工业企业核算和报告通则等国家标准实施不久，城市碳排放核算方法和排放清单还不完善，低碳城市建设相关指标数据严重缺失。

应参考 ISO 37120 相关指标的定义和统计监测方法，尽快改进和完善城市统计体系，便于进行国际比较和经验借鉴。

10. 加强指标的动态监测和分析评估，为低碳城市建设决策提供科学依据

低碳城市建设是一个转型发展的动态过程，城市碳排放与自然禀赋、人口和城镇化发展水平、产业和能源结构等因素密切相关。指标体系的作用不仅在于描述现状，更需要基于标准进行城市之间的比较，以及城市自身的动态监测和分析评估，发现差距和薄弱环节。标准化为国际比较和经验借鉴提供了便利，经过深入研究和分析评估，也可以为科学决策提供依据。

11. 实用好用，加强宣传和推广应用

首先，指标体系连续发布是得到社会认同的关键。国外有些评奖已经坚持了 20 多年，指标体系通过应用并不断完善，得到社会认同。而国内很多指标体系以发表论文为目的，开发之后就被束之高阁。其次，网站等新媒体的宣传也非常重要。可以开发互动平台，数据和评估方法应简单易行、公开透明，公众通过参与互动，可以提高对低碳发展的认识，有利于在日常生活中更积极主动地为城市低碳发展贡献力量。

第三篇
低碳城市建设评价指标体系构建

作为方法学部分，结合低碳试点城市实践进展评估结果及国内外指标体系研究成果，集成构建一套包括城市低碳发展总体情况（宏观领域）、能源利用、产业发展、低碳生活（低碳建筑、低碳交通、低碳消费）、资源环境（环境、土地利用）和政策创新六个维度的低碳城市建设评价指标体系。本篇详细介绍了低碳城市建设评价指标体系的意义、目的、功能、理论基础、构建原则、重要领域及指标选取的方法、评价方法及标准、标准化过程、不同用户对于指标体系用法的说明等。该指标体系构建的关键是把低碳经济理论与低碳城市建设的实践结合起来，明确用户与功能（国家生态环境部考核评估、地方政府自评估、第三方评估），体现评价体系的政策引领性、低碳相关性、内涵差异性、自身特色性及区域差异性。该指标体系以定量为主、以定性为辅，在城市分类指导的基础上，设定每个评价指标的权重、标杆值和评价导则，能够真实反映试点城市的现状及努力程度。

第七章

低碳城市建设评价指标体系构建的
理论、原则与逻辑框架

在全球气候变化的大背景下，建设低碳城市成为未来城市可持续发展的选择之一。然而关于低碳城市的内涵，国际上并没有统一标准，概念模糊化导致政府、企业等决策部门及普通大众难以把抽象的低碳城市内涵推进到可操作的层面，导致城市低碳化程度难以量化。在对国内外低碳城市进行有关概述的基础上，结合中国现状及国家发展改革委对试点工作的要求，本书界定的低碳城市内涵：以低碳理念为核心，根据不同城市类型，以低碳化的投入获得低碳化的产出，即发展低碳化的能源、建筑、交通、土地利用、低碳政策管理及创新，从而最大限度地减少温室气体排放，形成健康、简约、低碳的生产生活方式。

在界定低碳城市内涵的基础上，参考借鉴国内外低碳城市指标体系研究成果，集成构建一套包括城市低碳发展总体情况（宏观领域）以及能源低碳、产业低碳、低碳生活（低碳建筑、低碳交通、低碳消费）、资源环境和低碳政策与创新六个维度的中国低碳城市建设评价指标体系。

一 指标体系构建的意义

《巴黎协定》后，在新的国际气候治理格局下，中国履行 2030 年应对气候变化自主贡献目标，既对新型城镇化建设提出了更高要求，又带来了新的发展机遇。这主要表现为：一方面，在新的减缓和适应气候变化目标约束下，全球绿色竞争加剧，绿色低碳发展成为提振全球经济景气度的着力点，为城市转型升级和更新提供了外部条件和动力；另一方面，城市作为实现新的减缓和适应气候变化目标的重要空间和基本责任主体，通过构建引领城市和行业部门绿色低碳转型的战略目标体系，重塑气候治理新格局下城市绿色低碳的生产方式、生活方式和消费模式（见图7-1）。对中国而言，在城镇化快速发展阶段，低碳城市建设不仅是"十三五"时期破解城市发展中的现实矛盾和促进城市转型变革的三大基本途径之一，也是全球减缓和适应气候变化背景下考量城市综合竞争力的重要维度之一。推动低碳城市建设需要科学决策，而低碳城市建设评价指标体系就是服务科学决策的有效工具。

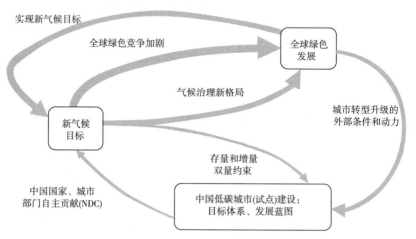

图7-1　气候治理新格局下减缓与适应目标对低碳城市建设的影响机理

注：线条粗细表示气候治理新格局下全球和国家（地区）之间相对影响力的大小。

低碳城市建设评价指标体系是生态文明建设的重要组成部分，重新审视低碳城市建设评价指标体系和评价标准，对深入贯彻绿色发展理念、大力推进生态文明建设具有重大理论和现实意义。

通过对三批试点城市低碳发展程度的评价，旨在摸清中国城市低碳发展现状，识别不同城市低碳发展的优势与不足，深入挖掘低碳城市的内涵，探索理想的"目标模式"，提出与国际低碳城市评价对接的普适性评价标准。同时，可对中国不同类别的城市进行分类指导，探索可复制、可推广的制度成果和有效模式，根据成熟程度分类总结推广行之有效的重大改革举措和成功经验，以低碳发展推进生态文明建设。

低碳城市建设评价指标体系可测定并评估城市低碳建设的现状、努力度和政策效率。以城市为基本评价空间和低碳发展决策单元①，从评价指标体系

---

①　在低碳城市建设评价中，城市即非农产业和非农业人口聚集区，包括城市市区、近郊区以及城市行政区域内其他因城市建设和发展需要实行规划控制的区域。

的应用和功能方面看，评价指标所具有的统计测度、报告、核查、对标和政策评价等功能，可成为低碳城市建设和管理的重要抓手（见图7-2所示）。

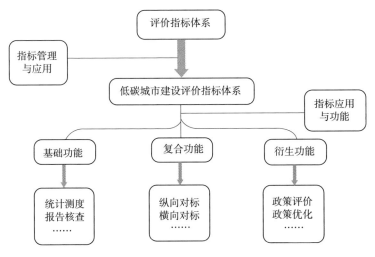

图7-2　评价指标体系与低碳城市建设评价

从绿色低碳发展的视角看，结合试点省市和国际相关机构组织推进绿色低碳城市建设工作经验，开展低碳城市建设评价，制定标准化、通用型的低碳城市建设评价目标体系，在低碳城市建设政策制定、执行、评价、优化等环节具体有以下五方面作用：

一是为城市绿色低碳发展政策制定、全面深化低碳发展试点示范提供理论支撑；

二是为低碳城市建设政策效果评价和政策优化升级提供定量支持；

三是在低碳政策执行中为城市绿色低碳发展优势和短板的识别提供分析工具；

四是通过同类型城市发展绩效的比较，为城市间绿色低碳发展经验的借鉴、试点经验总结推广工作提供依据；

五是规范低碳城市建设评价体系，为区域发展战略和发展规划的制定提供科学指导。

二　指标体系构建的目的与功能

目前对低碳城市建设评价指标体系的研究较多，但存在一些弊端。有的评价指标体系缺乏相关理论支撑，科学性和系统性较差；有的单纯以行动为导向，并带有区域特点；有的指标设计上存在随意性和盲目性；有的评价标准单一，欠缺对城市类型的考虑，难以准确反映城市低碳发展的差异化与阶段性；有的指标体系设计停留在理论和方法探讨层面，用户不明确，实践指导意义和应用性不强。

基于此，本书构建的低碳城市建设评价指标体系目的在于：梳理与低碳经济、低碳城市建设相关的理论；明确指标体系的功能及用户（生态环境部、城市政府和第三方），依据低碳相关性、内涵差异性、自身特色性、政策导向性和区域差异性原则，科学、合理选择评价领域与指标；规范低碳引导，构建出一套标准化的指标体系与评价方法；对城市进行分类，兼顾不同城市的差异性与阶段性特征；结合城市类型，对低碳试点城市低碳发展状况和努力程度进行综合的、成果导向型的量化评估，既可以纵向评估，又可以横向比较，全面准确衡量城市级别的低碳发展水平。

中国低碳城市建设评价指标体系的功能主要有三个：生态环境部评估、城市政府自评估以及第三方评估。

"自上而下"评估对应的用户是生态环境部，提供进行考核评估的工具，评估结果为生态环境部进一步制定低碳发展方案提供依据。

城市自评估对应的用户是地方政府，可以对城市低碳发展状况进行自评估，明确低碳目标实现情况及短板所在。

第三方评估主要是从科研角度考虑，可以对城市间低碳发展状况进行比较研究，分类指导。

三　指标体系构建的理论基础

作为推动城市建设和管理创新的重要政策依据，可持续发展、生态文明、绿色经济、应对气候变化、新气候经济学、低碳经济、碳排放脱钩等核心概念的内涵与特征构成了低碳城市建设评价的理论基础。

（一）可持续发展

低碳城市符合可持续发展的可持续性、公平性、共同性原则，要求城市在实现经济繁荣的同时，保证公平性，倡导对生态环境的保护。低碳城市虽然在转型过程中可能会出现经济增速放缓，但能提高经济增长质量，具有可持续性。碳排放是人文发展的基本权利之一，减少碳排放需要体现公平性，不能剥夺人们满足基本需求碳排放的权利。同时，服务型城市、工业型城市（以制造业为主导）、综合型城市、生态优先型城市需要共同发展，不能出现发达城市把高碳产业无限制转移至欠发达城市的情况，而是因地制宜，寻求不同方式的低碳发展路径。

（二）生态文明

生态文明是人类文明发展的一个新阶段，贯穿于经济、政治、文化和社会建设各方面，具有强包容性。中国已明确把加快推进生态文明建设作为积极应对气候变化、维护全球生态安全的重大举措，把绿色发展、循环发展、低碳发展作为生态文明建设的基本途径，提出应加快建立系统完整的生态文明制度体系，增强生态文明体制改革的系统性、整体性和协同性。

低碳发展与生态文明的指导思想具有共性，其本质都符合可持续发展理念；具有相同的系统观，体现了"天人合一"的思想，即人与自然相互依存、相互影响；相同的发展观，即在资源环境承载力范围内进行经济社会发展，形成绿色发展观；相同的生产观，即以最小化的资源生产更多的产出，提高利用效率；相同的消费观，即注重节约，培育低碳消费、适度消费的消费观，使物品尽可能多次循环利用。但二者又有所区别，低碳发展更加注重低碳，而生态文明则处于国家宏观战略层面，包容性更强，最终目标是促进人与自然和谐，实现经济、政治、文化和社会的全面可持续发展。

生态文明建设要求完善经济社会发展考核评价体系，把资源消耗、环境损害、生态效益、责任分担等指标纳入经济社会发展评价体系，建立体现生态文明要求的目标体系及考核办法，推进生态文明建设的重要导向和约束。作为生态文明建设的一个分支，低碳发展可以首先落实到城市，通过制定、实施低碳城市建设目标评价考核办法、探索低碳发展模式，在新一轮的科技、产业和能源革命中抢占主动，取得绿色发展话语权，形成节约资源能源和保护生态环境的空间格局、产业格局和生态、低碳的生产生活方式。

（三）绿色经济

绿色经济的思想来源于人类对人与自然关系的反思，以人与自然和谐为核心，以可持续发展为目的。它要求将环境资源作为经济发展的内在要素，在有限的生态环境容量和资源承载力约束条件下，发挥市场资源配置的主体作用；把实现经济、社会和环境的可持续发展作为绿色经济的发展目标；把经济活动过程和结果的绿色化、集约化、生态化作为发展的主要内容和途径，加快绿色新兴产业建设，提高生态产品附加值。

绿色经济涵盖面广，包括生产、流通、分配、消费等经济活动的各环节，也包括环境保护和生态建设活动。循环经济、低碳经济都属于绿色经济范畴。从低碳发展层面来说，减少碳消耗、提高能源利用效率、调整能源结构、重塑人们低碳生产生活方式等均是推动绿色经济的有效途径。

（四）应对气候变化

气候变化关系全人类的生存和发展，全球大部分国家已达成应对气候变化共识。中国已把应对气候变化作为实现发展方式转变的重大机遇，全面融入国家经济社会发展的总体战略，提出通过加快绿色低碳发展，转变经济发展方式、调整经济结构和推进生态文明建设。中国处于工业化与城镇化的攻坚阶段，城市碳排放正处于倒"U"形曲线的上升阶段，解决好城市碳排放问题，可以加快形成中国特色的绿色低碳发展模式。一方面，城市通过减缓和适应气候变化的低碳相关指标考核，"摸清家底"，发现问题，把绿色低碳发展融入城市定位；另一方面，通过国际、国内城市间应对气候变化合作，开拓新型城市发展理论和规划理论，寻求新经济增长点，激发城市后发优势，实现跨越式发展。

（五）新气候经济学

全球应对气候变化催生了新气候经济学的发展，其核心内容是在传统经济学理论的基础上，分析气候变化影响的损失、适应和减缓气候变化的成本与收益、不同发展阶段国家碳排放规律及减缓的途径，从而进行权衡和选择。从促进国际公平与合作的角度，探寻碳减排责任的分担机制，从国家到城市寻求合作共赢的方式，分享低碳发展技术与经验，推进城市绿色低碳转型和绿色宜居的生活方式，共同走向生态低碳的城市化道路。

（六）低碳经济

低碳经济是指在可持续发展理念指导下，通过技术创新、制度创新、产业转型、能源结构升级、新能源开发等手段，尽可能地减少化石能源消耗，提高能源利用率，减少温室气体排放，达到经济社会发展与生态环境保护"双赢"的一种经济发展模式。低碳经济以低能耗、低排放、低污染为特征，以应对气候变化为要求，对旧的生产方式、生活方式及价值观进行根本性变革。在发展低碳经济这个核心理念和目标的指导下，研究不同产业模式、阶段、水平与碳排放的关系，分析减排的短、中、长期成本效益，遏制全球气候变暖趋势。

低碳经济与发展阶段、资源禀赋、技术水平和消费模式也紧密联系在一起。

发展阶段与城市生产及消费模式的低碳化、能源结构的低碳化等紧密相关。当城市经济发展到一定程度，对经济资本存量累积的需求减少，就可以将较多的能源用于服务业，提升居民消费水平。中国的服务型城市并不多，更多的城市仍然处于靠生产和投资带动的资本存量碳排放增加阶段，因此在评价城市低碳发展水平时，必须考虑现阶段城市所处的水平，注重低碳转型过程中人文发展的公平性，保障经济水平和人们生活质量的提升。

资源禀赋是决定城市低碳发展的物质基础，也是不同城市低碳路径选择的前提条件。与低碳经济联系密切的低碳资源有非化石能源、新能源以及能够提供碳汇的森林（相关指标如森林覆盖率、森林蓄积量）等。

技术水平决定城市低碳经济的速度，影响能源效率及绿色建筑和低碳交通的发展。

消费模式直接反映了人们对能源利用、环境保护等的重视程度，间接反映了人们对低碳的认知度，有助于从传统的生产端到消费端全面地推动低碳城市发展。

（七）碳排放脱钩

碳排放脱钩是经济增长与温室气体排放之间关系不断弱化乃至消失的理想化过程。低碳城市建设中所要求的碳排放脱钩有两种含义。一是二氧化碳排放的绝对脱钩，即二氧化碳排放随经济增长表现为负增长，也就是二氧化碳排放总量需要绝对地减少；二是二氧化碳排放的相对脱钩，即二氧化碳排放总量仍在正增长，但是二氧化碳排放增长的速度低于经济增长速度。在设计考核低碳城市建设发展状况的指标体系过程中，可考虑借助碳排放经济增长弹性来衡量各地区低碳化水平。

四 指标体系构建的原则

（一） 低碳相关性

选取的指标需要有低碳代表性，除一些与碳排放直接相关的指标外，环境指标（如 PM2.5 年均浓度）、消费指标（人均生活垃圾日产生量）等指标，与低碳发展有直接或间接关系，如 PM2.5 年均浓度旨在呈现人体健康及生活品质与低碳发展间的关联性，也表明追求低碳是为了生活品质的提升。人均生活垃圾日产生量的入选，在于随着生活水平提高，垃圾产生量也越来越多，而垃圾处理过程需要能源支持，与碳排放联系紧密。因此，从源头控制垃圾产生，既减少了污染，又体现了人们消费行为的低碳化，同时以总量替代人均，排除了城市规模等因素的影响，体现了公平性。

（二） 内涵差异性

国家层面已明确提出能耗总量控制与强度控制的"双控"指标。碳排放总量、单位 GDP 碳排放等指标相关性高，但内涵上存在差异。单位 GDP 碳排放属于强度指标，能够反映碳排放的结构特征，同时也是绿色 GDP 在低碳经济发展中具体的、可量化、可操作的指标。碳排放总量属于总量指标，当能源结构优化时，能源消费总量有可能增加，但是碳排放总量仍会出现下降。煤炭占一次能源消费比重、非化石能源占一次能源消费比重是能源结构的表征指标，可以反映低碳化程度。

（三） 自身特色性

宏观层面上还选择了人均二氧化碳排放指标。虽然国家层面没有相关考核标准，但它对中国城市的低碳发展越来越具有现实意义。

（四） 政策导向性

包括产业低碳和低碳政策与创新两个领域的指标，产业低碳中规模以上工业增加值能耗下降率是绿色工业转型的核心目标之一，战略性新兴产业增加值占 GDP 比重对于资源型城市来说，并非以"第三产业比重越高越好"，具有低碳政策导向性。低碳节能减排和应对气候变化资金占财政支出比重可以衡量当地政府对低碳转型的重视程度及财政投入力度。低碳政策与创新是定性指标，包含低碳城市规划、低碳体制机制、低碳发展组织力度、执行力度、低碳公众意识、"互联网+"、"交通+"带动的低碳创新行为等，可以从城市发展顶层设计—管理体制—监督能力—市场行为—公众参与等方面综合衡量城市在低碳方面的努力程度。

（五）区域差异性

中国地域辽阔，部分能够衡量低碳发展水平的指标与经济水平、城市规模、人口规模等因素具有相关性，具有明显的区域性特征。因此，选取评价标准不能一概而论，需要根据指标特性，合理划分区域、选择区域的标杆值来进行评估，保证评估结果的公平性与准确性，以便为国家低碳分类指导工作提供科学、有效的支撑。

五　指标体系构建的逻辑框架

（一）准备阶段

需要明确评价的目的及意义，明晰城市低碳发展的概念及特征，能够对国家目标—省级目标—市级目标进行层层分解。因此，一方面，对国内外与低碳城市相关的指标体系进行梳理，总结归纳低碳城市建设评价体系的共性与差异性，分析不同指标体系的先进性和局限性；另一方面，结合现行两批低碳试点工作的绩效评估，为综合指标体系的构建做好铺垫。

（二）构建阶段

首先，需要具有前瞻性，并结合现有的低碳相关政策、规划、清单指南等，科学选取评价的重要领域，避免盲目性；其次，根据低碳相关性、内涵差异性、自身特色性、政策导向性、区域差异性原则，选取评价指标，指标要兼顾实用性和操作性，宜精宜简，重要领域和主要指标的选取需要多次进行专家咨询与实际调研；再次，确定评价方法（包括定性指标和定量指标的结合、权重处理及数据标准化等）；最后，对城市进行分类，能够体现出不同城市的现状及努力程度，并完成评价导则的编写。

（三）完成阶段

评价指标体系必须应用于实践，而实践对于指标体系的最终完善与确定具有反馈作用。因此，初步构建的指标体系要对城市进行初步评价，验证指标体系的先进性和可行性（如评价之后的分数偏高，让试点城市误以为低碳发展水平较好，出现懈怠；分数过于接近，体现不出地区差异性等），通过反馈，不断修正评价方法和评价指标，最终完成指标体系的构建（见图7-3）。

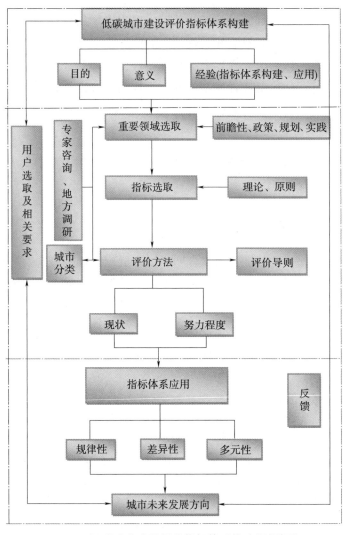

图 7-3　低碳城市建设评价指标体系构建逻辑框架

第八章

低碳城市建设的重要领域、指标及评价标准

一 低碳城市建设的重要领域

在明确低碳城市的理论内涵的基础上，构建低碳城市建设评价指标体系还需加强与低碳发展宏观政策的有效对接。从经济部门分类和比较分析的视角看，发达国家城市地区碳排放集中于电力、交通、工业、民用和商业部门，在碳减排政策方面则主要是通过制定气候变化专项行动规划，把低碳发展专项行动规划和方案融入更加综合的规划和长期发展战略目标体系中，提出了建设碳中和城市、绿色和宜居城市、韧性城市（社区）、100%可再生能源城市、气候友好型城市、零碳城市、后碳城市等发展愿景[1]，推动气候变化应对和城市治理的有机统一，以达到提高城市公共服务体系的服务质量、提高城市区域的环境质量、保障公共健康和活跃城市区域经济的治理目标；碳排放约束下的城市公共物品如公共服务质量、多样性的社会环境和生态环境、市民生活水平、公共导向型的城市增长管理等，则成为评价城市发展绩效水平的政策重点。从城市碳排放清单的部门排放结构看，中国城市地区的碳排放集中于能源、工业过程、建筑、交通、废弃物处理等领域，"十一五"时期的低碳发展主要以具有引领产业（部门）转型升级性质的节能减排政策为主，在试点选择上看重申报试点省市的积极性和样本城市打造行业（部门）"最佳实践"的工作意向和先行优势。"十二五"时期的低碳发展则采取了以城市为主、以省区为辅的多领域低碳建设方式，注重顶层设计和规划引领的重要性，在试点选择上

---

① Stephens, Z., Low Carbon Cities—An International Perspective—Towards a Low-carbon City: A Review on Municipal Climate Change Planning, Beijing: The Climate Group, 2010.

通过组织推荐和公开征集,统筹考虑申报城市的工作基础、试点布局的代表性、城市特色和比较优势,组织专家对申报试点地区进行筛选,政策重点聚焦于摸清试点地区关键排放源和温室气体排放基数,加强试点地区碳排放权交易基础设施和能力建设。"十三五"时期,围绕建设美丽中国和可持续发展,推进国家低碳试点城市建设成为经济新常态下城市地区培育新的增长点和拓展发展空间的重要抓手,在试点选择上除了统筹考虑各申报地区的试点实施方案、工作基础、示范性和试点布局的代表性等因素之外①,还应注重试点地区基于未来减排潜力的碳排放峰值目标先进性、低碳发展制度和体制机制的创新性,主要是通过明确低碳发展目标及把低碳发展纳入本地区国民经济和社会发展年度计划和政府重点工作,建立目标考核制度,发挥低碳发展规划的综合引导作用,实施近零碳排放区示范工程②,使各地区政策重点进一步突破低碳政策的行业局限,聚焦于探索适合本地区的低碳绿色发展模式和发展路径,建立以低碳为特征的工业、能源、建筑、交通等产业体系和低碳生活方式,对全经济领域乃至国家的发展模式产生影响③,引领和示范各类型试点地区低碳发展。

本书在具体领域选取过程中,主要注意了以下方面。

(一) 宏观层面的国家自主贡献目标

气候变化问题涉及广泛,是经济社会发展的大问题,与能源结构调整、经济结构调整、发展方式转型、技术能力提升和居民生活方式转变息息相关。中国高度重视气候变化问题,提出了加强生态文明建设的重要部署,通过积极应对气候变化,在国际上传播生态文明理念,推动世界可持续发展。中国在 2015 年提交了国家自主贡献 (INDC) 目标,包括二氧化碳排放在 2030 年前后达峰并争取尽早达峰、碳强度比 2005 年下降 60%—65%、非化石能源占一次能源消费比重达到 20% 左右、森林蓄积量比

---

① 国家发展改革委:《关于开展第三批国家低碳城市试点工作的通知》(发改气候〔2017〕66 号),http://www.ndrc.gov.cn/,2017 年。

② 《中国共产党第十八届中央委员会第五次全体会议公报》(2015 年 10 月 29 日中国共产党第十八届中央委员会第五次全体会议通过),2015 年 10 月 29 日,新华网 (http://www.xinhuanet.com/politics/2015-10/29/c_1116983078.htm)。

③ 危昱萍:《第三批低碳城市试点 11 月公布　要求设定碳排放峰值目标》,《21 世纪经济报道》,2016 年 10 月 27 日 (http://epaper.21jingji.com/html/2016-10/27/content_49209.htm)。

2005 年增加 45 亿立方米左右、继续主动适应气候变化等。在"十三五"规划及后续每五年规划中，细化和纳入国家自主贡献目标。为服务于国家自主贡献目标深入具体落实到国家层面、省级层面和市级层面，需要对城市的低碳行为进行全方位摸底，抓手在于对低碳试点城市进行全面评估，在国家自主贡献目标提及的重要领域，量化关键性指标，致力于实现不同城市发展路径的变迁。

（二）国家应对气候变化规划目标

从国际环境看，《巴黎协定》后的新国际气候治理格局对中国低碳建设带来了挑战；从国内环境看，中国经济社会发展到了一个新阶段。面对国内外发展新潮流，中国对应对气候变化工作提出了新的要求，从顶层设计方面决定把积极应对气候变化作为国家重大战略，并作为生态文明建设的重大举措。目前已制定了《中国应对气候变化国家方案》《"十二五"控制温室气体排放工作方案》《国家适应气候变化战略》《国家应对气候变化规划（2014—2020 年)》等文件，充分发挥应对气候变化在产业结构调整、能源结构优化、节能效率提升、生态建设、环境保护等相关领域的引领作用。

（三）IPCC 报告提出的重点减排潜力领域

IPCC 第五次工作报告指出，减缓气候变化必须通过国家和部门的政策与机制，使能源生产和使用、交通运输、建筑、工业、土地利用和人类居住等部门或行业减少温室气体排放。

（四）城市温室气体清单核查的范围

为使减缓和适应气候变化同步推进，中国编制了《IPCC 国家温室气体清单指南》《省级温室气体清单编制指南》。中国社会科学院城市发展与环境研究所吸取国外城市编制温室气体清单好的经验，弥补现有方法不足，同时结合国内多个城市清单编制工作，编制了《中国城镇温室气体清单编制指南》，为城市分解温室气体减排目标、制定低碳发展规划、追踪评估碳排放目标完成情况和城市间相关指标比较提供条件。清单总结了能源活动、工业生产过程、农业活动、土地利用变化和林业以及废弃物处理五大部门的活动水平，重点突出了工业、建筑和交通领域的碳排放。

（五）低碳试点城市目标

中国从 2010 年开始开展低碳试点工作，迄今为止已有三批低碳试点城市。国家发展改革委对三批试点城市提出了相应的要求，包括明确目标和原则、编制低碳发展规划、制定支持绿色低碳发展的配套政策、加快建立以低碳排放为特征的产业体系、建立温室气体排放数据和管理体系、积极倡导低碳生活方式和消费模式。

基于以上几个方面考虑，本书选取宏观领域及能源低碳、产业低碳、低碳生活、资源环境、低碳政策与创新六个维度进行评估，基本覆盖了碳排放的主要相关领域及政府和社会等参与主体。

二　具体指标

基于国内城市低碳建设政策评估及国内外低碳城市指标体系综述，根据低碳发展理论及可操作性，初步构建了中国低碳城市建设评价指标体系。该指标体系包括宏观领域及能源低碳、产业低碳、低碳生活、资源环境、低碳政策与创新六个维度。其中，宏观领域代表的是低碳产出，其余五个维度代表的是低碳投入。每个维度指标经过反复斟酌、多次筛选，突出了低碳相关性、内涵差异性、自身特色性、政策导向性和区域差异性，兼具科学性、实用性，能够客观、全面反映城市低碳发展的各领域及全过程。

（一）指标筛选

在确立指标维度的基础上，首先依据低碳相关性等五大原则及因子分析、相关性分析等方法，选择了碳排放总量、人均二氧化碳排放、单位 GDP 碳排放、能源消费总量、战略性新兴产业增加值占 GDP 比重、规模以上工业增加值能耗下降率、非化石能源占一次能源消费比重、煤炭占一次能源消费比重、城市公共交通站点 500 米覆盖率、万人公共汽（电）车拥有量、城市居住建筑节能率、绿色建筑占新建建筑比重、城市居民人均日用水量、人均生活垃圾日产生量、人均公园绿地面积、PM2.5 年均浓度、单位面积二氧化碳排放、森林覆盖率、节能减排和应对气候变化资金占财政支出比重、低碳管理共 20 个指标；其次，多次通过低碳试点城市调研，与当地政府部门及相关研究人员就 20 个指标的选取进行探讨，突出指标的可操作性；再次，召开专家咨询会、中期会，根据专家意见对指标进行反复论证、修改；最后，收集 2015—2010 年数据，根据数据收集的困难程度及试评估结果，反推指标的选取及修改，缩减指标至 15 个，增强指标的低碳针对性、试点城市低碳发展的创新性及可操作性。

（二）指标确定

经过科学方法和实践检验，一级指标中，宏观领域包含 3 个指标，产业和能源低碳各包含 2 个指标，低碳生活包含 3 个指标，资源环境包含 2 个指标，低碳政策与创新包含 3 个指标，共 15 个二级核心指标（见表 8-1）。

表 8-1   重要领域及核心指标

重要领域	核心指标	单位
宏观领域	碳排放总量	万吨
	人均二氧化碳排放	吨/人
	单位 GDP 碳排放	吨/万元
能源低碳	煤炭占一次能源消费比重	%
	非化石能源占一次能源消费比重	%
产业低碳	规模以上工业增加值能耗下降率	%
	战略性新兴产业增加值占 GDP 比重	%
低碳生活	万人公共汽（电）车拥有量	辆/万人
	城镇居民人均住房建筑面积	平方米
	人均生活垃圾日产生量	千克/人
资源环境	PM2.5 年均浓度	微克/立方米
	森林覆盖率	%
低碳政策与创新	低碳管理	—
	节能减排和应对气候变化资金占财政支出比重	%
	其余创新活动	—

1. 宏观领域

宏观领域反映城市宏观低碳水平及国家总体节能减排目标的落实情况，包含了 3 个指标：碳排放总量、人均二氧化碳排放和单位 GDP 碳排放。国家层面已经明确提出了能耗总量与强度"双控"目标，下一步把目标分解到城市一级的工作将会成为重点，因此选择碳排放总量、单位GDP 碳排放 2 个指标（可以看作绿色 GDP 在低碳经济时代具体的、可量化和可操作的指标）。除总量指标、强度指标外，考虑到碳排放的直接影响因素及公平性，人均二氧化碳排放量是另一个重点考核指标。

2. 产业低碳

产业低碳包括战略性新兴产业增加值占 GDP 比重及规模以上工业增加值能耗下降率 2 个指标。三次产业结构可以初步判定城市类型，但对煤炭等资源型城市，并不意味着第二产业比重高、第三产业比重低就不好，而是需要产业结构转型及升级。《"十三五"国家战略性新兴产业发展规划》提出，战略性新兴产业代表新一轮科技革命和产业变革的方向，是培育发展新动能、获取未来竞争新优势的关键领域，因此以战略性新兴产业增加值占 GDP 比重为考核指标，具有政策导向性，也是低碳城市产业转型的关键所在。《工业绿色发展规划（2016—2020 年)》提出加快推进工业绿色发展，有利于推进节能降耗，实现降本增效。规模以上工业增加值能耗下降率就是衡量工业绿色发展的核心指标之一。

3. 能源低碳

能源低碳包括非化石能源占一次能源消费比重和煤炭占一次能源消费比重 2 个指标。《能源发展战略行动计划（2014—2020)》《能源技术革命创新行动计划（2016—2030 年)》《能源发展"十三五"规划》都提出，中国新技术、新产业、新业态和新模式的涌现使能源发展到了转型变革的新起点上。非化石能源占一次能源消费比重的升高及煤炭占一次能源消费比重的下降是我国逐步从以化石能源为主过渡到以新型能源为主的重要表征。

4. 低碳生活

低碳生活包括交通、建筑和消费三个领域，每个领域有 1 个表征性指标。交通与建筑是未来碳排放的两个主要领域。汽车尾气是《哥本哈根协议》中认定的主要碳源，万人公共汽（电）车拥有量是打造绿色低碳城市公交系统的重要方面，可以反映城市中人们出行的低碳化程度。城镇居民人均住房建筑面积可以体现居住的集约、低碳化程度，具有数据可得性。消费方面选取了人均生活垃圾日产生量。生活垃圾的产生、处理与能耗有关，同时垃圾围城是城市面临的主要环境问题之一，因此从消费端减少垃圾产生，既可以作为解决问题的有效手段，又可以表征城市居民日常行为低碳化程度。

5. 资源环境

资源环境包括 PM2.5 年均浓度和森林覆盖率 2 个指标。选取 PM2.5 年均浓度是因为中国的碳排放和环境污染同根同源，PM2.5 年均浓度与低碳发展没有直接关系，但实际上是低碳的间接反映。PM2.5 年均浓度过高是中国现阶段最严重的大气环境问题之一，PM2.5 年均浓度的下降可以体现人体健康及生活品质与低碳发展间的关联性。选取森林覆盖率是因为《中共中央、国务院关于加快推进生态文明建设的意见》明确提出要改善生态环境质量，其中一个核心指标即森林覆盖率。生态文明建设具有强包容性，低碳是生态文明的重要组成部分，而森林覆盖率这个指标可以从碳汇层面反映不同地区土地利用的低碳化程度。

6. 低碳政策与创新

低碳政策与创新包含两个方面：一是低碳政策部分。以国家发展改革委对三批低碳试点工作的要求为依据，从决策层的低碳理念、低碳规划、达峰目标、总量与强度"双控"目标、碳排放目标责任制等具体措施，较强制性地考核城市低碳发展组织力度、执行力度等，凸显城市发展顶层设计、管理体制和监督能力。同时，资金作为低碳转型的重要物质基础，节能减排和应对气候变化资金占财政支出比重可以衡量当地政府对低碳转型的重视程度和财政投入力度。二是创新部分。此部分的指标选取具有较强的灵活性，既可以突出城市低碳发展的特色、亮点，又弥补了产业、能源、基础设施、资源环境等维度的不足（因为指标选取不可能包罗万象，只能选取每个领域具有代表性且数据可得性较好的指标）。另外，此部分创新指标紧跟时代步伐，可以是低碳循环、绿色发展、生态环保等协同性措施及活动，以更加灵活开放的形式促进城市多元性的低碳发展。

三　评价标准

指标体系以定量指标为主、以定性指标为辅，但考虑到各类型城市经济发展水平及资源禀赋差异，若按照各指标绝对值进行比较，会使具有较好资源禀赋的城市优势凸显，体现不出低碳建设上的差异性，导致评价结果有失偏颇。另外，中国的低碳城市建设仍然处于经济高速增长背景下，不能够与国际先进的低碳甚至零碳城市直接对标，否则会减缓中国工业化与城镇化进程，丧失提高人民生活水平的机会。

因此，在评价过程中确立各指标的标杆值。标杆值选取方法根据具体指标特点，选取达峰与否、绝对脱钩/相对脱钩、国家/省级规划目标、全国平均水平、GDP 水平分区标准、人口分区标准等进行对标。这种方法既可以进行城市间对比又可自身对比；既可以对现状进行评价，又兼顾低碳发展努力程度及完成低碳发展目标执行情况。

（一）宏观指标

宏观指标包括碳排放总量、单位 GDP 碳排放和人均二氧化碳排放 3 个指标。

1. 总量指标（碳排放总量）

根据绝对脱钩与相对脱钩原理，只要出现下降趋势，得 1 分；出现上升趋势，得分为 1-上升率。

2. 碳强度指标（单位 GDP 碳排放）

按照城市分类中的领跑城市目标值进行评分。达到或超过分类目标值，得 1 分；未达到分类目标值，则实际值与目标值的比值即为得分。

3. 人均二氧化碳排放

此指标的评分设计考虑了低碳经济与碳脱钩的关系，按照 2015 年人均 GDP 水平（5 万元）和我国目前人均二氧化碳排放水平（6.6 吨/人）划分为 5 个层次进行评分：（1）人均 GDP<5 万元/人且人均二氧化碳排放≥6.6 吨/人的两倍，得 0 分；（2）人均 GDP<5 万元/人且人均二氧化碳排放≥6.6 吨/人，但不超过两倍，得分为 1-超出率；（3）人均 GDP<5 万元/人且人均二氧化碳排放<6.6 吨/人，得 1 分；（4）人均 GDP≥5 万元/人且人均二氧化碳排放≥6.6 吨/人，当超过幅度不高于人均 GDP 超过全国平均水平幅度的一半时，得分为 1-超出率，否则得 0 分；（5）人均 GDP≥5 万元/人且人均二氧化碳排放<6.6 吨/人，得 1 分。

（二）产业低碳

产业低碳包括战略性新兴产业增加值占 GDP 比重和规模以上工业增加值能耗下降率 2 个指标。

1. 战略性新兴产业增加值占 GDP 比重

以《"十三五"国家战略性新兴产业发展规划》的目标值（15%）为标杆值，将实际值与其直接进行对标，即实际值与控制目标值的比值为得分。

2. 规模以上工业增加值能耗下降率

按照城市分类的城市平均水平进行评分。达到或超过分类控制目标值，得 1 分；未达到分类目标值，则实际值与目标值的比值即为得分；若出现规模以上工业增加值能耗同比上升情况，得 0 分。

（三）能源低碳

能源低碳包括非化石能源占一次能源消费比重和煤炭占一次能源消费比重 2 个指标。

1. 非化石能源占一次能源消费比重

与省级目标或国家平均水平进行对标。在省级制定相关目标的情况下，达到或超过各城市所在省份的控制目标值，得 1 分；未达到各城市所在省份的控制目标值，则实际值与控制目标值的值即为得分；若所在省份未设置控制目标值，则达到或超过全国平均水平（12%），得 1 分；若所在省份未设置控制目标值，且未达到全国平均水平，则实际值与全国平均水平的比值即为得分。

2. 煤炭占一次能源消费比重

在省级制定相关目标的情况下，达到省级及以上控制目标值，得 1 分；未达到省级控制目标值，则控制目标值与实际值的比值即为得分；若未设置控制目标值，则 1-煤炭占一次能源消费比重即为得分。

（四）低碳生活

低碳生活包括万人公共汽（电）车拥有量、城镇居民人均住房建筑面积和人均生活垃圾日产生量 3 个指标。

1. 万人公共汽（电）车拥有量

按照城市常住人口数量分为 4 类，万人公共汽（电）车拥有量达到或超过所在城市分类平均值得 1 分；未达到城市分类平均值，则实际值与分类平均值的比值即为得分。

2. 城镇居民人均住房建筑面积

以 2015 年中国城镇居民人均住房建筑面积（35.8 平方米）为标杆

值。城镇居民人均住房建筑面积达到 35.8 平方米，或上下波动幅度在 20%及以内，得 1 分；未达到 35.8 平方米，且上下波动幅度为 20%—40%，得 0.5 分；未达到 35.8 平方米，且上下波动幅度超过 40%，得 0 分。

3. 人均生活垃圾日产生量

以全国平均水平（1 千克）为标杆值，低于或达到全国平均水平，得 1 分；高于全国平均水平，则全国平均水平与实际值的比值即为得分。

（五）　资源环境

资源环境包括 PM 2.5 年均浓度和森林覆盖率 2 个指标。

1. PM 2.5 年均浓度

以我国《环境空气质量》二级标准（35 微克/立方米）作为标杆值。目标值与城市 PM 2.5 年均浓度的比值即为得分。

2. 森林覆盖率

按照《国家森林城市评价指标》划分为 4 类，森林覆盖率达到或超过所在城市分类平均值得 1 分；未达到城市分类平均值，则实际值与分类平均值的比值即为得分。

（六）　低碳政策与创新

低碳政策与创新包括低碳管理、节能减排和应对气候变化资金占财政支出比重、其余创新活动。

1. 低碳管理

建立低碳发展领导小组，市委书记/市长是低碳发展领导小组成员，得 0.4 分；城市规划明确指出了碳排放达峰目标，得 0.2 分；城市规划明确指出了温室气体排放总量及强度"双控"目标，得 0.2 分；建立碳排放目标责任制，包括温室气体排放指标分解、清单编制常态化并开展相关评估、考核工作，得 0.2 分。

2. 节能减排和应对气候变化资金占财政支出比重

以领跑城市（深圳）的平均水平（5.8%）为标杆值，实际值与控制目标值的比值即为得分。

3. 其余创新活动

城市开展低碳国际合作、树立城市品牌、经济与生态环保协同发展等创新性活动，得 1 分。

四　数据、标准化及综合评价方法

（一）指标权重

本书采用层次分析法与专家打分法确定指标权重，具体见表 8-2。

层次分析法先对各一级指标和二级指标构建判断矩阵，然后计算判断矩阵的特征向量，确定下层指标对于上层指标的贡献程度，从而得到基层指标对总体目标重要性的排列结果。

具体操作步骤如下：

第一步，建立指标体系。

第二步，构建判断矩阵。由专家和决策者通过比较各指标而逐层进行判断并赋予权重。自下而上地计算某一层各因素对上一层某个因素的相对权重，构建判断矩阵。

第三步，一致性检验。进行判断矩阵的一致性检验。当 CR<0.10 时，认为判断矩阵的一致性是可以接受的，否则应对判断矩阵作适当修正。

专家打分法：因为宏观指标为指标体系的主体，也是低碳化产出最直接的表征，所以赋予最高权重。能源低碳、产业低碳对碳排放影响较大，赋予较高权重。低碳生活涉及交通、建筑、消费三个方面，也是未来碳排放的重要领域，权重次之。经回归分析，资源环境中的森林覆盖率对碳排放影响较 PM2.5 年均浓度大，因此 PM2.5 年均浓度权重低。低碳政策与创新中，低碳管理代表决策者对低碳发展的重视程度，是推动低碳发展的主要力量，其余创新活动则是从市场自发、公众意识、"互联网+"、"交通+"等方面带动低碳发展。二者是定性指标，其低碳实际作用反馈于定量指标中，因此权重较小；而节能减排和应对气候变化资金占财政支出比重是定量指标，且是低碳工作真正落实的主要动力之一，因此在低碳政策与创新领域，此指标的权重相对较高。根据上述步骤，结合 30 份专家打分结果，初步得出低碳城市建设评价指标体系的指标权重，并经专家组成员讨论最终获得权重（见表 8-2）。

表 8-2 低碳城市建设评估指标体系及评分标准

重要领域	权重（%）	核心指标	权重（%）	单位	评分标准
宏观领域	31	碳排放总量	11	万吨	出现下降趋势，得1分
					出现上升趋势，得分为1-上升率
		人均二氧化碳排放	9	吨/人	人均 GDP<5 万元/人且人均二氧化碳排放 ≥6.6 吨/人的两倍，得0分
					人均 GDP<5 万元/人且人均二氧化碳排放 ≥6.6 吨/人，但不超过两倍，得分为 1-超出率
					人均 GDP<5 万元/人且人均二氧化碳排放 <6.6 吨/人，得1分
					人均 GDP≥5 万元/人且人均二氧化碳排放 ≥6.6 吨/人，当超过幅度不高于人均 GDP 超出全国平均水平幅度的一半时，得分为1-超出率，否则得0分
					人均 GDP≥5 万元/人且人均二氧化碳排放 <6.6 吨/人，得1分
		单位 GDP 碳排放	11	吨/万元	单位 GDP 碳排放达到或低于所在城市分类领跑城市水平，得1分
					超过城市分类的目标值，则分类目标值与实际值的比值即为得分
					服务型城市：以北京 0.60 吨/万元为目标值
					工业型城市：以南昌 0.77 吨/万元为目标值
					综合型城市：以成都 0.70 吨/万元为目标值
					生态优先型城市：以广元 0.76 吨/万元为目标值

重要领域	权重（%）	核心指标	权重（%）	单位	评分标准
能源低碳	20	煤炭占一次能源消费比重	10	%	达到各城市省级及以上控制目标值，得1分
					未达到各城市省级控制目标值，则控制目标值与实际值的比重即为得分
					若未设置控制目标值，则1−实际值即为得分
		非化石能源占一次能源消费比重	10	%	达到或超过各城市所在省份的控制目标值，得1分
					未达到各城市所在省份的控制目标值，则实际值与控制目标值的比值即为得分
					若所在省份未设置控制目标值，则达到或超过全国平均水平（12%），得1分
					若所在省份未设置控制目标值，且未达到全国平均水平，则实际值与全国平均水平（12%）的比值即为得分
					注：全国平均水平12%为2015年非化石能源占一次能源消费比重
产业低碳	17	规模以上工业增加值能耗下降率	9	%	规模以上工业增加值能耗下降率达到或超过所在城市分类水平（目标值），得1分
					未达到所在城市分类水平（目标值），则实际值与目标值的比值即为得分
					若出现上升趋势，得0分
					服务型城市：目标值为8.52%
					工业型城市：目标值11.28%
					综合型城市：目标值为8.48%
					生态优先型城市：目标值为6.57%
		战略性新兴产业增加值占GDP比重	8	%	实际值与控制目标值（15%）的比值即为得分
					注：控制目标值15%是《"十三五"国家战略性新兴产业发展规划》的目标值

续表

重要领域	权重（%）	核心指标	权重（%）	单位	评分标准
低碳生活	17	万人公共汽（电）车拥有量	7	辆/万人	万人汽电车拥有量达到或超过所在城市分类平均值得1分
					未达到城市分类平均值，则实际值与分类平均值的比值即为得分
					城区常住人口1000万以上：万人汽电车拥有量达到或超过15辆/万人
					城区常住人口500万—1000万：万人汽电车拥有量达到或超过13辆/万人
					城区常住人口300万—500万：万人汽电车拥有量达到或超过10辆/万人
					城区常住人口300万以下：万人汽电车拥有量达到或超过7辆/万人
		城镇居民人均住房建筑面积	5	平方米	城镇居民人均住房建筑面积达到35.8平方米，或上下波动幅度在20%及以内，得1分
					城镇居民人均住房建筑面积未达到35.8平方米，且上下波动幅度为20%—40%，得0.5分
					城镇居民人均住房建筑面积未达到35.8平方米，且上下波动幅度超过40%，得0分
					注：35.8平方米为2015年中国城镇居民人均住房建筑面积
		人均生活垃圾日产生量	5	千克/人	低于或达到全国平均水平（1千克），得1分
					高于全国平均水平，则全国平均水平与实际值的比值即为得分
					注：全国平均水平（1千克）为2015年人均生活垃圾日产生量
资源环境	7	PM2.5年均浓度	3	微克/立方米	目标值（35微克/立方米）与城市PM2.5年均浓度的比值即为得分
					（35微克/立方米为国家《环境空气质量标准》二级标准的年均浓度值）

续表

重要领域	权重（%）	核心指标	权重（%）	单位	评分标准
资源环境	7	森林覆盖率	4	%	森林覆盖率达到或超过所在城市分类平均值得 1 分
					未达到城市分类平均值，则实际值与分类平均值的比值即为得分
					年降水量 400 毫米以下地区的城市市域森林覆盖率达到 20% 以上，且分布均匀，其中 2/3 以上的区、县森林覆盖率应达到 20% 以上
					年降水量 400—800 毫米地区的城市市域森林覆盖率达到 30% 以上，且分布均匀，其中 2/3 以上的区、县森林覆盖率达到 30% 以上
					年降水量 800 毫米以上地区的城市市域森林覆盖率达到 35% 以上，且分布均匀，其中 2/3 以上的区、县森林覆盖率达到 35% 以上
					自然湿地面积占市域面积 5% 以上的城市，在计算其市域森林覆盖率时，扣除超过 5% 的自然湿地面积
					注：分类标准参考了《国家森林城市评价指标》
低碳政策与创新	8	低碳管理	2	—	建立低碳发展领导小组，市委书记/市长是低碳发展领导小组成员，得 0.4 分
					城市规划明确指出了碳排放达峰目标，得 0.2 分
					城市规划明确指出了温室气体排放总量及强度"双控"目标，得 0.2 分
					建立碳排放目标责任制，包括温室气体排放指标分解、清单编制常态化并开展相关评估和考核工作，得 0.2 分
		节能减排和应对气候变化资金占财政支出比重	4	%	实际值与目标值（5.8%）的比值即为得分
					注：深圳是全国低碳城市建设较好的城市之一，因此目标值 5.8% 以深圳节能减排和应对气候资金占财政支出比重为目标值

续表

重要领域	权重（%）	核心指标	权重（%）	单位	评分标准
低碳政策与创新	8	其余创新活动	2		城市开展低碳国际合作、树立城市品牌、经济与生态环保协同发展等创新性活动，按照创新力度和进展情况打分，1 分

（二）数据来源

依据数据采集过程中的公开、可靠及一致性原则，本书尽可能采用来自公开渠道的基础数据。主要数据来源包括国家统计机构发布数据，如统计公报、《中国城市统计年鉴》、《中国城市建设统计年鉴》、《中国能源统计年鉴》、各省/城市统计局出版的统计年鉴等；部分数据采用了第三方研究机构的专业数据，如交通运输部的《中国城市客运发展报告》等；节能减排和应对气候变化资金占财政支出比重来自各市 2010 年和 2015 年财政收支情况；低碳政策与创新的定性评估资料来源于城市自评估报告及政府官网。

需要说明的是，由于涉及城市较多，对于缺省值采取了替代的方式，包括以邻近年份替代、省级数据替代等。

（三）数据标准化

由于各个数值反映了不同指标的大小，而且不同指标在整个评价体系中的地位和重要程度也不尽相同，特别是不同指标的计量单位存在较大差异，这使不同指标之间没有直接可比性。因此，需要对原始数据进行标准化处理，以消除指标量纲的影响。

本书主要采用线性无量纲方法：

$$Y_i = \frac{X_i - \min X_i}{\max X_i - \min X_i} k + q$$

或

$$Y_i = \frac{\max X_i - X_i}{\max X_i - \min X_i} k + q$$

其中，X_i 为指标的实际值，Y_i 为评价指标的无量纲标准化值。k 和 q 为相关参数。

转换步骤：

首先，对每个指标分别计算各城市的最大值 max（X_i）和最小值 min（X_i）；

其次，计算极差：$R = \max(X_i) - \min(X_i)$；

最后，计算各评价指标的无量纲标准化值（Y_i）。

根据数值的不同含义各指标分为正向指标和逆向指标。

本书采用的计算公式为：

正向指标（越大越好）：

$$Y_i = \frac{X_i - \min X_i}{\max X_i - \min X_i} \times 50 + 50, \quad Y_i \in [50, 100]$$

逆向指标（越小越好）：

$$Y_i = \frac{\max X_i - X_i}{\max X_i - \min X_i} \times 50 + 50, \quad Y_i \in [50, 100]$$

（四）综合评价方法

本书采用线性加权法，计算各城市低碳城市建设指数。其步骤如下：第一，将各量化指标的标准化值乘以相应权重，得出二级指标指数；第二，将二级指标指数加权相加得出各城市的综合评价指数。

考核评估结果划分为三星、二星、一星、合格和不合格五个等级。考核评估得分 90 分及以上者获得三星，80—89 分获得二星，70—79 分获得一星，60—69 分获合格，60 分以下为不合格（见表 8-3）。

表 8-3　　　　　　　　　低碳城市建设评价结果

分数	90 分及以上	80—89 分	70—79 分	60—69 分	60 分以下
等级	☆ ☆ ☆	☆ ☆	☆	合格	不合格

第四篇
低碳城市建设评价指标体系应用

基于低碳城市建设评价指标体系，本篇对三批低碳试点城市和浙江省 11 个地级市 2010 年和 2015 年的低碳建设成效进行全方位、多维度评估。

　　从静态和动态两个方面，按照宏观维度、地理位置、城市群、低碳试点城市批次、城市类型、重要指标等进行评估，发现中国的低碳城市试点工作总体上取得了一定成效，出现了很多亮点。但也存在诸如中小型城市低碳创新不足、由于时滞效应低碳政策未能完全显现等问题。按照不同类型城市（分为服务型、综合型、工业型和生态优先型四类）分类评估，分析其结果及动态变化规律，结合现阶段低碳城市建设实际情况、存在问题及国家政策导向，提出继续调整和完善指标体系构建及评价工作、加强不同类型城市分类指导和政策组合设计、积极推动中小城市低碳发展等建议。

第九章

中国低碳城市分类与差异化特征

一　中国城市分类标准

国内城市与国外城市发展水平不同，研究的侧重点也不同。国内城市主要的划分依据包括地理位置、人口规模、产业结构、城市群及主体功能区划等。针对碳排放研究，出现了按照碳排放脱钩理论的进程、资源禀赋及经济水平的综合划分等。

（一）按照地理位置划分

1986 年由全国人大六届四次会议通过的《中华人民共和国国民经济和社会发展第七个五年计划》（"七五"计划），首次按照地理位置将中国划分为东部、中部、西部三个地区。东部地区有北京、天津、河北、辽宁、上海、江苏、浙江、福建、山东、广东和海南 11 个省（直辖市）；中部地区有山西、内蒙古、吉林、黑龙江、安徽、江西、河南、湖北、湖南、广西 10 个省（自治区）；西部地区有四川、贵州、云南、西藏、陕西、甘肃、青海、宁夏、新疆 9 个省（自治区）。但这种基于纯自然地理位置划分的方法经过十多年的发展，已不利于区域整合，拉大了发展的差距。

自 1999 年国家提出"西部大开发"战略以来，中国形成了东部率先发展、西部开发、中部崛起和东北振兴的四大板块。在《中共中央关于制定国民经济和社会发展第十一个五年规划的建议》中，完整阐述了中国区域发展的总体战略布局，即继续推进西部大开发、振兴东北地区等老工业基地、促进中部地区崛起和鼓励东部地区率先发展。东部地区有北京、天津、河北、上海、江苏、浙江、福建、山东、广东和海南；中部地区有山西、安徽、江西、河南、湖北和湖南；西部地区有四川、贵州、云南、西藏、陕西、甘肃、青海、宁夏、新疆、重庆、内蒙古和广西；东北地区有辽宁、吉林和黑龙江。

（二）按照城市群划分

2005 年国务院发展研究中心提出了"三大板块八大经济区"方案，八大经济区指的是南部沿海地区（广东、福建、海南）、东部沿海地区（上海、江苏、浙江）、北部沿海地区（山东、河北、北京、天津）、东北地区（辽宁、吉林、黑龙江）、长江中下游地区（湖南、湖北、江西、安徽）、黄河中游地区（陕西、河南、山西、内蒙古）、西南地区（广西、云南、贵州、四川、重庆）、西北地区（甘肃、青海、宁夏、西藏、新疆）。2010 年，中国形成了长三角、珠三角、北部湾、环渤海、海峡西岸、东北三省、中部和西部等横贯全国的庞大经济区。随着城镇化的迅速发展，2013 年已经形成以陆桥通道、沿长江通道为横轴，以沿海、京哈广、包昆通道为纵轴的"两横三纵"发展格局，这其中包括京津冀、长三角、珠三角世界级城市群，山东半岛、海峡西岸、中部地区、东北地区、中原地区、长江中游、成渝地区、关中平原、北部湾、晋中、呼包鄂榆、黔中、滇中、兰州—西宁、宁夏沿黄、天山北坡等城市群。

（三）按照城市规模划分

《国务院关于调整城市规模划分标准的通知》（国发〔2014〕51 号）以城区常住人口为统计口径，将城市划分为五类七档：第一类是城区常住人口 50 万以下的城市为小城市，其中 20 万及以上、50 万以下的城市为Ⅰ型小城市，20 万以下的城市为Ⅱ型小城市；第二类是城区常住人口 50 万及以上、100 万以下的城市为中等城市；第三类是城区常住人口 100 万及以上、500 万以下的城市为大城市，其中 300 万及以上、500 万以下的城市为Ⅰ型大城市，100 万及以上、300 万以下的城市为Ⅱ型大城市；第四类是城区常住人口 500 万及以上、1000 万以下的城市为特大城市；第五类是城区常住人口 1000 万及以上的城市为超大城市。

（四）按照主体功能划分

中国主体功能区的划分主要是根据不同区域的资源环境承载能力、现有开发密度和开发的潜力，合理规划人口分布、经济发展、国土资源开发及城镇化格局。2011年《全国主体功能区规划》正式公布，将功能区划分为优化开发、重点开发、限制开发和禁止开发四类：（1）优化开发区域指的是国土开发密度较高、资源环境承载力开始减弱的地区；（2）重点开发区域指的是资源环境承载能力较强、经济和人口集聚条件较好的区域；（3）限制开发区域指的是资源承载能力较弱、大规模集聚经济和人口条件不够好并关系到全国或较大区域范围生态安全的区域；（4）禁止开发区域指的是依法设立的各类自然保护区域。

（五）按照气候区划分

中国疆域辽阔、地形复杂，由于地理位置、地势条件等区别，气候差异较大，为使建筑更加充分利用和适应中国不同气候区条件，《民用建筑设计通则》中对全国的气候区进行了划分，主要包括7个主要气候区（见表9-1）及20个子气候区。

（六）用于低碳相关工作的划分

国家发展改革委办公厅在《关于深化低碳省市试点工作的指导意见（征求意见稿）》（发改办气候〔2016〕2862号）的附件中，以人均8万元为线划分了不同区域，并给出了分类发展模式的建议。人均超过8万元正处于城镇化、工业化后期的试点地区，应严格控制碳排放总量，重点控制交通、建筑和生活领域碳排放的过快增长；人均低于8万元、人均碳排放高于全国平均水平，正处于快速工业化、城镇化进程中的试点地区，应实施碳排放强度和总量"双控"，努力实现经济社会的跨越式发展；对人均低于8万元、人均碳排放低于全国平均水平的试点地区，应加强新型工业化建设和低碳城镇化的政策引导，结合自身资源禀赋，合理布局产业和能源体系。

部分学者结合城市发展阶段（农业社会—工业社会—后工业社会）及碳脱钩理论，把低碳城市发展划分为三个阶段（初级阶段、发展阶段和高级阶段），其中发展阶段又分为急速上升阶段、锁定阶段及解锁阶段（见表9-2）。

中国社会科学院庄贵阳等（2014）按照人均GDP 3万元以下、3万—6万元、6万元以上把中国100个城市分别划分为A、B、C三组，并从低碳产出、低碳消费、低碳资源和低碳政策四个层面对城市低碳水平进行了评估。

国家应对气候变化战略研究和国际合作中心的丁丁等（2015）按照人均 GDP 水平及人均碳排放两个指标，把第一批、第二批 36 个试点城市划分为领先型、发展型、后发型和探索型四类：人均 GDP 超过 8000 美元的城市归为领先型地区、人均 GDP 超过全国平均水平但低于 8000 美元的城市归为发展型地区、人均 GDP 低于全国平均水平而碳排放高于全国平均水平的城市归为后发型地区、人均 GDP 和人均碳排放低于全国平均水平的城市归为探索型地区。

以低碳为核心的城市分类近年来逐渐出现，但基本是应用于研究，仍未出现一套业界公认且能够应用于实践指导的分类方法。

表 9-1　　　　　　　　　　**全国 7 个主要气候区划分**

分区代码	分区名称	气候主要指标	各区辖行政区范围
I	严寒地区	1 月平均气温≤-10℃ 7 月平均气温≤25℃ 7 月平均相对湿度≥50%	黑龙江、吉林全境；辽宁大部；内蒙古中北部及陕西、山西、河北、北京北部的部分地区
II	寒冷地区	1 月平均气温-10—0℃ 7 月平均气温 18—28℃	天津、山东、宁夏全境；北京、河北、山西、陕西大部；辽宁南部；甘肃中东部以及河南、安徽、江苏北部的部分地区
III	夏热冬冷地区	1 月平均气温 0—10℃ 7 月平均气温 25—30℃	上海、浙江、江西、湖北、湖南全境；江苏、安徽、四川大部；陕西、河南南部；贵州东部；福建、广东、广西北部和甘肃南部的部分地区
IV	夏热冬暖地区	1 月平均气温>10℃ 7 月平均气温 25—29℃	海南、台湾全境；福建南部；广东、广西大部以及云南西南部和元江河谷地区
V	温和地区	1 月平均气温 0—13℃ 7 月平均气温 18—25℃	云南大部、贵州、四川西南部、西藏南部一小部分地区
VI	严寒地区 寒冷地区	1 月平均气温-22—0℃ 7 月平均气温<18℃	青海全境；西藏大部；四川西部、甘肃西南部；新疆南部部分地区
VII	严寒地区 寒冷地区	1 月平均气温-20—-5℃ 7 月平均气温≥18℃ 7 月平均相对湿度<50%	新疆大部；甘肃北部；内蒙古西部

表 9-2　　　　　　　　　　　　低碳城市发展阶段特征

发展阶段		碳排放特征	驱动力				
			产业	能源	空间	经济	人口
初级阶段		碳排放缓慢增加，碳强度增量缓慢增加	第一产业	碳基能源使用	无序扩张	增长	集聚
发展阶段	急速上升阶段	碳排放快速增加，碳强度增量快速增加	第二产业	碳基能源为主	快速扩张	快速增长	快速集聚
	锁定阶段	碳排放缓慢增加，碳强度增量下降	第二产业向第三产业过渡	碳基能效提高	空间结构优化	增长	稳定增长
	解锁阶段	碳排放快速下降，碳强度增量为零或负增长	第三产业	清洁能源逐步替代	空间结构优化	增长	向老龄化过渡
高级阶段		碳排放缓慢下降，碳强度增量负增长	第三产业	清洁能源逐步替代	空间结构优化	—	老龄化

　　资料来源：路超君、秦耀辰、张金萍：《低碳城市发展阶段划分与特征分析》，《城市发展研究》2014 年第 8 期。

二　城市分类方法

　　城市分类方法众多，包括按照人口规模、地理位置、经济规模、产业结构、资源禀赋等划分，每种划分方法与研究目的紧密相连。本书的城市划分以低碳城市发展为核心、以工业化进程为依据、综合考虑了城市的生态环境，目的是为低碳城市建设评价指标体系服务，使评价方法能够凸显城市的差异性，评价结果能够在可比的维度上进行，更好地总结低碳城市发展水平的一般性规律及差异性特征。

（一）分类方法

　　一个国家的现代化通常以工业化，特别是先进的制造业带动了生产率的发展，进而提升整个经济的现代化水平。首先，中国的产业结构处于不断转型升级中，工业化高速发展，而工业化进程对碳排放影响巨大，因此工业化进程可以作为低碳城市划分的关键因素之一。其次，中国总体上属于以制造业为主的大国，且地域分布及经济发展不平衡，城市数量众多，情况各异，城市分类可参照工业化进程。最后，城市分类的目的是更好地服务于低碳城市评价，而低碳具有协同性，因此城市分类还需兼顾生态、环境等因素。

1. 工业化进程的划分

目前工业化进程的典型划分方法主要包括工业主体划分法（科迪指标划分法）、三次产业结构划分法、城市化率划分法、就业结构划分法、人均 GDP 划分法以及综合划分法（见表9-3）。

表9-3　　　　　　　　　　　工业化进程划分方法

划分方法	划分依据
工业主体划分法	按照制造业增加值在总商品生产部门增加值中所占份额衡量：非工业化（20%以下）、正在工业化（20%—40%）、半工业化（40%—60%）和工业化（60%以上）。制造业是工业主体部分，工业还包括采掘业、电力、煤气等行业，总商品生产部门增加值相当于物质生产部门第一产业、第二产业的增加值
三次产业结构划分法（西蒙·库兹涅茨）[①]	工业化起点：第一产业比重较高，第二产业比重较低； 工业化推进：第一产业比重下降，第二产业比重迅速上升，第三产业比重缓慢上升； 工业化中期：第一产业比重下降至20%左右、第二产业比重上升到高于第三产业而在 GDP 结构中占比最大； 工业化结束：第一产业比重下降至10%左右、第二产业比重上升到最高水平，之后第二产业比重转为相对稳定或下降
三次产业结构划分法（赛尔奎因与H. 钱纳里[②]）	前工业化：第一产业比重较高，第二产业比重较低； 工业化初期：第一产业比重持续下降（>20%），第二产业比重迅速上升（但低于第一产业比重），第三产业比重缓慢上升； 工业化中期：第一产业比重下降到20%以下、第二产业比重上升到高于第三产业而在 GDP 结构中占比最大； 工业化后期：第一产业比重降到10%左右，第二产业比重上升至最高水平
三次产业结构划分法（中国社会科学院工业经济研究所）	前工业化时期：第一产业比重高于第二产业； 工业化前期：第一产业比重高于20%，第一产业比重高于第二产业比重； 工业化中期：第一产业比重低于20%，第二产业比重高于第三产业比重； 工业化后期：第一产业比重低于10%，第二产业比重高于第三产业比重； 后工业化时期：第一产业比重低于10%，第二产业比重低于第三产业比重

续表

划分方法	划分依据
就业结构划分法[2]	工业化的起步和推进：第一产业劳动力比重下降，第二产业和第三产业劳动力比重提高； 工业化中后期：第二产业劳动力比重变化不显著，劳动力转移至第三产业，并导致第一产业劳动力比重持续下降、第三产业劳动力比重持续上升
人均 GDP 划分法[2]	人均 GDP 水平越高，工业化水平越高
城市化率划分法[2][3]	工业化初级阶段：城市化率为 10%—30%； 工业化中级阶段：城市化率为 30%—70%； 工业化高级阶段：城市化率为 70%—80%； 后工业社会时期：城市化率在 80%以上
综合划分法 I [4]	依据人均 GDP、三次产业结构、制造业增加值占总商品生产部门增加值比重、城市化率、第一产业就业人员比重等多个指标划分
综合划分法 II [5]	人均 GDP 划分：我国处于工业化后期； 三次产业结构：我国处于工业化后期的起步阶段； 第一产业就业比重划分：我国处于工业化中期阶段； 城市化率划分：我国迈入工业化中期门槛； 综合划分：我国处于工业化中期向后期过渡阶段，2020 年基本实现工业化

资料来源：①西蒙·库兹涅茨：《现代经济增长》，北京经济学院出版社 1989 年版。
②H. 钱纳里：《工业化与经济增长的比较研究》，上海三联书店 1989 年版。
③郭克莎、周叔莲：《工业化与城市化关系的经济学分析》，《中国社会科学》2002 年第 2 期。
④陈佳贵：《中国地区工业化进程的综合评价和特征分析》，《经济研究》2006 年第 6 期。
⑤冯飞、王晓明、王金照：《对我国工业化发展阶段的判断》，《中国发展观察》2012 第 8 期。

2. 结合我国工业化进程、三次产业结构和生态环境特征综合分类

本书的城市分类以低碳城市评价目的为基础，借鉴了工业化进程中三次产业结构划分方法，再根据中国多个城市三次产业结构及生态环境特征，将城市综合划分为服务型、综合型、工业型和生态优先型四种类型。

服务型城市要求第三产业比重大于 55%，则第二产业比重必须低于第三产业，十分接近后工业化城市产业结构特点，但第一产业比重不一定小于 10%，此类城市的特点为服务业成为城市发展的核心动力和创新源泉。综合型城市类似于工业化后期至后工业化过渡期城市，第二产业比重大于或小于第三产业，但第二产业、第三产业比重较为接近，第二产业比

重小于50%且第三产业比重小于55%，考虑到低碳化特征，要求制造业
比重下降；工业型城市类似于工业化中后期城市，要求第二产业比重大于
50%，即第二产业比重大于第三产业，且制造业比重较大，但第一产业比
重不一定小于10%；生态优先型城市类似于工业化前期后半段至工业化
中期的城市，要求第一产业比重较大，城镇化水平不高，考虑到资源禀赋
特征，此类城市的生态环境较好（见表9-4）。

表9-4　　　　　　　　　　　　　　城市分类方法

城市类型	划分方法
服务型城市	第三产业比重大于55%
综合型城市	第二产业、第三产业比重相当，第二产业比重小于50%且第三产业比重小于55%，制造业比重逐渐下降
工业型城市	第二产业比重大于50%，且以制造业为主，第一产业比重不一定小于10%
生态优先型城市	第一产业比重较大，城镇化水平不高，生态环境较好

（二）城市分类建议

未来中国城市变动最快的类型为综合型城市与工业型城市，具体为工
业型城市向综合型城市过渡。从碳排放的角度出发，此两大类城市的碳排
放将需要严控。对于不同类型城市低碳发展模式和路径分析，需要将低碳
试点范围扩展到全国地级市，初步制定出不同类型城市低碳发展模式及路
径。另外，对四种城市类型可以结合功能区、气候区的不同特点进一步加
以研究。

三　低碳试点城市分类

根据本书提出的城市分类方法，选取70个低碳试点城市，分析了
2010年及2015年的分类情况（见表9-5至表9-7）。2010年，服务型城
市为4个，综合型城市为18个，工业型城市为34个，生态优先型城市为
14个。截至2015年，服务型城市增加到13个，综合型城市增加到21个，
工业型城市减少至27个，生态优先型城市减少至9个。

表 9-5　　　　　　　　　　2010 年 70 个低碳试点城市分类

序号	低碳试点城市	服务型城市	综合型城市	工业型城市	生态优先型城市	序号	低碳试点城市	服务型城市	综合型城市	工业型城市	生态优先型城市
1	济南	—	√	—	—	36	呼伦贝尔	—	√	—	—
2	南京	—	√	—	—	37	保定	—	—	√	—
3	杭州	—	√	—	—	38	济源	—	—	√	—
4	厦门	—	√	—	—	39	长沙	—	—	√	—
5	广州	√	—	—	—	40	株洲	—	—	√	—
6	深圳	—	√	—	—	41	湘潭	—	—	√	—
7	贵阳	—	√	—	—	42	郴州	—	—	√	—
8	昆明	—	√	—	—	43	烟台	—	—	√	—
9	乌鲁木齐	—	√	—	—	44	嘉兴	—	—	√	—
10	伊宁	√	—	—	—	45	三明	—	—	—	√
11	拉萨	√	—	—	—	46	中山	—	—	√	—
12	三亚	√	—	—	—	47	柳州	—	—	√	—
13	兰州	—	√	—	—	48	玉溪	—	—	√	—
14	石家庄	—	—	√	—	49	合肥	—	—	√	—
15	秦皇岛	—	√	—	—	50	淮北	—	—	√	—
16	武汉	—	√	—	—	51	宣城	—	—	—	√
17	青岛	—	√	—	—	52	晋城	—	—	√	—
18	潍坊	—	—	√	—	53	延安	—	—	√	—
19	常州	—	—	√	—	54	安康	—	—	—	√
20	苏州	—	—	√	—	55	金昌	—	—	√	—
21	淮安	—	√	—	—	56	南昌	—	—	√	—
22	镇江	—	—	√	—	57	景德镇	—	—	√	—
23	宁波	—	—	√	—	58	抚州	—	—	—	√
24	温州	—	—	√	—	59	银川	—	—	√	—
25	金华	—	—	√	—	60	吴忠	—	—	√	—
26	衢州	—	—	√	—	61	乌海	—	—	√	—
27	成都	—	√	—	—	62	南平	—	—	—	√
28	遵义	—	√	—	—	63	广元	—	—	—	√
29	池州	—	√	—	—	64	大兴安岭	—	—	—	√
30	黄山	—	√	—	—	65	朝阳	—	—	—	√
31	吉林	—	—	√	—	66	昌吉	—	—	—	√
32	沈阳	—	—	√	—	67	和田	—	—	—	√
33	大连	—	—	√	—	68	桂林	—	—	—	√
34	赣州	—	—	—	√	69	六安	—	—	—	√
35	西宁	—	—	√	—	70	吉安	—	—	—	√

表 9-6 2015 年 70 个低碳试点城市分类

序号	低碳试点城市	服务型城市	综合型城市	工业型城市	生态优先型城市	序号	低碳试点城市	服务型城市	综合型城市	工业型城市	生态优先型城市
1	济南	√	—	—	—	36	呼伦贝尔	—	√	—	—
2	南京	√	—	—	—	37	保定	—	—	√	—
3	杭州	√	—	—	—	38	济源	—	—	√	—
4	厦门	√	—	—	—	39	长沙	—	—	√	—
5	广州	√	—	—	—	40	株洲	—	—	√	—
6	深圳	√	—	—	—	41	湘潭	—	—	√	—
7	贵阳	√	—	—	—	42	郴州	—	—	√	—
8	昆明	√	—	—	—	43	烟台	—	—	√	—
9	乌鲁木齐	√	—	—	—	44	嘉兴	—	—	√	—
10	伊宁	√	—	—	—	45	三明	—	—	√	—
11	拉萨	√	—	—	—	46	中山	—	—	√	—
12	三亚	√	—	—	—	47	柳州	—	—	√	—
13	兰州	√	—	—	—	48	玉溪	—	—	√	—
14	石家庄	—	√	—	—	49	合肥	—	—	√	—
15	秦皇岛	—	√	—	—	50	淮北	—	—	√	—
16	武汉	—	√	—	—	51	宣城	—	—	√	—
17	青岛	—	√	—	—	52	晋城	—	—	√	—
18	潍坊	—	√	—	—	53	延安	—	—	√	—
19	常州	—	√	—	—	54	安康	—	—	√	—
20	苏州	—	√	—	—	55	金昌	—	—	√	—
21	淮安	—	√	—	—	56	南昌	—	—	√	—
22	镇江	—	√	—	—	57	景德镇	—	—	√	—
23	宁波	—	—	√	—	58	抚州	—	—	√	—
24	温州	—	√	—	—	59	银川	—	—	√	—
25	金华	—	√	—	—	60	吴忠	—	—	√	—
26	衢州	—	—	√	—	61	乌海	—	—	√	—
27	成都	—	√	—	—	62	南平	—	—	—	√
28	遵义	—	√	—	—	63	广元	—	—	—	√
29	池州	—	√	—	—	64	大兴安岭	—	—	—	√
30	黄山	—	√	—	—	65	朝阳	—	—	—	√
31	吉林	—	√	—	—	66	昌吉	—	—	—	√
32	沈阳	—	√	—	—	67	和田	—	—	—	√
33	大连	—	√	—	—	68	桂林	—	—	—	√
34	赣州	—	√	—	—	69	六安	—	—	—	√
35	西宁	—	√	—	—	70	吉安	—	—	—	√

表 9-7　　　　　　　　　　　**70 个低碳试点城市变化情况**

编号	低碳试点城市	2010 年试点类型	2015 年试点类型	有无变化
1	济南	综合型城市	服务型城市	√
2	南京	综合型城市	服务型城市	√
3	杭州	综合型城市	服务型城市	√
4	厦门	综合型城市	服务型城市	√
5	广州	服务型城市	服务型城市	—
6	深圳	综合型城市	服务型城市	√
7	贵阳	综合型城市	服务型城市	√
8	昆明	综合型城市	服务型城市	√
9	乌鲁木齐	综合型城市	服务型城市	√
10	伊宁	服务型城市	服务型城市	—
11	拉萨	服务型城市	服务型城市	—
12	三亚	服务型城市	服务型城市	—
13	兰州	综合型城市	服务型城市	√
14	石家庄	工业型城市	综合型城市	√
15	秦皇岛	综合型城市	综合型城市	—
16	武汉	综合型城市	综合型城市	—
17	青岛	综合型城市	综合型城市	—
18	潍坊	工业型城市	综合型城市	√
19	常州	工业型城市	综合型城市	√
20	苏州	工业型城市	综合型城市	√
21	淮安	综合型城市	综合型城市	—
22	镇江	工业型城市	综合型城市	√
23	宁波	工业型城市	工业型城市	—
24	温州	工业型城市	综合型城市	√
25	金华	工业型城市	综合型城市	√
26	衢州	工业型城市	工业型城市	—
27	成都	综合型城市	综合型城市	—
28	遵义	综合型城市	综合型城市	—
29	池州	综合型城市	综合型城市	—
30	黄山	综合型城市	综合型城市	—
31	吉林	工业型城市	综合型城市	√
32	沈阳	工业型城市	综合型城市	√

编号	低碳试点城市	2010 年试点类型	2015 年试点类型	有无变化
33	大连	工业型城市	综合型城市	√
34	赣州	生态优先型城市	综合型城市	√
35	西宁	工业型城市	综合型城市	√
36	呼伦贝尔	综合型城市	综合型城市	—
37	保定	工业型城市	工业型城市	—
38	济源	工业型城市	工业型城市	—
39	长沙	工业型城市	工业型城市	—
40	株洲	工业型城市	工业型城市	—
41	湘潭	工业型城市	工业型城市	—
42	郴州	工业型城市	工业型城市	—
43	烟台	工业型城市	工业型城市	—
44	嘉兴	工业型城市	工业型城市	—
45	三明	生态优先型城市	工业型城市	√
46	中山	工业型城市	工业型城市	√
47	柳州	工业型城市	工业型城市	—
48	玉溪	工业型城市	工业型城市	—
49	合肥	工业型城市	工业型城市	—
50	淮北	工业型城市	工业型城市	—
51	宣城	生态优先型城市	工业型城市	√
52	晋城	工业型城市	工业型城市	—
53	延安	工业型城市	工业型城市	—
54	安康	生态优先型城市	工业型城市	√
55	金昌	工业型城市	工业型城市	—
56	南昌	工业型城市	工业型城市	—
57	景德镇	工业型城市	工业型城市	—
58	抚州	生态优先型城市	工业型城市	√
59	银川	工业型城市	工业型城市	—
60	吴忠	工业型城市	工业型城市	—
61	乌海	工业型城市	工业型城市	—
62	南平	生态优先型城市	生态优先型城市	—
63	广元	生态优先型城市	生态优先型城市	—
64	大兴安岭	生态优先型城市	生态优先型城市	—

编号	低碳试点城市	2010 年试点类型	2015 年试点类型	有无变化
65	朝阳	生态优先型城市	生态优先型城市	—
66	昌吉	生态优先型城市	生态优先型城市	—
67	和田	生态优先型城市	生态优先型城市	—
68	桂林	生态优先型城市	生态优先型城市	—
69	六安	生态优先型城市	生态优先型城市	—
70	吉安	生态优先型城市	生态优先型城市	—

注：√表示有变化，—表示无变化。

第十章

中国低碳试点城市成效评估

为了可比性，剔除了北京、上海、天津、重庆四个直辖市及敦煌、共青城两个县级市，共采用 70 个试点城市数据进行多维度对比，包括宏观维度评估，按地理位置、城市群和城市规模评估三批低碳试点城市，及分城市类型评估和重点指标评估等。

一　宏观维度评估

（一）静态评估

1. 2010 年低碳试点城市综合指数评估

通过构建的低碳城市综合评价指标体系，评估得到 2010 年 70 个低碳试点城市的综合评分情况（见表 10-1），评分结果集中于 60—89 分，其中 80—89 分（二星）的有 11 个城市，70—79 分（一星）的有 44 个，合格的有 15 个，无不及格城市。剔除低碳政策与创新部分的主观指标（低碳管理与其余创新活动）后（即客观评估），排名上升的有 21 个城市，排名下降的 23 个，排名位置不变的 26 个。而总分最高的前三个城市依旧保持不变，分别为深圳、桂林和昆明（见表 10-2）。

表 10-1　　　　　2010 年 70 个低碳试点城市综合评分情况

星级	城市	总分	星级	城市	总分	星级	城市	总分
☆☆	深圳	85.99	☆☆	昆明	81.61	☆☆	杭州	80.69
☆☆	桂林	84.36	☆☆	成都	81.34	☆☆	三亚	80.28
☆☆	南平	81.83	☆☆	广元	81.34	☆☆	厦门	80.13

续表

星级	城市	总分	星级	城市	总分	星级	城市	总分
☆☆	景德镇	80.11	☆	金华	77.00	☆	武汉	72.93
☆☆	温州	80.00	☆	株洲	76.94	☆	嘉兴	71.87
☆	赣州	79.83	☆	湘潭	76.65	☆	潍坊	70.81
☆	抚州	79.57	☆	呼伦贝尔	76.63	☆	池州	70.77
☆	西宁	79.48	☆	衢州	76.15	合格	银川	69.68
☆	玉溪	79.31	☆	三明	76.07	合格	淮北	69.66
☆	大兴安岭	79.19	☆	苏州	75.92	合格	和田	68.51
☆	淮安	78.83	☆	南京	75.89	合格	石家庄	68.35
☆	秦皇岛	78.53	☆	保定	75.78	合格	吴忠	68.37
☆	吉安	78.24	☆	拉萨	75.78	合格	朝阳	68.10
☆	长沙	78.16	☆	吉林	75.69	合格	合肥	67.87
☆	柳州	77.94	☆	宁波	75.43	合格	乌海	67.72
☆	南昌	77.88	☆	安康	75.37	合格	烟台	67.64
☆	中山	77.87	☆	大连	74.96	合格	乌鲁木齐	67.10
☆	广州	77.64	☆	常州	74.96	合格	济源	66.36
☆	延安	77.64	☆	青岛	74.88	合格	济南	66.20
☆	遵义	77.20	☆	镇江	74.78	合格	伊宁	66.16
☆	兰州	77.16	☆	沈阳	74.47	合格	金昌	65.89
☆	黄山	77.03	☆	贵阳	74.43	合格	晋城	62.63
☆	郴州	77.01	☆	六安	74.29	—	—	—
☆	昌吉	77.00	☆	宣城	73.99	—	—	—

表 10-2 2010 年 70 个低碳试点城市客观评分整体排名变动情况

城市	排名变化	城市	排名变化	城市	排名变化
深圳	—	广州	↓	六安	↑
桂林	—	兰州	↑	贵阳	↓
南平	—	遵义	↓	宣城	—

续表

城市	排名变化	城市	排名变化	城市	排名变化
广元	↓	昌吉	↑	潍坊	↑
昆明	↓	金华	↑	武汉	↓
成都	↓	郴州	↓	嘉兴	↓
三亚	↑	株洲	↑	银川	↑
温州	↑	黄山	↓	淮北	↓
景德镇	↑	呼伦贝尔	↑	池州	↓
厦门	↓	湘潭	↓	和田	—
杭州	↓	衢州	—	石家庄	—
赣州	↓	三明	—	吴忠	—
抚州	↑	苏州	—	朝阳	—
西宁	↑	拉萨	↑	乌海	↑
大兴安岭	↑	吉林	↑	合肥	↓
玉溪	—	保定	↓	烟台	—
淮安	—	南京	↓	济源	↑
秦皇岛	—	安康	↑	乌鲁木齐	↓
吉安	—	宁波	↓	济南	—
长沙	—	大连	—	伊宁	—
中山	↑	常州	—	金昌	—
柳州	↓	青岛	—	晋城	—
延安	↑	镇江	—	—	—
南昌	↓	沈阳	—		

2010 年两种评分方法下 70 个低碳试点城市分数变化情况如表 10-3 所示，变化率最高的前三名依次是深圳、杭州和广州，即这些城市的低碳综合总分中，主观因素的分值最高，但深圳剔除主观因素影响外，客观总分也最高，说明深圳的低碳水平处于全国的前列。

表 10-3 2010 年两种评分方法下 70 个低碳试点城市分数变化情况

排名	城市	变化率（%）	排名	城市	变化率（%）	排名	城市	变化率（%）
1	深圳	4.03	25	昆明	2.92	49	安康	2.75
2	杭州	3.71	26	柳州	2.90	50	南平	2.72
3	广州	3.33	27	沈阳	2.90	51	金华	2.71
4	贵阳	3.31	28	保定	2.90	52	延安	2.71
5	宁波	3.26	29	济源	2.90	53	拉萨	2.71
6	南昌	3.23	30	潍坊	2.88	54	抚州	2.71
7	成都	3.21	31	乌海	2.85	55	衢州	2.70
8	金昌	3.18	32	晋城	3.33	56	兰州	2.68
9	南京	3.13	33	朝阳	2.83	57	呼伦贝尔	2.68
10	武汉	3.11	34	吴忠	2.82	58	赣州	2.68
11	乌鲁木齐	3.09	35	遵义	2.82	59	长沙	2.67
12	烟台	3.08	36	石家庄	2.82	60	昌吉	2.67
13	济南	3.07	37	湘潭	2.82	61	淮安	2.65
14	嘉兴	3.05	38	银川	2.81	62	中山	2.64
15	青岛	3.03	39	和田	2.80	63	西宁	2.63
16	合肥	3.02	40	淮北	2.79	64	吉安	2.62
17	常州	3.00	41	宣城	2.78	65	桂林	2.62
18	黄山	2.99	42	三明	2.77	66	秦皇岛	2.61
19	六安	2.98	43	玉溪	2.76	67	温州	2.61
20	池州	2.98	44	吉林	2.76	68	三亚	2.60
21	大连	2.98	45	株洲	2.76	69	大兴安岭	2.59
22	镇江	2.96	46	景德镇	2.76	70	广元	2.56
23	厦门	2.96	47	郴州	2.76	—	—	—
24	伊宁	2.93	48	苏州	2.75	—	—	—

注：分数变动主要由低碳政策与创新引起，因此分数变动较快可间接说明该城市的低碳政策贡献较大，下同。

2. 2015 年低碳试点城市综合指数评估

通过构建的低碳城市建设评价指标体系，评估得到 2015 年 70 个低碳试点城市的整体排名情况（见表 10-4），评分结果分布在 70—93 分，其中 90 分以上（☆☆☆）的 1 个，80—89 分（☆☆）的 51 个，70—79 分（☆）的 18 个。剔除低碳政策与创新部分的主观指标后，排名上升的城市有 22 个；排名下降的城市有 28 个，排名不变的城市 20 个。与 2010 年相比，2015 年排名下降和排名不变的城市数量均有上升，而总分最高的前三个城市依旧保持不变，分别为深圳、桂林和昆明（见表 10-5）。

表 10-4　　2015 年 70 个低碳试点城市综合评分整体排名情况

星级	城市	总分	星级	城市	总分	星级	城市	总分
☆☆☆	深圳	92.96	☆☆	苏州	83.63	☆☆	玉溪	80.72
☆☆	桂林	88.87	☆☆	青岛	83.61	☆☆	济南	80.68
☆☆	昆明	87.95	☆☆	杭州	83.51	☆☆	呼伦贝尔	80.51
☆☆	广元	86.92	☆☆	郴州	83.48	☆☆	兰州	80.15
☆☆	大兴安岭	86.72	☆☆	六安	83.37	☆	银川	79.98
☆☆	秦皇岛	86.66	☆☆	成都	83.16	☆	宁波	79.95
☆☆	中山	86.04	☆☆	沈阳	83.12	☆	贵阳	79.91
☆☆	黄山	85.83	☆☆	宣城	83.11	☆	伊宁	79.88
☆☆	厦门	85.30	☆☆	金华	83.10	☆	延安	79.59
☆☆	吉安	85.16	☆☆	株洲	83.09	☆	潍坊	79.46
☆☆	南平	85.00	☆☆	常州	83.01	☆	衢州	79.45
☆☆	赣州	84.72	☆☆	吉林	83.01	☆	柳州	78.87
☆☆	抚州	84.71	☆☆	西宁	82.91	☆	淮安	78.65
☆☆	长沙	84.62	☆☆	保定	82.89	☆	乌鲁木齐	77.93
☆☆	三亚	84.25	☆☆	朝阳	82.83	☆	拉萨	77.43
☆☆	南昌	84.23	☆☆	景德镇	81.95	☆	石家庄	77.31
☆☆	遵义	84.05	☆☆	安康	81.91	☆	晋城	77.24
☆☆	广州	83.89	☆☆	烟台	81.54	☆	昌吉	76.37
☆☆	温州	83.87	☆☆	嘉兴	81.52	☆	济源	75.93
☆☆	合肥	83.84	☆☆	吴忠	81.08	☆	乌海	74.73
☆☆	武汉	83.82	☆☆	大连	81.06	☆	和田	74.21
☆☆	池州	83.77	☆☆	湘潭	81.01	☆	金昌	71.72
☆☆	淮北	83.76	☆☆	三明	80.86	—		
☆☆	南京	83.65	☆☆	镇江	80.81	—		

表 10-5　　　2015 年 70 个低碳试点城市客观评分整体排名变动情况

城市	排名变化	城市	排名变化	城市	排名变化
深圳	—	株洲	↑	伊宁	↑
桂林	—	池州	↓	济南	—
昆明	—	朝阳	↑	呼伦贝尔	—
大兴安岭	↑	金华	↑	银川	↑
广元	↓	西宁	↑	兰州	↓
秦皇岛	—	武汉	↓	镇江	↓
中山	—	广州	↓	潍坊	↑
黄山	—	保定	↑	衢州	↑
吉安	—	沈阳	↓	宁波	↓
抚州	↑	苏州	↓	延安	↓
长沙	↑	常州	—	贵阳	↓
厦门	↓	青岛	↓	柳州	↓
南平	↓	成都	↓	淮安	—
赣州	↓	杭州	↓	拉萨	↑
三亚	—	吉林	↓	乌鲁木齐	↓
合肥	↑	安康	↑	石家庄	—
郴州	↑	烟台	↑	晋城	—
淮北	↑	景德镇	↓	昌吉	—
南昌	↓	玉溪	↑	济源	—
六安	↑	嘉兴	↓	乌海	—
温州	↓	吴忠	↓	和田	—
南京	↑	湘潭	—	金昌	—
遵义	↓	大连	↓		
宣城	↑	三明	↓	—	

　　2015 年两种评分方法下 70 个低碳试点城市分数变动情况（见表 10-6），变化率最高的城市包括镇江、贵阳、厦门、青岛、广州、杭州、苏州、宁波等城市，即这些城市的低碳综合总分中，主观因素的分值较高，但在综合总分排名中并没有居前，说明这类型城市具有低碳化过程，但与低碳结果还有一段距离。

表 10-6　　2015 年两种评分方法下 70 个低碳试点城市分数变动情况

排名	城市	变化率（%）	排名	城市	变化率（%）	排名	城市	变化率（%）
1	镇江	5.00	25	成都	4.26	49	湘潭	3.73
2	贵阳	4.99	26	金昌	4.24	50	吴忠	3.73
3	厦门	4.83	27	赣州	4.20	51	中山	3.72
4	青岛	4.76	28	温州	4.18	52	衢州	3.63
5	广州	4.73	29	乌海	4.13	53	淮北	3.63
6	杭州	4.72	30	嘉兴	4.13	54	银川	3.63
7	苏州	4.69	31	兰州	4.07	55	保定	3.62
8	宁波	4.59	32	大连	4.02	56	济源	3.60
9	武汉	4.57	33	石家庄	4.01	57	合肥	3.58
10	淮安	4.56	34	常州	4.01	58	潍坊	3.52
11	乌鲁木齐	4.52	35	沈阳	4.00	59	金华	3.51
12	景德镇	4.51	36	晋城	3.99	60	黄山	3.50
13	深圳	4.50	37	三明	3.96	61	六安	3.50
14	南平	4.47	38	昆明	3.96	62	大兴安岭	3.46
15	吉林	4.45	39	长沙	3.95	63	安康	3.45
16	遵义	4.43	40	和田	3.92	64	株洲	3.42
17	南昌	4.42	41	南京	3.91	65	西宁	3.41
18	延安	4.33	42	柳州	3.91	66	宣城	3.40
19	秦皇岛	4.31	43	昌吉	3.81	67	郴州	3.19
20	桂林	4.30	44	三亚	3.80	68	朝阳	3.13
21	广元	4.30	45	拉萨	3.77	69	伊宁	3.05
22	池州	4.30	46	烟台	3.75	70	玉溪	3.00
23	济南	4.29	47	吉安	3.74	—	—	—
24	呼伦贝尔	4.27	48	抚州	3.73	—	—	—

（二）动态评估

从 2010 年和 2015 年两种方法计算的得分区间及城市数量对比可以看出：首先，2015 年相对 2010 年得分都有所上升，其中综合总分从 2010 年的 ［62.63，85.99］ 区间上升到 2015 年的 ［71.72，92.96］，客观总分从 2010 年的 ［60.61，82.66］ 上升到 2015 年的 ［68.44，88.96］；其次，2010 年一星级城市较多，2015 年二星级城市较多；最后，城市得分集中于 70—79 分，2015 年综合总分集中于 80—89 分，而客观总分集中于 70—89 分，且低位段城市仅有一个，说明城市的低碳水平不论从总分还是从区间上都有了切实的提升（见表 10-7）。

表 10-7　2010 年、2015 年两种评分方法计算的得分区间及城市数量

类型	90 分及以上	80—89 分	70—79 分	60—69 分	60 分以下
星级	☆ ☆ ☆	☆ ☆	☆	合格	不合格
2010 年综合总分	—	11	44	15	—
2010 年客观总分	—	2	48	20	—
2015 年综合总分	1	51	18	—	—
2015 年客观总分	—	31	38	1	—

从星级分布区域可以看出，2010 年，二星级分布区域较少，以一星级及合格为主，西北地区、内蒙古、河北、河南、山东的部分地区仅达到合格标准；2015 年二星级范围逐步扩大，西北地区大部分及河南、山东等部分地区的标准从合格变为一星级。

相对于 2010 年，2015 年分数基本呈现上升趋势，变化率主要在 0—24%，综合总分中，两个城市（昌吉、淮安）出现了分数下降，客观总分中，四个城市（淮安、昌吉、敦煌、和田）出现了分数下降，但下降率较低（见表 10-8）。不论在哪一种评分方法下，分数升高幅度最大与最小的 20 个城市中，除济南、宣城、六安、玉溪外，大部分城市分数波动较为一致，说明这些城市分数的升高或下降是由客观低碳化水平决定的。而相对 2010 年，2015 年两种评分方法下城市分数变动最快的前十名城市如表 10-9 所示，说明此类城市受低碳政策等主观因素影响较大。

表 10-8　相对 2010 年，2015 年两种评分方法下城市分数变动情况

排名	城市	综合总分变化率（%）	城市	客观总分变化率（%）
1	晋城	23.33	晋城	22.55
2	合肥	16.17	合肥	15.54
3	济南	14.28	伊宁	13.72
4	烟台	14.14	朝阳	13.59
5	朝阳	13.93	烟台	13.40
6	伊宁	13.85	济南	12.94

续表

排名	城市	综合总分变化率（%）	城市	客观总分变化率（%）
7	淮北	13.71	淮北	12.79
8	池州	13.56	池州	12.13
9	武汉	13.38	武汉	11.81
10	宣城	12.31	六安	11.66
⋮	⋮	⋮	⋮	⋮
62	延安	2.51	玉溪	1.54
63	景德镇	2.29	成都	1.20
64	成都	2.23	拉萨	1.14
65	拉萨	2.19	延安	0.92
67	玉溪	1.77	景德镇	0.58
68	柳州	1.20	柳州	0.22
69	和田	0.96	和田	-0.13
70	敦煌	0.14	敦煌	-1.35
71	淮安	-0.22	淮安	-2.05
72	昌吉	-0.82	昌吉	-1.90

表 10-9   相对 2010 年，2015 年两种评分方法下分数变动较大的城市

排名	城市	综合总分变化率（%）	客观总分变化率（%）
1	镇江	8.06	5.97
2	苏州	10.15	8.11
3	厦门	6.46	4.56
4	青岛	11.66	9.81
5	秦皇岛	10.35	8.55
6	广元	6.86	5.08
7	吉林	9.67	7.90
8	南平	3.87	2.14
9	贵阳	7.40	5.68
10	桂林	5.34	2.64

宏观维度评估小结：（1）综合总分和客观总分均显示出，2015 年相对 2010 年，试点城市低碳水平都有了上升，上升幅度在 10 分左右，且体现出总分及区间水平的整体提升。（2）客观总分低于综合总分，但从两种得分情况看，中小型城市的低碳创新较少，由于时滞性，低碳政策并未

完全发挥出效果；诸如人们感觉环境质量较好的城市，如镇江、杭州、苏州、青岛等城市，受到低碳政策创新的影响较大，但低碳综合指数排名靠近中后位，低碳水平实质上不高，说明这些地方的低碳宣传工作较好，而低碳政策仍未完全发挥出效果；深圳的低碳政策与创新最早也最多，且两种排名下都处于首位，说明深圳的低碳政策已发挥出相应的效果。（3）深圳、桂林、昆明等城市在 2010 年、2015 年两种评分方法下，都在最低碳的城市行列。

二　按地理位置、城市群和城市规模评估

（一）按地理位置评估

从地理位置的分布来看，东部、中部、西部城市的低碳化水平有差距（见图 10-1），东部地区在产业低碳和低碳政策与创新中的低碳水平高于其他地区；中部地区在能源低碳、资源环境方面的低碳水平效果较好，且在碳排放的各种驱动因素下，宏观领域表现出的碳减少水平最快；西部地区的低碳生活较好，但能源低碳水平不高，这也与西部地区的实际发展水平相关。综合来看，中部地区的低碳综合指数增长率为 8.67%，低碳化的潜力最大，也就是说未来加大中部地区的能源结构及产业结构调整，可以最大限度地减少碳排放。

（二）按城市群评估

按城市群①来看，主要城市群的低碳综合指数有了整体提升，但西北、云贵川地区的能源低碳、晋陕内蒙古的资源环境、东北地区的低碳生活均有不同程度的下降；从城市增长速度看，长三角、珠三角在宏观领

---

① 城市群划分，东北：大兴安岭、吉林（市）、沈阳、大连、朝阳；河北：石家庄、秦皇岛、保定；晋陕内蒙古：晋城、延安、安康、呼伦贝尔、乌海；西北：乌鲁木齐、昌吉、和田、伊宁、兰州、金昌、银川、吴忠、西宁；中原：济源、武汉、长沙、株洲、湘潭、郴州、合肥、淮北、六安、池州、宣城、黄山、南昌、景德镇、吉安、抚州；云贵川：昆明、玉溪、贵阳、遵义、成都、广元；长三角：南京、常州、苏州、镇江、杭州、宁波、嘉兴、金华、合肥、池州、宣城；珠三角：广州、深圳、中山；海峡西岸：厦门、三明、南平、温州、衢州、赣州、抚州。

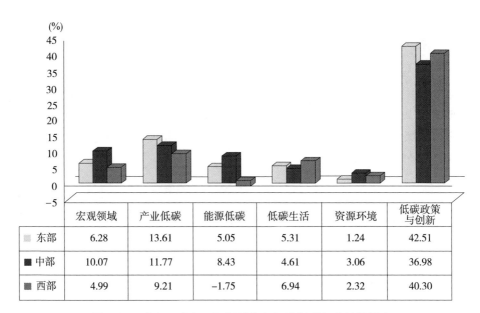

	宏观领域	产业低碳	能源低碳	低碳生活	资源环境	低碳政策与创新
▨ 东部	6.28	13.61	5.05	5.31	1.24	42.51
■ 中部	10.07	11.77	8.43	4.61	3.06	36.98
▨ 西部	4.99	9.21	−1.75	6.94	2.32	40.30

图 10-1　东部、中部、西部城市各领域低碳程度的增长率

域、能源低碳、低碳生活上增长较快，但并不是发达地区城市增速更快，很多中、西部地区城市增速也较快；晋陕内蒙古、西北地区的低碳水平有待提高（见表 10-10）。

表 10-10　　　　　　主要城市群低碳综合指数升高率排名情况

排名	综合分	宏观领域	产业低碳	能源低碳	低碳生活	资源环境	低碳政策与创新
1	长三角[a]	珠三角[a]	东北[a]	长三角[a]	河北[a]	东北[b]	云贵川[a]
2	东北[b]	中原[b]	河北[a]	中原[b]	珠三角[a]	中原[c]	河北[a]
3	河北[b]	长三角[b]	晋陕内蒙古[a]	河北[b]	晋陕内蒙古[a]	西北[c]	东北[a]
4	中原[b]	东北[b]	中原[a]	东北[b]	长三角[b]	长三角[c]	海峡西岸[a]
5	珠三角[b]	西北[b]	西北[b]	晋陕内蒙古[b]	西北[b]	珠三角[c]	西北[a]
6	晋陕内蒙古[b]	云贵川[b]	云贵川[b]	海峡西岸[c]	中原[c]	云贵川[c]	晋陕内蒙古[a]
7	西北[b]	晋陕内蒙古[b]	长三角[c]	珠三角[c]	云贵川[c]	海峡西岸[c]	长三角[a]
8	云贵川[b]	海峡西岸[b]	海峡西岸[c]	西北[d]	海峡西岸[c]	河北[c]	中原[a]
9	海峡西岸[b]	河北[c]	珠三角[c]	云贵川[d]	东北[d]	晋陕内蒙古[d]	珠三角[b]

注：上标 a 表示相对于 2010 年低碳综合指数升高较快，进步明显；上标 b 表示相对于 2010 年低碳综合指数有所提高，进步一般；上标 c 表示相对于 2010 年低碳综合指数提高幅度小，进步偏小；上标 d 表示相对于 2010 年低碳综合指数有所下降，出现退步。

（三）按城市规模评估

本书按城市规模划分①，对不同规模城市的低碳水平进行了评估，发现一线和二线城市的低碳发展改善力度整体较大（见图10-2），城市间的差距在缩小，而四线和五线城市的低碳水平参差不齐，城市间的低碳改善力度差距较大，间接说明四线和五线城市的低碳潜力大。但低碳发展与城市发展定位、政府领导的重视程度密切相关，需要重塑低碳理念或加大低碳投入力度。

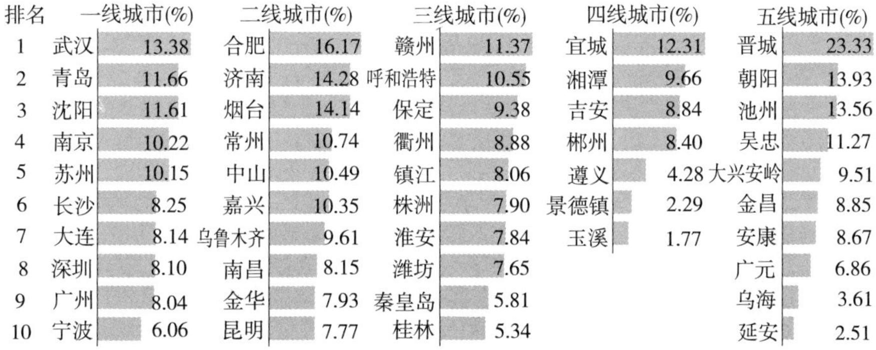

排名	一线城市(%)		二线城市(%)		三线城市(%)		四线城市(%)		五线城市(%)	
1	武汉	13.38	合肥	16.17	赣州	11.37	宜城	12.31	晋城	23.33
2	青岛	11.66	济南	14.28	呼和浩特	10.55	湘潭	9.66	朝阳	13.93
3	沈阳	11.61	烟台	14.14	保定	9.38	吉安	8.84	池州	13.56
4	南京	10.22	常州	10.74	衢州	8.88	郴州	8.40	吴忠	11.27
5	苏州	10.15	中山	10.49	镇江	8.06	遵义	4.28	大兴安岭	9.51
6	长沙	8.25	嘉兴	10.35	株洲	7.90	景德镇	2.29	金昌	8.85
7	大连	8.14	乌鲁木齐	9.61	淮安	7.84	玉溪	1.77	安康	8.67
8	深圳	8.10	南昌	8.15	潍坊	7.65			广元	6.86
9	广州	8.04	金华	7.93	秦皇岛	5.81			乌海	3.61
10	宁波	6.06	昆明	7.77	桂林	5.34			延安	2.51

图10-2　不同规模城市的低碳综合指数升高率

三　三批低碳试点城市评估

2010年国家发展改革委下发《关于开展低碳省区和低碳城市试点工作的通知》，正式启动第一批低碳试点工作，第一批试点包括5省8市；2012年开展第二批试点，包括1省28市；2017年开展了第三批试点，包括45个市。本书以地级市评价为主，包括第一批6个城市，第二批26个城市，第三批38个城市。

三批低碳试点城市的低碳综合总分并未按照时间顺序呈现出第一批>第二批>第三批的情况；从低碳综合总分的升高率来看，呈现的是第三

---

① 本书采用的城市规模划分借鉴了第三方机构——新一线城市研究所发布的2017年中国城市新分级名单，其按照商业资源集聚度、城市枢纽性、城市人活跃度、生活方式多样性和未来可塑性五个维度划分。

批>第二批>第一批的趋势。

第一批试点城市整体表现出宏观领域的低碳分数升高最快,说明试点工作的开展促进了碳排放总量、单位 GDP 碳排放及人均二氧化碳排放的减少,且效果最为明显。但是产业低碳、能源低碳、低碳政策与创新部分的低碳分数升高最慢,导致了第一批试点城市的低碳化水平整体并不是最高。在定量化指标中,分数较低的指标包括战略性新兴产业增加值占 GDP 比重、非化石能源占一次能源消费比重;而低碳管理、节能减排和应对气候变化资金占财政支出的比重分数也较低,说明第一批试点城市低碳发展的动力不足。[①]

第二批试点城市表现出低碳政策与创新领域的低碳分数升高最快,特别是低碳管理与低碳创新部分,说明地方政府、企业、公众对低碳的重视程度不断提高。但第二批试点城市中包含部分省会城市及经济社会等其他方面发展较好的城市,如青岛、镇江、宁波、苏州等,这类型城市的低碳政策与创新投入较多,拉高了第二批试点城市整体在低碳政策与创新中的分数,而延安、金昌等中小型工业城市的低碳政策与创新需要加强。与此同时,第二批试点城市在宏观领域的分数增加并不显著,侧面说明低碳政策的效果并未完全显现。在其他定量指标中,森林覆盖率、PM2.5 年均浓度分数不高,需要在资源环境方面进一步努力。

第三批试点城市在产业低碳及能源低碳领域的分数升高最快,直接拉动了低碳综合指数的提高。第三批试点城市以中小城市为主,说明一批中小城市的能源结构和产业结构调整在一定程度上促进了中国低碳化水平的提高。研究还发现,在三批试点城市中,第三批试点城市的节能减排和应对气候变化资金占财政支出比重的增加幅度最大。而在研究期内,第三批试点城市并未审批,说明一部分地方政府已经意识到低碳转型的重要性,明确了城市定位,不论该市是否为低碳试点城市,均采取了一系列改革措施及投入资金"倒逼"城市的低碳发展。但是由于政策的时滞性,与碳排放直接相关的宏观领域分数相对于前两批试点城市来说上升最慢(见图 10-3、图 10-4)。

相对于 2010 年,2015 年三批低碳试点城市排名变化情况如表 10-11 所示。第一批试点城市中,南昌、保定的位次上升,深圳、厦门位次保持

---

① 　此处为第一批试点的平均情况,深圳作为第一批试点,各方面低碳表现突出。

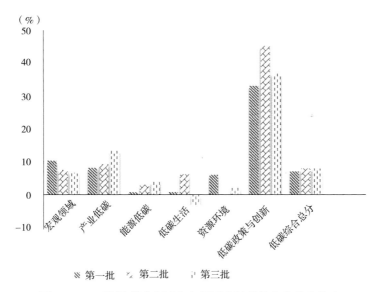

图 10-3 三批低碳试点城市各领域及低碳综合总分变化率

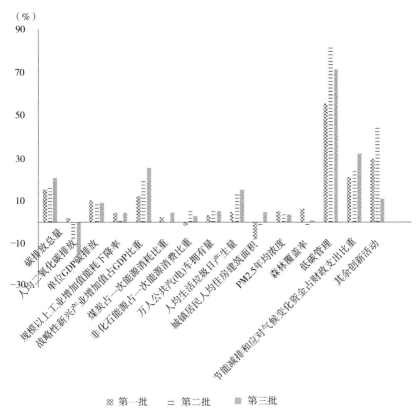

图 10-4 三批低碳试点城市各指标分数变化率

不变，杭州与贵阳的位次出现下降；第二批试点城市中，50%的城市位次出现上升，42.31%的城市位次出现下降，7.69%的城市位次保持不变，其中武汉、广元等城市的低碳成效较为显著；第三批试点城市中，52.63%的城市位次出现上升，44.74%的城市位次出现下降，2.63%的城市位次不变，其中合肥、中山等城市的低碳成效较为显著。

　　总的来看，三批低碳试点城市的低碳综合总分升高率表现出第三批>第二批>第一批的特点，且第二批、第三批试点城市中一半以上的城市低碳排名出现了上升。在具体领域中，第一批试点城市通过较长时间的试点工作，宏观领域的碳排放下降最为明显，但低碳动力出现不足；第二批试点城市在低碳管理、低碳政策与创新等定性指标上的分数升高最快，但在宏观领域的分数增加并不显著，侧面说明低碳政策的效果并未完全显现；第三批试点城市在能源低碳、产业低碳及节能减排和应对气候变化资金占财政支出比重方面分数最为突出，节能减排的潜力最大，但由于政策的时滞性，与碳排放直接相关的宏观领域分数相对于前两批试点城市来说上升最慢。

表 10-11　相对 2010 年，2015 年三批低碳试点城市排名变化情况

第一批	排名变化	第二批	排名变化	第三批	排名变化
保定	↑	石家庄	↓	长沙	↑
杭州	↓	秦皇岛	↑	株洲	↓
厦门	—	济源	↓	湘潭	↓
深圳	—	武汉	↑	郴州	↑
贵阳	↓	青岛	↑	济南	↑
南昌	↑	苏州	↑	烟台	↑
—	—	淮安	↓	潍坊	↓
—	—	镇江	↓	南京	↑
—	—	宁波	↓	常州	↑
—	—	温州	↓	嘉兴	↑
—	—	南平	↓	金华	↑
—	—	广州	↑	衢州	↓
—	—	桂林	—	三明	↓
—	—	广元	↑	中山	↑
—	—	遵义	↑	柳州	↓
—	—	昆明	↑	成都	↓
—	—	池州	↑	玉溪	↓

第一批	排名变化	第二批	排名变化	第三批	排名变化
—	—	晋城	↑	合肥	↑
—	—	延安	↓	淮北	↑
—	—	金昌	↓	六安	↑
—	—	大兴安岭	↑	宣城	↑
—	—	吉林	↑	黄山	↑
—	—	景德镇	↓	安康	↑
—	—	赣州	—	兰州	↓
—	—	呼伦贝尔	↓	沈阳	↑
—	—	乌鲁木齐	↑	大连	↓
—	—	—	—	朝阳	↑
—	—	—	—	吉安	↑
—	—	—	—	抚州	—
—	—	—	—	银川	↑
—	—	—	—	吴忠	↑
—	—	—	—	西宁	↓
—	—	—	—	乌海	↓
—	—	—	—	昌吉	↓
—	—	—	—	和田	↓
—	—	—	—	伊宁	↑
—	—	—	—	拉萨	↓
—	—	—	—	三亚	↓

注：↑表示排名上升，↓表示排名下降，—表示排名未变。余同。

四 城市类型评估

（一）静态评估

1. 2010年分城市类型评估

2010 年 70 个试点城市中，服务型城市有 4 个（5.71%），工业型城市有 34 个（48.57%），综合型城市有 18 个（25.71%），生态优先型城市有 14 个（20.00%），以工业型城市为主体。服务型城市中，最低碳的是三亚，获得二星，其次是广州与拉萨，获得一星；综合型城市中，深圳、昆明、成都、杭州、厦门获得二星，以深圳分数最高；工业型城市中，最低碳的是景德镇、温州，获得二星；生态优先型城市中，桂林、南平与广元获得二星，以桂林分数最高（见表10-12）。

从城市类型和领域排名前三位城市中可以看出（见表10-13），服务型城市中的三亚、广州在各领域的排名靠前；综合型城市中的深圳、昆明在各领域的排名靠前，但二者有所区别，深圳在低碳发展上的努力程度高于昆明，昆明分数高的原因主要在于自然环境及以旅游为主，无高碳排放的产业；工业型城市排名靠前的大部分为中小型城市；生态优先型城市中桂林、南平、广元在各领域的得分较高。

表 10-12　　　　　2010 年低碳综合指数城市分类排名

服务型	分数	星级	综合型	分数	星级	工业型	分数	星级	生态优先型	分数	星级
三亚	80.28	☆☆	深圳	85.99	☆☆	景德镇	80.11	☆☆	桂林	84.36	☆☆
广州	77.64	☆	昆明	81.61	☆☆	温州	80.00	☆☆	南平	81.83	☆☆
拉萨	75.78	☆	成都	81.34	☆☆	西宁	79.48	☆	广元	81.34	☆☆
伊宁	70.16	☆	杭州	80.69	☆☆	玉溪	79.31	☆	赣州	79.83	☆
—	—	—	厦门	80.13	☆☆	长沙	78.16	☆	抚州	79.57	☆
—	—	—	秦皇岛	78.53	☆	柳州	77.94	☆	大兴安岭	79.19	☆
—	—	—	遵义	77.20	☆	南昌	77.88	☆	吉安	78.24	☆
—	—	—	兰州	77.16	☆	中山	77.87	☆	昌吉	77.00	☆
—	—	—	黄山	77.03	☆	延安	77.64	☆	三明	76.07	☆
—	—	—	呼伦贝尔	76.63	☆	郴州	77.01	☆	安康	75.37	☆
—	—	—	南京	75.89	☆	金华	77.00	☆	六安	74.29	☆
—	—	—	青岛	74.88	☆	株洲	76.94	☆	宣城	73.99	☆
—	—	—	贵阳	74.43	☆	湘潭	76.65	☆	和田	68.51	合格
—	—	—	武汉	73.93	☆	衢州	76.15	☆	朝阳	68.1	合格
—	—	—	池州	73.77	☆	苏州	75.92	☆	—	—	—
—	—	—	淮安	73.66	☆	保定	75.78	☆	—	—	—
—	—	—	乌鲁木齐	67.10	合格	吉林	75.69	☆	—	—	—
—	—	—	济南	66.20	合格	宁波	75.43	☆	—	—	—
—	—	—	—	—	—	大连	74.96	☆	—	—	—

续表

服务型	分数	星级	综合型	分数	星级	工业型	分数	星级	生态优先型	分数	星级
—	—	—	—	—	—	常州	74.96	☆	—	—	—
—	—	—	—	—	—	镇江	74.78	☆	—	—	—
—	—	—	—	—	—	沈阳	74.47	☆	—	—	—
—	—	—	—	—	—	嘉兴	73.87	☆	—	—	—
—	—	—	—	—	—	潍坊	73.81	☆	—	—	—
—	—	—	—	—	—	银川	69.68	合格	—	—	—
—	—	—	—	—	—	淮北	69.66	合格	—	—	—
—	—	—	—	—	—	吴忠	68.37	合格	—	—	—
—	—	—	—	—	—	石家庄	68.35	合格	—	—	—
—	—	—	—	—	—	合肥	67.87	合格	—	—	—
—	—	—	—	—	—	乌海	67.72	合格	—	—	—
—	—	—	—	—	—	烟台	67.64	合格	—	—	—
—	—	—	—	—	—	济源	66.36	合格	—	—	—
—	—	—	—	—	—	金昌	65.89	合格	—	—	—
—	—	—	—	—	—	晋城	62.63	合格	—	—	—

表 10-13　　**2010 年按城市类型和领域低碳综合指数排名前三位的城市**

类型	综合总分	客观总分	宏观领域	产业低碳	能源低碳	低碳生活	资源环境	低碳政策与创新
服务型城市	三亚	三亚	三亚	广州	拉萨	广州	三亚	广州
	广州	广州	拉萨	拉萨	三亚	三亚	拉萨	三亚
	拉萨	拉萨	伊宁	三亚	伊宁	伊宁	广州	伊宁
综合型城市	深圳	深圳	成都	厦门	南京	青岛	深圳	深圳
	昆明	昆明	昆明	深圳	深圳	杭州	池州	杭州
	杭州	厦门	黄山	南京	厦门	武汉	昆明	厦门
工业型城市	景德镇	景德镇	景德镇	长沙	长沙	宁波	衢州	大连
	温州	温州	南昌	苏州	中山	大连	玉溪	宁波
	西宁	西宁	玉溪	宁波	西宁	长沙	大连	合肥
生态优先型城市	桂林	桂林	桂林	三明	桂林	大兴安岭	广元	南平
	南平	南平	抚州	广元	南平	桂林	南平	赣州
	广元	广元	赣州	南平	赣州	三明	抚州	桂林

2. 2015 年分城市类型评估

2015 年 70 个试点城市中，服务型城市有 13 个（18.57%）、工业型城市有 27 个（38.57%）、综合型城市有 21 个（30.00%）、生态优先型城市有 9 个（12.86%），以工业型城市为主体，但由于产业结构的调整，部分工业型城市迅速过渡到综合型城市，部分综合型城市过渡到服务型城市。服务型城市中，最低碳的是深圳，获得三星，昆明、厦门、三亚、广州等 8 个城市获得二星，贵阳、伊宁、乌鲁木齐、拉萨获得一星；综合型城市中，黄山等 18 个城市获得二星，其余获得一星；工业型城市中，中山、抚州、长沙、南昌等城市获得二星，金昌、乌海、济源、晋城等城市获得一星；生态优先型城市中，除昌吉、和田获得一星外，其余城市获得二星（见表 10-14）。

从城市类型和领域的排名中可以看出（见表 10-15），服务型城市中的深圳、昆明、厦门在各领域的排名靠前；综合型城市排名靠前的是秦皇岛、黄山、赣州、温州等环境较好、规模中等偏小的城市，其中镇江、苏州、青岛、石家庄等城市受低碳政策影响较大；工业型城市排名靠前的大部分为中山、抚州、长沙、南昌等中小型城市；生态优先型城市中桂林、广元、南平、大兴安岭在各领域得分较高。

表 10-14　　　　　　　　2015 年低碳综合指数城市分类排名

星级	服务型	分数	星级	综合型	分数	星级	工业型	分数	星级	生态优先型	分数
☆☆☆	深圳	92.96	☆☆	秦皇岛	86.66	☆☆	中山	86.04	☆☆	桂林	88.87
☆☆	昆明	87.95	☆☆	黄山	85.83	☆☆	抚州	84.71	☆☆	广元	86.92
☆☆	厦门	85.30	☆☆	赣州	84.72	☆☆	长沙	84.62	☆☆	大兴安岭	86.72
☆☆	三亚	84.25	☆☆	遵义	84.05	☆☆	南昌	84.23	☆☆	吉安	85.16
☆☆	广州	83.89	☆☆	温州	83.87	☆☆	合肥	83.84	☆☆	南平	85.00
☆☆	南京	83.65	☆☆	武汉	83.82	☆☆	淮北	83.76	☆☆	六安	83.37
☆☆	杭州	83.51	☆☆	池州	83.77	☆☆	郴州	83.48	☆☆	朝阳	82.83
☆☆	济南	80.68	☆☆	苏州	83.63	☆☆	宣城	83.11	☆	昌吉	76.37
☆☆	兰州	80.15	☆☆	青岛	83.61	☆☆	株洲	83.09	☆	和田	74.21
☆	贵阳	79.94	☆☆	成都	83.16	☆☆	保定	82.89	—	—	—
☆	伊宁	79.88	☆☆	沈阳	83.12	☆☆	景德镇	81.95	—	—	—
☆	乌鲁木齐	77.93	☆☆	金华	83.10	☆☆	安康	81.91	—	—	—

续表

星级	服务型	分数	星级	综合型	分数	星级	工业型	分数	星级	生态优先型	分数
☆	拉萨	77.43	☆☆	常州	83.01	☆☆	烟台	81.54	—	—	—
—	—	—	☆☆	吉林	83.01	☆☆	嘉兴	81.52	—	—	—
—	—	—	☆☆	西宁	82.91	☆☆	吴忠	81.08	—	—	—
—	—	—	☆☆	大连	81.06	☆☆	湘潭	81.01	—	—	—
—	—	—	☆☆	镇江	80.81	☆☆	三明	80.86	—	—	—
—	—	—	☆☆	呼伦贝尔	80.51	☆☆	玉溪	80.72	—	—	—
—	—	—	☆	潍坊	79.46	☆☆	宁波	80.00	—	—	—
—	—	—	☆	淮安	78.65	☆☆	银川	80.00	—	—	—
—	—	—	☆	石家庄	77.31	☆	延安	79.59	—	—	—
—	—	—	—	—	—	☆	衢州	79.45	—	—	—
—	—	—	—	—	—	☆	柳州	78.87	—	—	—
—	—	—	—	—	—	☆	晋城	77.24	—	—	—
—	—	—	—	—	—	☆	济源	75.93	—	—	—
—	—	—	—	—	—	☆	乌海	74.73	—	—	—
—	—	—	—	—	—	☆	金昌	71.72	—	—	—

表 10-15　　2015 年按城市类型和领域低碳综合指数排名前三位的城市

类型	综合总分	客观总分	宏观领域	产业低碳	能源低碳	低碳生活	资源环境	低碳政策与创新
服务型城市	深圳	深圳	昆明	深圳	南京	深圳	三亚	深圳
	昆明	昆明	三亚	厦门	深圳	济南	昆明	厦门
	厦门	厦门	伊宁	广州	杭州	杭州	深圳	杭州
综合型城市	秦皇岛	秦皇岛	黄山	成都	西宁	青岛	池州	镇江
	黄山	黄山	温州	沈阳	苏州	大连	赣州	苏州
	赣州	赣州	赣州	镇江	吉林	秦皇岛	吉林	青岛
工业型城市	中山	中山	南昌	长沙	中山	中山	玉溪	中山
	抚州	抚州	景德镇	烟台	长沙	银川	安康	吴忠
	长沙	长沙	中山	湘潭	湘潭	合肥	抚州	银川
生态优先型城市	桂林	桂林	广元	朝阳	桂林	昌吉	南平	广元
	广元	大兴安岭	桂林	桂林	大兴安岭	朝阳	广元	南平
	大兴安岭	广元	南平	吉安	朝阳	桂林	大兴安岭	桂林

（二）动态评估

1. 城市类型变动

2015 年相比 2010 年，服务型城市占所有城市的比重从 5.71% 增加到 18.57%，综合型城市所占比重从 25.71% 增加到 30.00%，工业型城市所占比重从 48.57% 减少到 38.57%，生态优先型城市所占比重从 20.00% 减少到 12.86%。总体呈现出部分工业型城市过渡为综合型城市，部分综合型城市过渡为服务型城市，生态优先型城市则出现向工业型城市过渡或直接跨越为综合型、服务型城市的趋势（见图 10-5）。

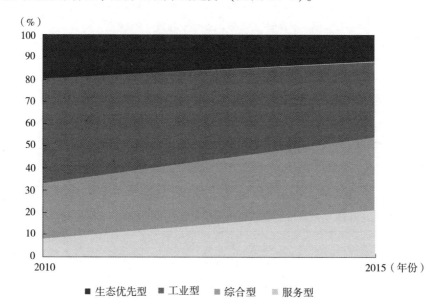

图 10-5　城市类型变动情况

2. 城市类型变动后平均分数及低碳贡献率的变动

城市类型变动后，总分及主要领域平均分变动情况如图 11-6 所示。首先，2015 年相对 2010 年，除资源环境领域的分数出现负增长外，综合总分、客观总分及其他相关领域得分都出现了正增长。综合总分从 70 多分平均增长到了 80 分以上，平均增长率为 7%—8%，客观总分与综合总分保持一致的增长趋势，但客观总分增长率弱于综合总分，平均在 5.90%—7.01%。其次，各领域得分增长最快的依次为低碳政策与创新（33%—40%）、产业低碳（8%—18.78%）、低碳生活（2%—15.52%）、能源低碳（0—4.5%）、资源环境出现负增长（-1.2%—1.8%），说明四种类型的城市中，除低碳政策与创新这个主观因素外，增长最快的是产业低碳领域。最后，在四个类型城市中，两种形式的总分增长率（综合总分及客观总分）均表现出工业型城市>服务型城市>生态优先型城市>综合型城市的特点，且宏观领域的碳排放得分情况也表现出工业型城市>综合型城市>生态优先型城市>服务型城市的特点，说明节能减排工作潜力最大的是工业型城市，其次是综合型城市；除主观因素外，服务型城市在产业方面远超其余类型城市；生态优先型城市未体现出突出优势。

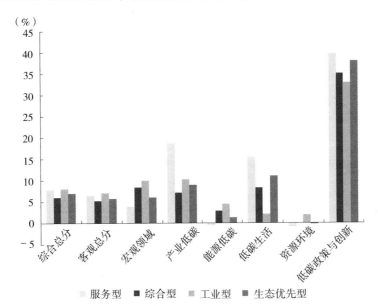

图 10-6　城市类型变动后总分及主要领域平均分变动情况

城市类型变动后，主要领域低碳贡献率变动情况如图 10-7 所示，除主观因素外，四种类型城市产业低碳都促进了城市整体低碳发展的效果，而能源低碳及资源环境领域都需要加强。另外，服务型城市还需注重消费方面的低碳化，综合型城市注重产业结构的优化，工业型城市注重交通、建筑方面的低碳化及产业结构的转型，生态优先型城市需要明确定位，实现自身的保值增值或跨越式发展。

城市类型评估部分小结：（1）城市变化趋势：由于产业结构的变化，部分工业型城市过渡为综合型城市，部分综合型城市过渡为服务型城市，生态优先型城市则出现朝工业型城市过渡或直接跨越为综合型、服务型城市的趋势。（2）服务型城市中，总分和分领域得分较高的城

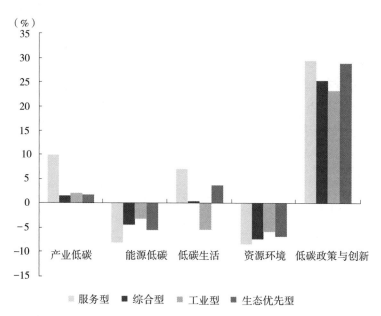

图 10-7   城市类型变动后主要领域的低碳贡献率变动情况

市为经济发展速度较快、环境较好的城市；综合型城市总分和分领域得分较高的城市为环境较好、经济体量和人口规模中等偏小的城市；工业型城市总分和分领域得分较高的城市为经济体量、人口规模中等偏小的城市；生态优先型城市总分和分领域得分较高的城市为资源环境本底值较好，以农业为主的小城市（低碳城市环境整体状况不会太差，但是相反，人们感觉环境较好的城市并不一定低碳）。（3）低碳贡献率：按照静态来看，单个年份促进城市低碳化的重要领域（除去低碳政策与创新主观因素外），按照贡献率来看分别是能源低碳>产业低碳>低碳生活>资源环境；但按照动态来看，能源低碳及资源环境领域的贡献程度开始弱化，产业低碳的贡献度一直在提升。（4）未来四种类型的城市，除加强能源领域和资源环境领域的低碳化外，服务型城市还需注重消费方面的低碳化，综合型城市注重产业结构的优化，工业型城市注重交通、建筑方面的低碳化及产业结构的转型，生态优先型城市需要明确定位，实现自身的保值增值或跨越式发展。

五 重要指标评估

相对于 2010 年，2015 年定量指标中除了人均生活垃圾日产生量平均得分出现负增长外（-3.28%），其余指标均呈现正增长，按平均增长率快慢排序为：节能减排和应对气候变化资金占财政支出比重（30.52%）>战略性新兴产业增加值占 GDP 比重（24.96%）>城镇居民人均住房建筑面积（15.54%）>万人公共汽（电）车拥有量（5.92%）>非化石能源占一次能源消费比重（5.70%）>PM2.5 年均浓度（4.07%）>煤炭占一次能源消费比重（4.03%）>规模以上工业增加值能耗下降率（3.94%）>森林覆盖率（1.78%）>人均生活垃圾日产生量（-3.28%）（见图 10-8）。定性指标中，低碳管理平均增长最快，达到 74.13%，低碳创新平均增长 27.02%，说明地方政府对低碳建设的重视程度不断提高，是推动试点城市低碳化的重要引擎。

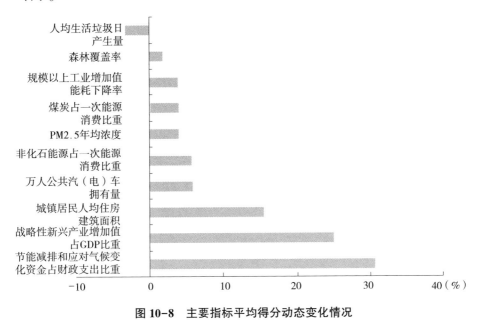

图 10-8 主要指标平均得分动态变化情况

在城市类型划分基础上，主要指标贡献率变动情况（见图 10-9）：首先，四种类型下，节能减排和应对气候变化资金占财政支出比重、战略性新兴产业增加值占 GDP 比重呈现升高趋势，其中节能减排和应对气候变化资金占财政支出比重表现为总体升高，工业型城市的贡献率略高；而战略性新兴产业增加值占 GDP 比重动态贡献率升高趋势明显，以服务型城市最高，达到 22.79%，工业型城市升高幅度较低，为 9.94%。其次，煤炭占一次能源消费比重、非化石能源占一次能源消费比重、人均生活垃圾日产生量的贡献率均出现下降，其中四类城市的人均生活垃圾日产生量的下降率为 -10.03%——8.22%，以服务型城市下降最多；煤炭占一次能源消费比重下降率为 -7.65%——4.48%，以生态优先型城市下降最多；非化石能源占一次能源消费比重下降率为 -9.22%——1.57%，以服务型城市下降幅度最多。最后，规模以上工业增加值能耗下降率、万人公共汽（电）车拥有量、城镇居民人均住房建筑面积、PM2.5 年均浓度及森林覆盖率的贡献率变化情况有正有负。对于服务型城市来说，规模以上工业增加值能耗下降率、万人公共汽（电）车拥有量呈上升趋势，但 PM2.5 年均浓度有大幅度的下降；综合型城市与工业型城市规模以上工业增加值能耗下降率、PM2.5 年均浓度、万人公共汽（电）车拥有量均有小幅度下降；生态优先型城市规模以上工业增加值能耗下降率下降较多，为 6.54%，万人汽（电）车拥有量、PM2.5 年均浓度及森林覆盖率都有上升。

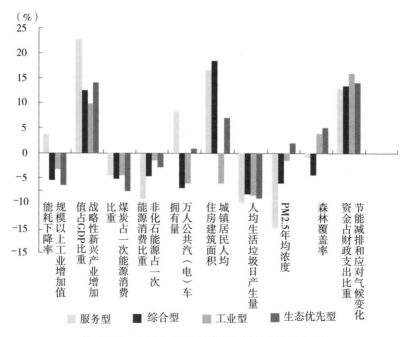

图 10-9　分城市类型主要指标贡献率变动情况

从分城市类型碳排放相关指标贡献率来看：首先，四种类型城市的碳排放总量得分贡献率均呈现上升趋势，说明城市碳排放得到了一定程度的控制，其中以综合型城市的贡献率最大，为12.74%。其次，人均二氧化碳排放得分贡献率出现下降趋势，且以服务型城市的下降率最大，为-33.45%。最后，单位GDP碳排放得分的贡献率在工业型城市中出现了下降，为-22.40%，而其余三种类型城市的单位GDP碳排放得分贡献率均有提高，以服务型城市最高，为2.6%。从"产出方面"看，在国家进行的碳排放总量和碳强度"双控"政策下，经过各领域低碳化投入，碳排放总量和单位GDP碳排放得到了一定程度控制，但工业型城市的单位GDP碳排放仍然较高，而人均二氧化碳排放在四种类型城市中均有增加，尤其是服务型城市（见图10-10）。

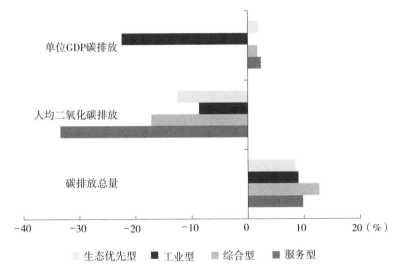

图10-10 分城市类型碳排放相关指标贡献率变动情况

从两年动态变化可以看出，服务型城市在规模以上工业增加值能耗下降率、战略性新兴产业增加值占GDP比重、城镇居民人均住房建筑面积、万人公共汽（电）车拥有量上具有比较优势，但应控制人均生活垃圾日产生量，增加非化石能源占一次能源消费比重，进一步降低PM2.5年均浓度；工业型城市：在非化石能源占一次能源消费比重及人均生活垃圾日产生量方面分数增加较快，但需要增加万人公共汽（电）车拥有量，加大低碳管理和低碳创新的力度；综合型城市：在煤炭占一次能源消费比重、低碳管理、节能减排和应对气候变化资金占财政支出的比重方面分数增加较快，说明在工业型向综合型转型过程中，政府对低碳的重视程度最大（政府在寻求转型的过程中把低碳发展作为了一种方向），但需要加快规模以上工业增加值能耗下降速度，提高战略性新兴产业增加值占 GDP 比重及森林覆盖率；生态优先型城市：PM2.5 年均浓度最低，但需要减少煤炭占一次能源消费比重（见图 10-11）。

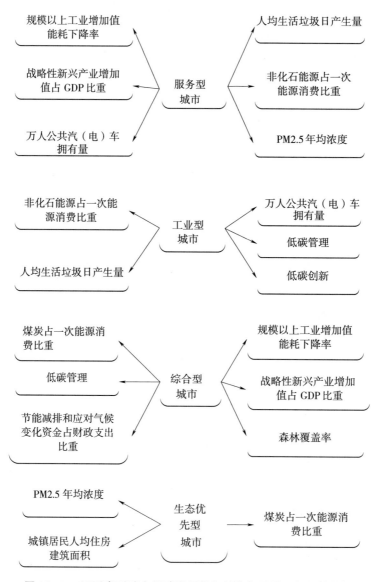

图 10-11　不同类型城市低碳发展较好的指标及需要加强的指标

从总体上看，有以下几点结论：（1）相对于 2010 年，2015 年所有城市主要指标的平均水平除了人均生活垃圾日产生量外，其余投入指标均有了一定程度的提升。按照城市类型来看，节能减排和应对气候变化资金占财政支出比重及战略性新兴产业增加值占 GDP 比重的贡献率均得到提升；而煤炭占一次能源消费比重、非化石能源占一次能源消费比重、人均生活垃圾日产生量的贡献率均出现下降，其中人均生活垃圾日产生量与非化石能源占一次能源消费比重下降最多的是服务型城市；规模以上工业增加值能耗下降率、万人公共汽（电）车拥有量、城镇居民人均住房建筑面积、PM2.5 年均浓度及森林覆盖率的贡献率变化情况有正有负。（2）产出方面：静态下，碳排放总量与单位 GDP 碳排放得分的贡献率均是工业型城市最高，说明工业型城市是节能减排潜力最大的类型；但从动态看，工业型城市单位 GDP 碳排放的贡献度有所减弱，也说明今后节能减排的难度会增大。（3）服务型城市：应控制人均生活垃圾日产生量、增加非化石能源占一次能源消费比重，进一步降低 PM2.5 年均浓度；工业型城市需要增加万人公共汽（电）车拥有量、加大低碳管理与创新的力度；综合型城市需要提高规模以上工业增加值能耗下降率、战略性新兴产业增加值占 GDP 比重及森林覆盖率；生态优先型城市需要减少煤炭占一次能源消费比重。

六　实际数据分析

（一）碳排放实际排名情况

1. 碳排放总量、单位 GDP 碳排放及人均二氧化碳排放排名

为了更加客观地反映 70 个试点城市碳排放的真实情况，本书对单位 GDP 碳排放、人均二氧化碳排放两个指标作了城市排名（见表 10-16），结果如下。

单位 GDP 碳排放排名：2010 年排名前十位的城市为深圳、三亚、昌吉、成都、厦门、温州、桂林、广州、中山、黄山；2015 年南昌、武汉、抚州、昆明等城市开始取代了温州、桂林、中山等城市进入前十。这两年排名后十位的城市包括乌海、吴忠、济源、乌鲁木齐、晋城、金昌、朝阳

和银川。综合来看，单位 GDP 碳排放排名靠前的城市除了资源环境本底值好之外，大部分为服务型与综合型城市，经济发展较快。排名靠后的城市以工业型城市为主，且经济发展水平不高。

人均二氧化碳排放排名：两年中，均排在前十位的城市为伊宁、广元、六安、赣州、抚州、桂林、黄山、吉安和安康。2010 年排名后十位的城市为乌海、深圳、乌鲁木齐、济源、苏州、南京、金昌、银川、大连和常州。2015 年，深圳和南京因为经济发展或技术水平提高等因素，已脱离后十名，而金昌、晋城、济源、银川等工业型中小城市的位次依旧落后。

表 10-16   **2010 年和 2015 年试点城市碳排放排名情况**

排名	2010 年		2015 年	
	单位 GDP 碳排放	人均二氧化碳 排放	单位 GDP 碳排放	人均二氧化碳 排放
1	深圳	伊宁	深圳	吉安
2	三亚	广元	成都	赣州
3	昌吉	六安	三亚	广元
4	成都	赣州	吉安	抚州
5	厦门	吉安	南昌	六安
6	温州	安康	武汉	安康
7	桂林	抚州	广州	黄山
8	广州	桂林	抚州	桂林
9	中山	黄山	昆明	三亚
10	黄山	和田	赣州	伊宁
11	和田	遵义	厦门	保定
12	金华	昌吉	中山	成都
13	杭州	三亚	杭州	昆明
14	长沙	温州	温州	景德镇
15	嘉兴	宣城	黄山	温州
16	吉安	大兴安岭	广元	和田
17	抚州	郴州	合肥	南昌
18	宁波	景德镇	长沙	郴州
19	广元	保定	桂林	宣城
20	昆明	成都	金华	大兴安岭

排名	2010 年		2015 年	
	单位 GDP 碳排放	人均二氧化碳排放	单位 GDP 碳排放	人均二氧化碳排放
21	赣州	淮安	安康	遵义
22	苏州	南平	景德镇	合肥
23	烟台	昆明	镇江	南平
24	沈阳	池州	宁波	淮安
25	延安	金华	常州	淮北
26	镇江	淮北	南京	延安
27	南昌	株洲	苏州	金华
28	武汉	延安	淮安	株洲
29	大连	玉溪	伊宁	玉溪
30	景德镇	拉萨	六安	武汉
31	合肥	朝阳	株洲	厦门
32	青岛	南昌	嘉兴	池州
33	常州	湘潭	南平	中山
34	安康	秦皇岛	延安	秦皇岛
35	六安	衢州	青岛	石家庄
36	株洲	兰州	郴州	朝阳
37	淮安	柳州	大连	湘潭
38	郴州	西宁	玉溪	衢州
39	玉溪	长沙	三明	深圳
40	拉萨	嘉兴	烟台	三明
41	宣城	潍坊	保定	贵阳
42	南京	合肥	沈阳	广州
43	大兴安岭	贵阳	宣城	潍坊
44	南平	三明	湘潭	长沙
45	济南	呼伦贝尔	贵阳	吉林市
46	柳州	烟台	济南	呼伦贝尔
47	兰州	杭州	遵义	吴忠
48	秦皇岛	石家庄	昌吉	西宁
49	潍坊	武汉	呼伦贝尔	镇江
50	湘潭	沈阳	石家庄	杭州

续表

排名	2010 年		2015 年	
	单位 GDP 碳排放	人均二氧化碳排放	单位 GDP 碳排放	人均二氧化碳排放
51	淮北	吉林	吉林	柳州
52	遵义	厦门	潍坊	常州
53	衢州	宁波	拉萨	兰州
54	保定	镇江	淮北	嘉兴
55	吉林	晋城	秦皇岛	烟台
56	池州	青岛	池州	青岛
57	三明	中山	柳州	南京
58	贵阳	吴忠	大兴安岭	拉萨
59	西宁	广州	衢州	济南
60	呼伦贝尔	济南	兰州	宁波
61	银川	常州	西宁	沈阳
62	石家庄	大连	和田	苏州
63	金昌	银川	乌鲁木齐	晋城
64	晋城	金昌	银川	大连
65	朝阳	南京	晋城	昌吉
66	乌鲁木齐	苏州	朝阳	金昌
67	济源	济源	吴忠	银川
68	伊宁	乌鲁木齐	济源	济源
69	吴忠	深圳	金昌	乌鲁木齐
70	乌海	乌海	乌海	乌海

2. 碳排放实际排名与客观分数排名对比

将碳排放实际排名与剔除低碳政策与创新主观因素的客观总分排名进行对比（见表 10-17、表 10-18），可以看出：排位靠前的城市中，人均二氧化碳排放排名居前的均是资源环境较好的小城市，而单位 GDP 碳排放排名居前的与客观总分排名居前的城市除了有资源环境好的城市，还有经济发展水平较高的城市，如深圳。排位居中的城市，碳排放实际排名无明显规律，而客观总分排名中，一些人们感觉各方面条件相对较好的城市，如苏州、镇江、青岛、大连等城市排名居中，甚至偏下。排位末端的城市的人均二氧化碳排放表现出两方面特征：一是碳排放较大，如石家庄、金昌等城市；二是经济发展迅速，以服务型、综合型为主的城市，如深圳、广州、苏州等；而按单位 GDP 碳排放排名与客观总分排名，居后位的是以工业型为主、碳排放量较大的一些城市，如济源、金昌、乌海等。

表 10-17　　　2010 年低碳试点城市碳排放与客观总分排名对比

排名	单位 GDP 碳排放	人均二氧化碳排放	客观总分
1	深圳	伊宁	深圳
2	三亚	广元	桂林
3	昌吉	六安	南平
4	成都	赣州	广元
5	厦门	吉安	昆明
6	温州	安康	成都
7	桂林	抚州	三亚
8	广州	桂林	温州
9	中山	黄山	景德镇
10	黄山	和田	厦门
11	和田	遵义	杭州
12	金华	昌吉	赣州
13	杭州	三亚	抚州
14	长沙	温州	西宁
15	嘉兴	宣城	大兴安岭
16	吉安	大兴安岭	玉溪
17	抚州	郴州	淮安
18	宁波	景德镇	秦皇岛
19	广元	保定	吉安
20	昆明	成都	长沙
21	赣州	淮安	中山
22	苏州	南平	柳州
23	烟台	昆明	延安
24	沈阳	池州	南昌
25	延安	金华	广州
26	镇江	淮北	兰州
27	南昌	株洲	遵义

续表

排名	单位 GDP 碳排放	人均二氧化碳排放	客观总分
28	武汉	延安	昌吉
29	大连	玉溪	金华
30	景德镇	拉萨	郴州
31	合肥	朝阳	株洲
32	青岛	南昌	黄山
33	常州	湘潭	呼伦贝尔
34	安康	秦皇岛	湘潭
35	六安	衢州	衢州
36	株洲	兰州	三明
37	淮安	柳州	苏州
38	郴州	西宁	拉萨
39	玉溪	长沙	吉林市
40	拉萨	嘉兴	保定
41	宣城	潍坊	南京
42	南京	合肥	安康
43	大兴安岭	贵阳	宁波
44	南平	三明	大连
45	济南	呼伦贝尔	常州
46	柳州	烟台	青岛
47	兰州	杭州	镇江
48	秦皇岛	石家庄	沈阳
49	潍坊	武汉	六安
50	湘潭	沈阳	贵阳
51	淮北	吉林市	宣城
52	遵义	厦门	潍坊
53	衢州	宁波	武汉
54	保定	镇江	嘉兴
55	吉林市	晋城	银川
56	池州	青岛	淮北
57	三明	中山	池州
58	贵阳	吴忠	和田

续表

排名	单位 GDP 碳排放	人均二氧化碳排放	客观总分
59	西宁	广州	石家庄
60	呼伦贝尔	济南	吴忠
61	银川	常州	朝阳
62	石家庄	大连	乌海
63	金昌	银川	合肥
64	晋城	金昌	烟台
65	朝阳	南京	济源
66	乌鲁木齐	苏州	乌鲁木齐
67	济源	济源	济南
68	伊宁	乌鲁木齐	伊宁
69	吴忠	深圳	金昌
70	乌海	乌海	晋城

表 10-18　2015 年低碳试点城市碳排放与客观总分排名对比

排名	单位 GDP 碳排放	人均二氧化碳排放	客观总分
1	深圳	吉安	深圳
2	成都	赣州	桂林
3	三亚	广元	昆明
4	吉安	抚州	大兴安岭
5	南昌	六安	广元
6	武汉	安康	秦皇岛
7	广州	黄山	中山
8	抚州	桂林	黄山
9	昆明	三亚	吉安
10	赣州	伊宁	抚州
11	厦门	保定	长沙
12	中山	成都	厦门
13	杭州	昆明	南平
14	温州	景德镇	赣州
15	黄山	温州	三亚
16	广元	和田	合肥

排名	单位 GDP 碳排放	人均二氧化碳排放	客观总分
17	合肥	南昌	郴州
18	长沙	郴州	淮北
19	桂林	宣城	南昌
20	金华	大兴安岭	六安
21	安康	遵义	温州
22	景德镇	合肥	南京
23	镇江	南平	遵义
24	宁波	淮安	宣城
25	常州	淮北	株洲
26	南京	延安	池州
27	苏州	金华	朝阳
28	淮安	株洲	金华
29	伊宁	玉溪	西宁
30	六安	武汉	武汉
31	株洲	厦门	广州
32	嘉兴	池州	保定
33	南平	中山	沈阳
34	延安	秦皇岛	苏州
35	青岛	石家庄	常州
36	郴州	朝阳	青岛
37	大连	湘潭	成都
38	玉溪	衢州	杭州
39	三明	深圳	吉林
40	烟台	三明	安康
41	保定	贵阳	烟台
42	沈阳	广州	景德镇
43	宣城	潍坊	玉溪
44	湘潭	长沙	嘉兴
45	贵阳	吉林	吴忠
46	济南	呼伦贝尔	湘潭
47	遵义	吴忠	大连
48	昌吉	西宁	三明

排名	单位 GDP 碳排放	人均二氧化碳排放	客观总分
49	呼伦贝尔	镇江	伊宁
50	石家庄	杭州	济南
51	吉林	柳州	呼伦贝尔
52	潍坊	常州	银川
53	拉萨	兰州	兰州
54	淮北	嘉兴	镇江
55	秦皇岛	烟台	潍坊
56	池州	青岛	衢州
57	柳州	南京	宁波
58	大兴安岭	拉萨	延安
59	衢州	济南	贵阳
60	兰州	宁波	柳州
61	西宁	沈阳	淮安
62	和田	苏州	拉萨
63	乌鲁木齐	晋城	乌鲁木齐
64	银川	大连	石家庄
65	晋城	昌吉	晋城
66	朝阳	金昌	昌吉
67	吴忠	银川	济源
68	济源	济源	乌海
69	金昌	乌鲁木齐	和田
70	乌海	乌海	金昌

（二）城市碳排放分布情况

从 2010 年和 2015 年两年的对比来看，三批试点城市的碳排放总量分布无明显变化，平均水平有了升高，异常值有所增加，说明个别城市的碳排放总量升高过快（见图 10-12）。单位 GDP 碳排放：2010 年单位 GDP 碳排放的一般水平为 2 吨/万元，2015 年为 1.8 吨/万元左右，明显下降。观察两年箱线图的上下边缘及四分位点，可知各城市之间的差距在缩小，更加集中，极端值也明显下降，说明单位 GDP 碳排放整体下降（见图 10-13）。人均二氧化碳排放：2015 年比 2010 年分布略有集中，上下边缘线及异常值明显下降，说明低碳建设取得了一定成果（见图 10-14）。

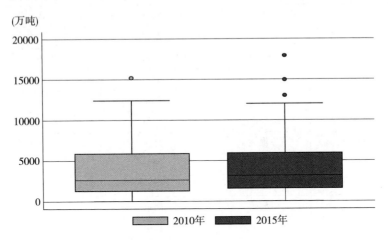

图 10-12　碳排放总量

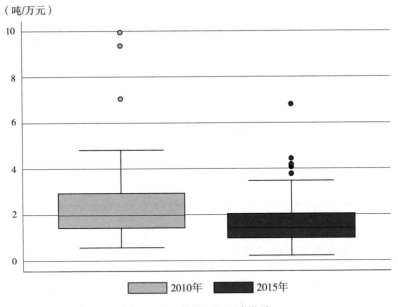

图 10-13　单位 GDP 碳排放

（三）镇江和晋城案例分析

在综合指数评价中，深圳的低碳政策与创新得分最高，但剔除主观因素后排名依旧是深圳位居第一，说明深圳的低碳化程度很高。而镇江的政

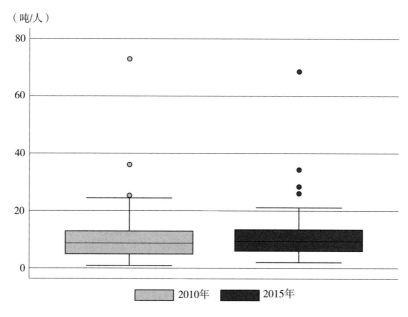

（吨/人）

图 10-14 人均二氧化碳排放

策推动作用较好，但总分不高，居中等偏后的位次，原因在于：第一，相对于 2010 年，2015 年镇江在煤炭占一次能源消费比重、非化石能源占一次能源消费比重、万人公共汽（电）车拥有量、人均生活垃圾日产生量、森林覆盖率等方面得分均出现负增长；第二，PM2.5 年均浓度、战略性新兴产业增加值占 GDP 比重虽然出现正增长，但相比于其他试点城市，增长幅度较小；第三，从实际数据看，镇江的碳排放总量及人均二氧化碳排放较高，如 2015 年碳排放总量为 3962.28 万吨（排名第 44），而人均二氧化碳排放达到 12.47 吨/人，是全国平均水平的 1.89 倍（见表 10-19、表 10-20）。因此，镇江实际的低碳化水平有待加强。

分析发现，晋城的低碳政策与创新推动作用不强，总排名靠后，但从分数的动态变化过程中可以看出晋城低碳化的努力程度。在非化石能源占一次能源消费比重中，2015 年相对 2010 年升高了 70.68%，升高幅度最大；规模以上工业增加值能耗下降率、人均生活垃圾日产生量等指标得分升高较快，促进了低碳的发展。但从碳排放量来看，2015 年晋城的碳排放为 3939.65 万吨（排名第 43），单位 GDP 碳排放为 3.79 吨/万元（排名第 67），人均二氧化碳排放为 17.02 吨/人（排名第 69），是全国人均二氧化碳排放水平的 2.58 倍，导致了晋城的整体排名靠后（见表 10-19、

表 10-20）。

表 10-19　　　镇江和晋城主要指标实际得分升高率及排名情况

主要指标	镇江		晋城	
	实际得分升高率（%）	排名	实际得分升高率（%）	排名
规模以上工业增加值能耗下降率	28.00	8	25.50	10
战略性新兴产业增加值占 GDP 比重	4.06	62	32.30	28
煤炭占一次能源消费比重	-4.59	67	9.70	11
非化石能源占一次能源消费比重	-4.67	57	70.68	1
万人公共汽（电）车拥有量	-1.92	69	13.13	10
城镇居民人均住房建筑面积	60.00	2	60.00	2
人均生活垃圾日产生量	-22.40	69	21.27	8
PM2.5 年均浓度	2.74	42	2.42	50
森林覆盖率	-1.25	68	0.00	46
节能减排和应对气候变化资金占财政支出比重	38.80	29	47.20	23

表 10-20　　　2010 年和 2015 年镇江与晋城碳排放情况

指标	年份	镇江		晋城	
		排放量	排名	排放量	排名
碳排放总量（万吨）	2010	3562.84	49	2841.12	39
	2015	3962.28	44	3939.65	43
单位 GDP 碳排放（吨/万元）	2010	1.79	28	3.90	66
	2015	1.31	24	3.79	67
人均二氧化碳排放（吨/人）	2010	13.16	56	13.18	57
	2015	12.47	55	17.02	69

七　结论

第一，2010 年低碳试点城市的综合总分为 60—86 分，2015 年综合总分为 71—93 分，在总分及分数段上都有了提高，总体上说明低碳试点工作取得了一定成效。进一步分析对比分数提升的幅度，大型城市提升的幅度弱于中小城市,中小城市的低碳潜力更大。

第二,从综合总分和客观总分两种情况看,中小型城市的低碳创新与创新较少,由于时滞性,低碳政策并未完全发挥效果;诸如人们感觉环境质量较好的部分城市,受到低碳政策与创新的影响较大,但低碳综合指数排名靠近中后位,低碳实质水平不高,反映出政策设计与政策最后的效果存在偏差;深圳的低碳政策与创新最早也最多,且两种排名下都处于首位,说明深圳的低碳政策与创新已发挥出相应的效果。

第三,通过碳排放实际排名与客观总分排名发现一些特征。位于前列的城市:基于人均二氧化碳排放排序的,均是资源环境较好的城市;而基于单位 GDP 碳排放和客观总分排序的,为资源环境较好且经济发展水平较高的城市。位于中位的城市:基于碳排放实际排名的,未表现出明显的规律特征;而采用客观总分排序的,人们感觉各方面条件较好的城市排在中位甚至偏后位,如青岛、大连等。位于后列的城市:以人均二氧化碳排放排序的,主要是碳排放量较大,以服务型、综合型为主的城市,如深圳、广州、苏州;而以单位 GDP 碳排放和客观总分排序的,主要是碳排放量较大,以工业型为主的城市,如乌海、济源等。

第四,城市变化趋势:由于产业结构的变化,部分工业型城市过渡为综合型城市,部分综合型城市过渡为服务型城市,生态优先型城市则出现朝工业型过渡或直接跨越为综合型、服务型城市的趋势。服务型城市中,综合总分和分领域得分较高的城市为经济发展速度较快、环境较好的城市;综合型城市综合总分和分领域得分较高的城市为环境较好,经济体量、人口规模中等偏小的城市;工业型城市综合总分和分领域得分较高的城市为经济体量、人口规模中等偏小的城市;生态优先型城市综合总分和分领域得分较高的城市为资源环境本底值较好,以农业为主的小城市。

第五,重要领域的低碳贡献率:从静态来看,单个年份促进城市低碳化的重要领域(除去低碳政策与创新主观因素外),按照贡献率来看依次是能源低碳>产业低碳>低碳生活>资源环境;但从动态来看,能源低碳及资源环境领域的贡献程度开始弱化,产业领域的贡献度一直在增加。

第六,从主要指标看,相对于 2010 年,2015 年所有城市主要指标的平均水平除了人均生活垃圾日产生量外,其余投入指标均有了一定程度的提升。从城市类型的贡献率来看,节能减排和应对气候变化资金占财政支出比重及战略性新兴产业增加值占 GDP 比重的贡献率均得到提升;而煤炭占一次能源消费比重、非化石能源占一次能源消费比重、人均生活垃圾日产生量的贡献率均出现下降；其余指标的贡献率有升有降。

第七，三批低碳试点城市的低碳综合总分升高率表现出第三批>第二批>第一批的特点。其中，第一批试点城市通过较长时间的试点工作，宏观领域的碳排放下降最为明显，但低碳动力出现不足；第二批试点城市在低碳管理、低碳创新等定性指标上的分数升高最快，但在宏观领域的分数增加并不显著，侧面说明低碳政策的效果并未完全显现。第三批试点城市在能源低碳、产业低碳及节能减排和应对气候变化资金占财政支出比重方面分数最为突出，节能减排的潜力最大，但由于政策的时滞性，与碳排放直接相关的宏观领域分数相对于前两批试点城市来说上升最慢。

第八，经过几年试点，低碳工作初见成效，碳排放总量增速放缓，单位 GDP 碳排放下降效果最为明显。经计量分析，节能减排和应对气候变化资金占财政支出比重、战略性新兴产业增加值占 GDP 比重等指标在模型中均表现为降低了单位 GDP 碳排放、人均二氧化碳等，但目前为止效果并不显著。

第九，不同类型城市应注意的问题有以下几点。服务型城市应控制人均生活垃圾日产生量、增加非化石能源占一次能源消费比重，进一步降低 PM2.5 年均浓度；工业型城市需要增加万人公共汽（电）车拥有量、加大低碳管理和创新的力度；综合型城市需要提高规模以上工业增加值能耗下降率、战略性新兴产业增加值占 GDP 比重及森林覆盖率；生态优先型城市需要减少煤炭占一次能源消费比重。

八　建议

（一）继续调整和完善指标体系构建及评估工作

由国家发展改革委牵头，根据低碳城市建设评价指标体系对试点城市进行评估和考核，在评估过程中整理针对该指标体系的反馈意见并进行相应的调整和完善，旨在构建科学、客观、可操作的评估体系并应用于实际考核工作中。同时，完善《低碳城市建设评价指标体系应用指南》（见附录）、编写用户手册，逐步使评价方法、数据处理过程等环节标准化，方便政府及第三方机构使用，通过统一的评估口径来推进城市层面低碳工作可持续发展，带动更多的城市加快低碳建设，实现中国控制温室气体排放行动目标。

（二）拓展指标体系深度及广度

通过在低碳试点城市中应用低碳城市建设评价指标体系，总结经验，进一步扩大评估的时间范围，使其能够体现出不同时期中国城市应对气候变化、发展低碳着力点的变化情况；同时，将应用范围扩大到低碳试点城市之外，对中国所有地级市进行评估，从更加多样化的维度来对城市进行分类评估比较，例如按照气候区、主体功能区来进行分组评估，据此挖掘出不同城市低碳发展的特点，总结出适合自身的低碳发展模式和路径。

（三）分类指导和政策设计

根据城市发展实际，对不同类型的城市进行分类指导和政策组合设计。对第三产业占 GDP 比重大于 55% 的服务型城市，重点控制交通、建筑和生活领域碳排放的快速增长，建立绿色消费模式；对第二产业占 GDP 比重大于 50% 的工业型城市，着力推进产业转型升级，培育绿色低碳经济增长点；第二产业和第三产业占 GDP 比重相当的综合型城市，应实施碳排放强度和总量"双控"，努力实现经济社会的跨越式发展；对于第一产业占 GDP 比重较高且城市化水平较低的生态优先型城市，应把握好生态资源禀赋，合理布局产业和能源体系，实现自身的保值增值或跨越式发展。

（四）积极推动中小城市低碳发展

未来中小城市低碳发展的潜力较大，也是城市低碳转型和中国整体低碳水平提升的主战场，政府应该通过一些激励政策，比如技术帮扶、绿色消费市场对接、投融资支持等，拉动中小城市突破技术瓶颈和资金困境，提升其低碳生产力，促进其低碳转型和快速成长。另外，中小城市在应对气候变化和发展低碳过程中，理念开始出现一定程度的变化，部分城市从"等、靠、要"变为宣传城市名片，以低碳带动城市转型发展。但中小城市只靠领导意识的提高来推动低碳发展力度不够，还需要提高公众低碳发展的意识，形成公众影响力，倒逼地方政府采取坚决行动落实低碳发展，更好地发挥低碳发展对经济社会转型升级的引领作用，以及对生态文明的推动作用。

（五）扩大试点规模，对接区域大气治理方案

设置跨地区低碳试点方案或纳入已有的跨地区环保机构试点方案，作为解决区域大气环境问题的一个重要分支，借助已有的大气治理方案，以城市群作为重点区域，协同推进碳排放控制，并逐步完善低碳规划、统一标准和统一执法。

第十一章

浙江省碳排放综合分析

一 浙江省基本省情和发展概况

浙江省地处中国东南沿海，位于长江三角洲南翼，东临东海，处于欧亚大陆与西北太平洋的过渡地带，属典型的亚热带季风气候区。"浙江"二字来源于境内最大河流钱塘江，因其流路曲折，故又名"之江"，也称"浙江"。在浙江省较小的陆上面积中，山地占74.63%，水面占5.05%，平坦地占20.32%，有"七山一水二分田"之说。浙江省海域面积约26万平方千米，面积502.65平方千米的舟山岛为中国第四大岛。地理和气候环境是浙江省经济社会发展的物质基础。①

浙江省是中国吴越文化的发祥地之一，有着"丝绸之府""文物之邦""鱼米之乡"等美誉。据统计，东汉以来载入史册的文学家中浙江籍人士约占全国的六分之一，新中国成立以来的"两院"院士（含学部委员）中浙江籍人士约占全国的五分之一。全省拥有杭州、宁波等9个国家历史文化名城，20个中国历史文化名镇，28个中国历史文化名村，名镇和名村数量均为全国第一。历史和文化传承是浙江省经济社会发展的文明基础。②

浙江省是中国经济最活跃的省份之一，具有民营经济发达、市场经济发达、区域经济发达和对外开放程度高等特点。2016年初步核算全省GDP为46485亿元，比上年增长7.5%，高出全国增长率0.8个百分点。其中，第一、第二、第三产业增加值分别为1966亿元、20518亿元、

---

① 本段数据主要来自浙江省人民政府网（http://www.zj.gov.cn/），并重新梳理。

② 同上。

24001 亿元，比上年分别增长 2.7%、5.8% 和 9.4%，第三产业增长率高出全国水平 1.6 个百分点。第三产业增加值占 51.6%，比上年增长 1.4 个百分点，其中信息经济核心产业实现增加值 3911 亿元，按现价计算比上年增长 15.9%，占比达到 8.4%。[1][2]

虽然处于经济转型的深刻变革中，浙江省的经济增长依然需要大量能源消耗作为支撑。浙江省的能源禀赋极差，大量依靠外部调入能源。能源生产上，2015 年全省一次能源生产量约为 2133 万吨标准煤（等价值），净调入和进口的能源量约为 18680 万吨标准煤（等价值），一次能源自产率为 5.3%（当量值）。能源消费上，2015 年全省能源消费量约为 19610 万吨标准煤，第二产业消耗了其中的 69.5%。在消耗的一次能源中，煤炭占 52.4%，比上年下降 2.0 个百分点；石油占 22.4%；天然气占 4.9%；水电、核电和风电共占 10.9%，比上年上升 2.6 个百分点；其他占 9.4%。按 2010 年可比价计算，2015 年全省万元 GDP 能耗为 0.48 吨标准煤，比上年下降了 3.5%，"十二五" 时期累计下降 20.7%；工业万元增加值能耗为 0.75 吨标准煤，比上年下降了 1.8%，"十二五" 时期累计下降 23.7%。[3]

二　浙江省设区市的分类情况

按照本书设定的标准，可将城市分为四类：如果城市的第三产业（服务业）增加值占 GDP 比重达到 55% 以上，则其为服务型城市；如果城市的第二产业增加值占 GDP 比重达到 50% 以上，且以制造业为主，则其为工业型城市；如果城市的服务业增加值和工业增加值占 GDP 比重相当，则其为综合型城市；如果城市的第一产业增加值占 GDP 比重较高，且生态环境较好、城市化率较低，则其为生态优先型城市。

---

① 《2016 年浙江省国民经济和社会发展统计公报》，2017 年 2 月 24 日，http://district. ce. cn/newarea/roll/201702/24/t20170224_ 20502314. shtml。

② 《中华人民共和国 2016 年国民经济和社会发展统计公报》，2017 年 2 月 28 日，http://www. stats. gov. cn/tjsj/zxfb/201702/t20170228_ 1467424. html。

③ 《2015 年浙江省能源与利用状况》，2016 年 10 月 11 日，http://www. zjjxw. gov. cn/art/2016/10/11/art_ 1086538_ 2324202. html。

截至 2015 年底，浙江全省分为 11 个地级市，且都为设区市。这 11 个设区市为杭州、宁波、温州、嘉兴、湖州、绍兴、金华、衢州、舟山、台州和丽水，其中杭州为副省级市，宁波为副省级市和计划单列市。以下对各个设区市的分类情况进行逐一分析。考虑本节主要分析各产业增加值占 GDP 比重，因此不采用可比价而直接采用现价。为了体现趋势，本书分析了 2000—2016 年各设区市的产业占比情况，其中 2000—2015 年的相关数据主要来自浙江统计数据库①，2016 年的相关数据主要来自各设区市的 2016 年国民经济和社会发展统计公报。

杭州是浙江的省会，浙江的政治、经济、文化、教育、交通和金融中心，长三角城市群的中心城市之一，中国最重要的电子商务中心之一。2016 年杭州的第三产业增加值占 GDP 比重达到了 61%，远远高于第二产业的比重（36%）。如图 11-1 所示，从 2000 年开始，尤其是 2009 年后，杭州的第三产业占 GDP 比重快速增长，而第二产业和工业的比重则持续下降。2015 年杭州成功创建了中国跨境电子商务综合试验区和国家自主创新示范区。至 2016 年，全市信息经济产业增加值即已占到 GDP 比重的 24%，接近四分之一，成为名副其实的信息技术之城。综上所述，杭州应属于服务型城市。

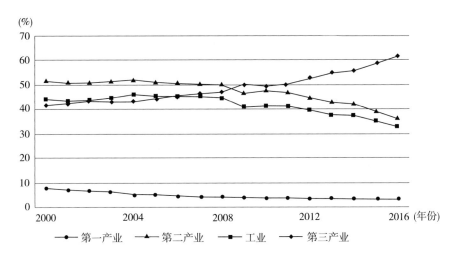

图 11-1　杭州 2000—2016 年三次产业和工业占 GDP 比重

① 浙江统计数据库，http://tjjdata.zj.gov.cn/index.do，2017 年。

　　宁波是浙江的副省级城市和计划单列市，综合竞争力前十五强城市，长江三角洲的南翼经济中心和化工基地。宁波的石化、钢铁、电力、汽车、船舶修造等临港工业较为发达，纺织服装、机械、家电、文具等传统优势工业基础良好，电子信息、新材料、新能源、新装备、节能环保、生物医药等新兴高新技术产业也发展较快。2016 年宁波的第二产业增加值占 GDP 比重为 50%，且以重化工业为主，第三产业增加值占比约为 44%，仍然显著小于第二产业增加值占比。如图 11-2 所示，从 2000 年开始，宁波第二产业增加值占比稳步下降，第三产业增加值占比逐步上升，两者都处于较为平稳的转变中。至 2016 年，宁波有十个行业的增加值超过 100 亿元，增长最快的为汽车制造业、烟草制品业和石油加工业等。综上所述，宁波应属于工业型城市。

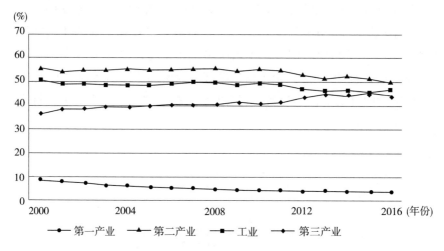

图 11-2　宁波 2000—2016 年三次产业和工业占 GDP 比重

　　温州位于浙江东南部，是省级区域中心城市之一，是中国民营经济的先发地区，是"中国鞋都""中国合成革之都""中国电器之都""中国眼镜生产基地"等 43 个国家级生产基地所在地，被认为是"小商品，大市场""民间的力量""自发的秩序"。2016 年温州第三产业增加值占比为 55%，第二产业增加值占比约为 42%，第二产业增加值占比已显著小于第三产业增加值占比。如图 11-3 所示，从 2000 年开始，尤其是 2009 年后，温州的第三产业占比快速增长，而第二产业和工业的比重则持续下降。综上所述，温州应属于综合型城市。

　　嘉兴地处长江三角洲杭嘉湖平原腹地，是长三角城市群和上海大都市

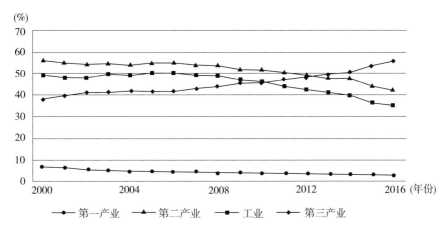

图 11-3 温州 2000—2016 年三次产业和工业占 GDP 比重

圈的重要城市。嘉兴对外贸易发达，是外商投资的重要集聚地，截至
2015 年共批准 7149 家外商投资企业，世界 500 强企业投资项目共 55 个。
嘉兴主要支柱产业为汽车零部件、光机电、太阳能光伏、电子信息、纺织
服装和皮革箱包等，并正在培育互联网、物联网、新材料、新能源、海洋
经济和现代物流等产业。2016 年嘉兴第二产业增加值占比为 51%，第三
产业增加值占比约为 46%，仍然显著小于第二产业增加值占比。如图
11-4 所示，从 2008 年开始，嘉兴第二产业增加值占比稳步下降，第三产
业增加值占比逐步上升且在 2010 年后开始快速上升。至 2016 年，在全市
规模以上工业企业 1543.70 亿元增加值中，战略性新兴产业、信息经济核
心产业制造业和高端装备制造业分别占 37.2%、12.9%和 12.5%。综上所
述，嘉兴仍属于工业型城市。

湖州地处太湖南岸，是环太湖地区唯一因湖得名的城市，具有悠久的
历史、深厚的文化和优美的生态，是我国首个地市级生态文明先行示范
区，同时也是长三角城市群成员城市，上海、杭州和南京三大城市的共同
腹地。当前湖州已初步形成休闲旅游、绿色家居、智能电梯、新能源、生
物医药等产业集群，积极改造提升金属新材、绿色家居、现代纺织三大传
统优势产业，加快发展信息经济、高端装备、健康产业、休闲旅游四大重
点主导产业，积极培育地理信息、新能源汽车等若干新增长点。2016 年
湖州第二产业增加值占比为 47%，第三产业增加值占比约为 47%，两者
占比相当。如图 11-5 所示，从 2008 年开始，湖州第二产业增加值占比稳
步下降，第三产业增加值占比逐步上升且在 2010 年后开始快速上升。至

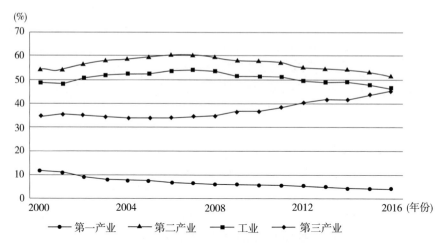

图11-4   嘉兴2000—2016年三次产业和工业占GDP比重

2016年，在全市规模以上工业企业4217.4亿元主营业务收入中，纺织业、电气机械和器材制造业、通用设备制造业、非金属矿物制品业和木材加工业等占比较大。综上所述，湖州应属于综合型城市。

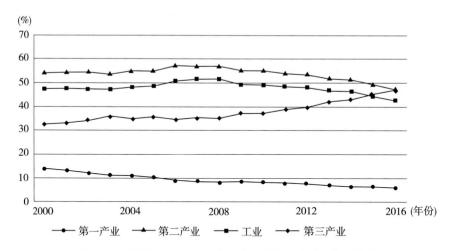

图11-5   湖州2000—2016年三次产业和工业占GDP比重

绍兴位于杭州湾南岸，具有浓郁的江南水乡特色，是沿海经济开放城市，长三角区域的中心城市之一。绍兴是中国民营经济最具活力的城市之一，民营经济占比为95%以上。绍兴的优势产业主要为纺织化纤、机械电子、医药化工、节能环保和食品饮料，当前正在培育高端纺织、先进装备制造、绿色化工材料、金属制品加工、生命健康、文化旅游、信息经济和现代建筑八大千亿中高端产业集群。2016 年绍兴的第二产业增加值占 GDP 比重为 49%，第三产业增加值的占比约为 46%，仍然显著小于第二产业增加值占比。如图 11-6 所示，从 2008 年开始，绍兴第二产业增加值占比稳步下降，第三产业增加值占比逐步上升且在 2009 年后开始快速上升。至 2016 年，在全市规模以上工业企业中，战略性新兴产业、高新技术产业和装备制造业增加值分别占 32.8%、28.7% 和 29.9%。综上所述，绍兴应属于工业型城市。

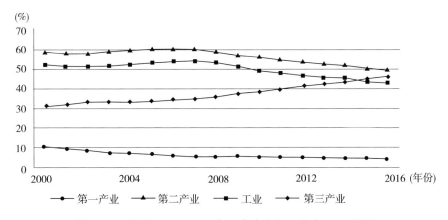

图 11-6　绍兴 2000—2016 年三次产业和工业占 GDP 比重

金华地处浙江中部，拥有 2200 多年的悠久历史，是长江三角洲南翼重要城市和浙江中西部中心城市，金华—义乌都市区被确定为浙江省第四大都市区。金华重点培育和发展信息经济、健康生物医药、休闲文化旅游、文化影视时尚和先进装备制造五大产业。2016 年金华第三产业增加值占 GDP 比重为 52%，第二产业增加值占比约为 44%，第二产业增加值占比已显著小于第三产业增加值的占比。如图 11-7 所示，从 2008 年开始，尤其是 2009 年后，金华第三产业占 GDP 比重快速增长，而第二产业和工业的比重则持续下降。综上所述，金华应属于综合型城市。

衢州地处浙江西部，是闽浙赣皖四省边界的中心城市，陆路、水路和空路交通网四通八达。衢州是国内唯一同时具备氟和硅两个高端产业发展基础的产业基地，是国家级空气动力机械产业基地、中国高档特种纸产业基地、国家级绿色休闲食品和健康饮品产业基地。2016 年衢州第二产业增加值占 GDP 比重为 45%，第三产业增加值的占比约为 48%，两者占比相当。如图 11-8 所示，从 2000 年开始，衢州第二产业增加值占比先上升

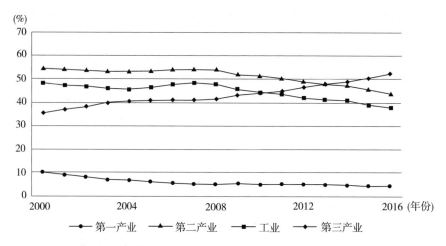

图11-7　金华2000—2016年三次产业和工业占GDP比重

后下降，第三产业增加值占比先下降后上升，且在2011年后开始快速上升。至2016年，衢州规模以上工业产值超过100亿元的有机械行业、化工行业、黑色金属冶压业、造纸行业和电力行业；规模以上工业利润超过9亿元的有机械行业、饮料行业、化工行业和造纸行业。综上所述，衢州应属于工业型城市。

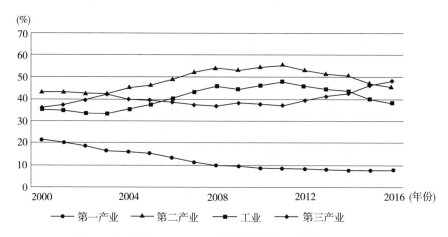

图11-8　衢州2000—2016年三次产业和工业占GDP比重

舟山位于浙江东北部，东临东海，是中国第一个以群岛建制的地级市，是长江流域和长江三角洲对外开放的重要通道，素有"海天佛国、渔都港城"美称。舟山群岛新区是中国第四个国家级新区，是"一带一路"的重要节点，将以国际物流枢纽岛、对外开放门户岛、海洋产业集聚岛、国际生态休闲岛、海上花园城和舟山江海联运服务中心为建设目标，成为中国面向环太平洋经济圈的"桥头堡"。2016 年舟山的第三产业增加值占 GDP 比重为 50%，第二产业增加值占比约为 40%，显著小于第三产业增加值占比。如图 11-9 所示，从 2000 年开始，舟山第三产业增加值占比较为稳定，第二产业增加值占比先上升后下降。至 2016 年，海洋经济增加值占全市 GDP 比重超过了 70%，全年 PM2.5 平均浓度为 25 微克/立方米，日空气质量（AQI）优良天数比重为 94.2%（列全国城市第二位），全市县级以上集中式饮用水源水质达标率为 100%，水环境功能区水质达标率为 90%。综上所述，舟山应属于生态优先型城市。

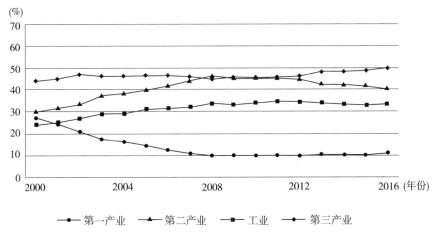

图 11-9　舟山 2000—2016 年三次产业和工业占 GDP 比重

台州地处浙江中部沿海，位于长三角经济区南翼，产业基础雄厚，民营经济发达，是我国股份合作制经济的发源地，并获批建设国家级小微企业金融服务改革创新试验区。台州当前正重点培育现代医药、汽车制造、高端装备、清洁能源、信息经济、现代金融、现代物流和旅游休闲八大千亿主导产业。2016 年台州第三产业增加值占 GDP 比重为 51%，第二产业增加值占比约为 43%，第二产业增加值占比已显著小于第三产业增加值占比。如图 11-10 所示，从 2000 年开始，尤其是 2009 年后，台州第三产业占 GDP 比重快速增长，而第二产业和工业的比重则持续下降。至 2016 年，台州规模以上工业企业增加值位于前五的行业为通用设备制造业、电力热力生产供应业、汽车制造业、医药制造业、橡胶和塑料制品业。综上所述，台州应属于综合型城市。

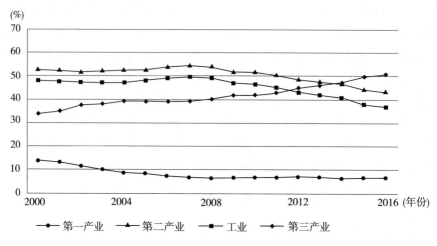

图 11-10   台州 2000—2016 年三次产业和工业占 GDP 比重

丽水地处浙江西南部，是国家级生态示范区、中国森林城市、国际休闲养生城市和中国气候养生之乡，素有"中国生态第一市""浙江绿谷"等美誉。当前丽水以生态旅游业为支柱产业，重点培育高端装备制造、节能环保、生物医药、新材料等 9 个超百亿元产业，突破民宿经济等 5 个细分领域，打造生态保护和生态经济的双示范区。2016 年丽水的第三产业增加值占 GDP 比重为 47%，第二产业增加值占比约为 45%，第二产业增加值占比已小于第三产业增加值占比。如图 11-11 所示，从 2000 年开始，尤其是 2012 年后，丽水第三产业占 GDP 比重快速增长，而第二产和工业的比重曲折上升后平缓下降。至 2016 年，丽水市区 PM2.5 年均浓度为 33 微克/立方米，空气优良率（AQI）超过 95%，累计创建国家级生态县 6 个，国家级生态乡镇 92 个，各级自然保护区 56 个，市级以上森林公园 13 个。综上所述，丽水应属于生态优先型城市。

综上所述，浙江 11 个设区市的分类情况总结如表 11-1 所示。杭州属于服务型城市，其第三产业占 GDP 比重已显著高于第二产业占比；宁波、嘉兴、绍兴和衢州属于工业型城市，其第二产业占 GDP 比重仍显著高于第三产业占比；其中，虽然衢州第二产业占 GDP 比重和第三产业占 GDP 比重相当，但经济体量较小，偏重工业，因此将其划入工业型城市；金华、台州、湖州和温州属于综合型城市，其第二产业占 GDP 比重和第三产业占 GDP 比重相当；舟山和丽水属于生态优先型城市，其第三产业占 GDP 比重已显著高于第二产业占 GDP 比重，并且生态优势明显，生态经济培育已成为其新常态下发展的主要新动能之一。

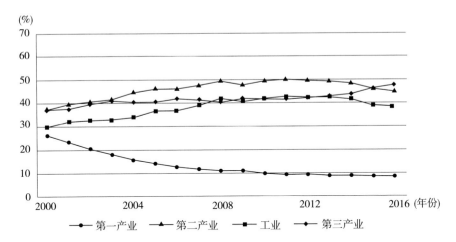

图 11-11　丽水 2000—2016 年三次产业和工业占 GDP 比重

表 11-1　　　　　　　　2015 年浙江 11 个设区市分类

类别	设区市
服务型城市	杭州
工业型城市	宁波、嘉兴、绍兴、衢州
综合型城市	湖州、温州、台州、金华
生态优先型城市	舟山、丽水

三　浙江省设区市评价结果

应用本书构建的指标体系，对浙江 11 个设区市 2010 年和 2015 年的低碳发展情况进行了全面评估。

（一）宏观维度

1. 静态评估

2010 年浙江 11 个设区市低碳综合评分整体排名情况见表 11-2，评分结果在 80 分左右，其中二星级城市有 6 个，一星级城市有 5 个，无三星级和不及格的城市。为分析低碳的实际效果，剔除了低碳政策与创新指标的分数后，观察城市排名的变动情况（见表 11-3）发现，11 个城市中排名不变的有 9 个，排名上升的 1 个，排名下降的 1 个。在综合排名与客观排名（剔除低碳政策与创新）两种方法下，杭州、衢州、宁波的分数变化率最大（见表 11-4），说明这三个城市已经开始从政策角度推进低碳工作，但排名首位的仍是丽水，而衢州、宁波的排名仍在中后位，低碳政策与创新起到的作用还较小。

表 11-2   2010 年浙江 11 个设区市低碳综合评分整体排名情况

城市	星级	城市	星级	城市	星级
丽水	☆ ☆	金华	☆ ☆	嘉兴	☆
温州	☆ ☆	台州	☆ ☆	绍兴	☆
杭州	☆ ☆	湖州	☆	宁波	☆
舟山	☆ ☆	衢州	☆	—	—

表 11-3   2010 年剔除低碳政策与创新指标后城市排名变动情况

城市	排名变化	城市	排名变化	城市	排名变化
丽水	—	金华	—	嘉兴	—
温州	—	台州	—	绍兴	—
杭州	↓	湖州	—	宁波	—
舟山	↑	衢州	—	—	—

表 11-4   2010 年两种评分方法下浙江 11 个设区市分数变化情况

排名	城市	变化率（%）	排名	城市	变化率（%）
1	杭州	7.19	7	台州	5.42
2	衢州	6.33	8	温州	5.38
3	宁波	6.11	9	舟山	5.24
4	绍兴	5.71	10	金华	5.12
5	嘉兴	5.61	11	丽水	5.05
6	湖州	5.59	—	—	—

2015 年浙江 11 个设区市低碳综合评分整体排名情况见表 11-5，评分结果在 70 分左右，其中二星级城市有 10 个，一星级城市有 1 个，无三星级和不及格的城市。剔除了低碳政策与创新指标的分数后，观察城市排名的变动情况（见表 11-6）发现，11 个城市中排名不变的有 3 个，排名上升的 3 个，排名下降的 5 个。在综合排名与客观排名（剔除低碳政策与创

新）两种方法下，宁波、杭州、衢州的分数变化率最大（见表 11-7），
而排名靠前的却是丽水、舟山等生态优先型城市，低碳政策与创新的效果
仍未充分显现。

表 11-5   2015 年浙江 11 个设区市低碳综合评分整体排名情况

城市	星级	城市	星级	城市	星级
丽水	☆☆	湖州	☆☆	杭州	☆☆
舟山	☆☆	绍兴	☆☆	衢州	☆☆
台州	☆☆	嘉兴	☆☆	宁波	☆
温州	☆☆	金华	☆☆	—	—

表 11-6   2015 年剔除低碳政策与创新指标后城市排名变动情况

城市	排名变化	城市	排名变化	城市	排名变化
丽水	—	湖州	↑	杭州	↓
舟山	—	绍兴	↑	衢州	↓
台州	↓	嘉兴	↑	宁波	—
温州	↓	金华	↓	—	—

表 11-7   2015 年两种评分方法下浙江 11 个设区市分数变化情况

排名	城市	变化率（%）	排名	城市	变化率（%）
1	宁波	8.81	7	绍兴	6.59
2	杭州	8.77	8	台州	6.46
3	衢州	7.91	9	湖州	6.37
4	嘉兴	7.58	10	舟山	5.28
5	金华	7.33	11	丽水	5.21
6	温州	7.05	—	—	—

2. 动态评估

从 2010 年、2015 年两种方法计算的得分区间及城市数量对比可以看
出：首先，两种评分方法下，2015 年相对 2010 年得分都有了上升，其中
综合总分从 2010 年的 [76.11，85.70] 上升到 2015 年的 [79.22，
88.27]，客观总分从 2010 年的 [73.73，83.71] 上升到 2015 年的
[75.70，86.16]；其次，2010 年综合总分集中于 80—89 分，而客观总分
集中于 70—79 分，2015 年综合总分集中于 80—89 分，70—79 分数段的

城市数量明显减少，说明城市的低碳水平不论从总分还是从区间上都有了确实的提升（见表11-8）。

表 11-8　　2010 年、2015 年两种方法计算的得分区间及城市数量

类型	90 分以上	80—89 分	70—79 分	60—69 分	60 分以下
星级	☆ ☆ ☆	☆ ☆	☆	合格	不合格
2010 年综合总分	—	6	5	—	—
2010 年客观总分	—	5	6	—	—
2015 年综合总分	—	10	1	—	—
2015 年客观总分	—	9	2	—	—

从两种方法的分数变化率可以看出（见表11-9），综合总分升高率高于客观总分升高率一个百分点，且绍兴、湖州、嘉兴、台州、舟山五个城市自身对比的低碳水平提高最快，杭州、衢州自身对比的低碳水平相对提高较慢。出现此现象的原因，可能是杭州的经济规模、人口规模均是所有城市中最大的，低碳成效相对于中小城市来说显现得较慢；衢州整体以重工业为主，碳强度基本是全省的两倍以上，因此低碳化进程相对较为困难。

表 11-9　　相对 2010 年，2015 年两种评分方法下 11 个设区市分数变动情况

排名	城市	综合总分升高率（%）	城市	客观总分升高率（%）
1	绍兴	12.32	绍兴	11.41
2	湖州	10.07	湖州	9.26
3	嘉兴	9.60	嘉兴	7.60
4	台州	7.70	台州	6.65
5	舟山	5.72	舟山	5.68
6	宁波	4.08	丽水	2.83
7	金华	4.03	金华	1.88
8	温州	3.33	温州	1.72
9	丽水	2.99	宁波	1.49
10	衢州	2.75	衢州	1.26
11	杭州	1.26	杭州	1.02

小结：（1）综合总分和客观总分均显示，2015 年相对 2010 年，试点城市低碳水平都有了上升，且体现出总分及区间水平的整体提升。

（2）由于时滞效应或其他因素，部分城市的低碳政策与创新仍未完全发挥效应。（3）丽水、舟山、台州等城市在两年中均是最低碳的城市。

（二）基于城市类型的评估

1. 城市类型的变动

根据测算结束，2010 年浙江 11 个设区市以工业型城市为主体（72.73%），杭州是唯一的综合型城市，舟山和丽水属于生态优先型城市。2015 年，浙江 11 个设区市以综合型城市和工业型城市为主，杭州已过渡为服务型城市（见表 11-10）。

表 11-10　　　　　　　浙江 11 个设区市城市类型变动情况

城市	2010 年城市类型	2015 年城市类型
杭州	综合型	服务型
宁波	工业型	工业型
温州	工业型	综合型
嘉兴	工业型	工业型
金华	工业型	综合型
衢州	工业型	工业型
绍兴	工业型	工业型
湖州	工业型	综合型
台州	工业型	综合型
舟山	生态优先型	生态优先型
丽水	生态优先型	生态优先型

注：2015 年衢州按照三次产业结构可划分为综合型城市，但该市以重工业为主，且碳强度较高，因此划分为工业型城市。

2. 低碳发展水平评估

2010 年综合型城市仅有杭州，其低碳水平为二星级；工业型城市前三名分别为温州、金华和台州，低碳水平为二星级；生态优先型城市舟山和丽水是二星级水平（见表 11-11）。

2015 年服务型城市杭州为二星级水平；综合型城市前三名为台州、温州、湖州，低碳水平为二星级；工业型城市绍兴、嘉兴、衢州的低碳水平为二星级，宁波为一星级；生态优先型城市舟山和丽水是二星级水平（见表 11-12）。

表 11-11   **2010 年浙江 11 个设区市低碳分类排名**

综合型城市	星级	工业型城市	星级	生态优先型城市	星级
杭州	☆☆	温州	☆☆	舟山	☆☆
—	—	金华	☆☆	丽水	☆☆
—	—	台州	☆☆	—	—
—	—	湖州	☆	—	—
—	—	衢州	☆	—	—
—	—	嘉兴	☆	—	—
—	—	绍兴	☆	—	—
—	—	宁波	☆	—	—

表 11-12   **2015 年浙江 11 个设区市低碳分类排名**

服务型城市	星级	综合型城市	星级	工业型城市	星级	生态优先城市	星级
杭州	☆☆	台州	☆☆	绍兴	☆☆	舟山	☆☆
—	—	温州	☆☆	嘉兴	☆☆	丽水	☆☆
—	—	湖州	☆☆	衢州	☆☆	—	—
—	—	金华	☆☆	宁波	☆	—	—

城市类型变动后，总分及主要领域平均分变动情况如图 11-12 所示。首先，2015 年相对 2010 年，综合型城市在综合总分、客观总分、能源低碳及产业低碳领域的平均分都出现了负增长，其余呈现正增长，且在低碳生活领域的增长最快；工业型城市在宏观领域出现负增长，其余为正增长，且在低碳政策与创新领域增长最快；生态优先型城市全部呈现为正增长，宏观领域增加最快。其次，各领域得分增长最快的依次为低碳政策与创新（6.30%—13.34%）、低碳生活（1.47%—9.41%）、资源环境（3.69%—4.87%）、产业低碳出现负增长（-2.52%—4.37%）、能源低碳出现负增长（-2.56%—17.20%）、宏观领域出现负增长（-5.47%—6.66%）。最后，两种形式的总分情况（综合总分及客观总分）、能源低碳及产业低碳领域均表现出工业型城市>生态优先型城市>综合型城市的特点；宏观领域的碳排放得分情况则表现出生态优先型城市>综合型城市>工业型城市的特点。

综合来看，工业型城市的低碳投入力度较大，经过几年努力能源结构和产业结构有了很大程度的改善，但宏观领域的碳排放相关指标平均值为负增加，说明今后工业节能的困难也在加大；综合型城市的能源及产业结构需要进一步加强转型升级；生态优先型城市并无较大变化。

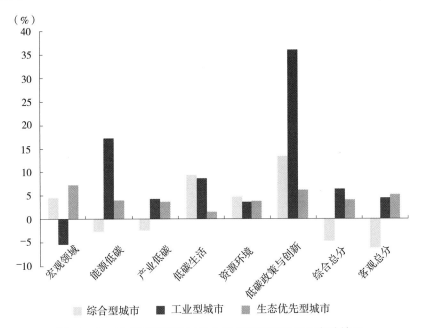

图11-12　城市类型变动后总分及主要领域平均分变动情况

注：因2010年浙江没有服务型城市，故变动情况仅涉及综合型城市、工业型城市及生态优先型城市。

（三）低碳试点城市与非试点城市对比评估

浙江11个设区市中有6个城市先后成为国家低碳试点城市，分别是2010年杭州入选第一批，2012年宁波、温州入选第二批，2017年嘉兴、金华、衢州入选第三批；绍兴、湖州、台州、舟山、丽水为非试点城市。

试点城市与非试点城市的低碳综合总分与客观总分并未呈现出试点城市优于非试点城市的特点，情况恰好相反，即非试点城市分数升高率优于试点城市。

6个低碳试点城市在低碳政策与创新、能源低碳、资源环境领域的分数升高最快，也证明作为低碳试点，城市加大了低碳投入力度，能源结构调整已经取得了明显效果。但试点城市中存在杭州这样经济、人口规模较大的大城市，由于消费水平不断增长和快速城镇化带来基础设施建设，低碳生活水平仍需提高；另外，所选试点城市的碳排放总量、人均二氧化碳排放、单位 GDP 碳排放方面都远高于非试点城市，非试点城市规模以上工业增加值能耗下降率高于试点城市，因此试点城市综合总分和客观总分的升高率低于非试点城市（见图 11-13）。

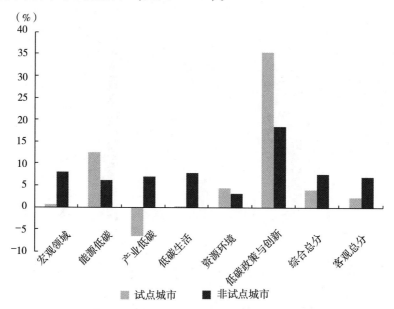

图 11-13　低碳试点与非试点城市各领域及低碳综合总分升高率

从具体指标来看，对于试点城市来说，战略性新兴产业增加值占 GDP 比重、低碳管理、低碳政策与创新方面都高于非试点城市（见图 11-14），说明试点城市的政府低碳执行力度和产业结构调整力度均较大；这些城市中存在宁波、衢州、嘉兴等工业型城市，杭州、嘉兴、宁波、温州燃煤碳排放量在全省最大，宁波规模以上工业增加值碳强度超过全省平均水平一半以上，衢州更是接近 2 倍，综合导致了低碳化水平不高。对于非试点城市来说，除绍兴之外，其他城市都是人口少于 300 万的小城市，并有舟山和丽水两个生态优先型城市，资源环境本底值较好，低碳生活水平较高，相关碳排放较少。

相对 2010 年，2015 年低碳试点城市与非试点城市排名变化情况见表 11-13，浙江入选的 6 个试点城市除嘉兴、宁波以外，其余城市都出现位次的下降，且宁波处于末位；非试点城市除丽水外均出现了位次的上升，丽水位次不变，仍处于首位。可见，所选的试点城市除碳排放基

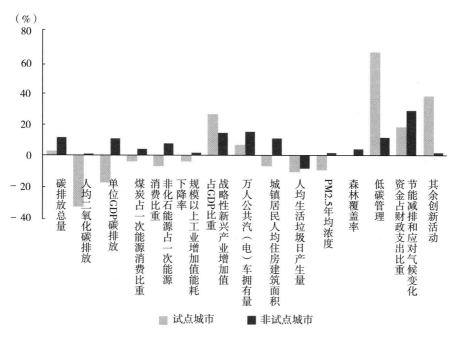

图 11-14　低碳试点城市与非试点城市各指标分数升高率

数较大等客观困难外，低碳试点城市的动力开始不足，非试点城市的低碳努力初见成效。

表 11-13　相对 2010 年，2015 年低碳试点城市与非试点城市排名变化情况

第一批 试点城市	排名 变化	第二批 试点城市	排名 变化	第三批 试点城市	排名 变化	非试点 试点城市	排名 变化
杭州	↓	宁波	—	嘉兴	↑	绍兴	↑
—	—	温州	↓	金华	↓	湖州	↑
—	—	—	—	衢州	↓	台州	↑
—	—	—	—	—	—	舟山	↑
—	—	—	—	—	—	丽水	—

四　浙江省不同分类设区市的碳排放特征分析

在对浙江 11 个设区市进行初步分类及评估的基础上，进一步考察分析不同类别下设区市的碳排放特征，主要包括碳排放量和碳排放强度两个方面。本书考虑的碳排放仅限于能源活动领域的二氧化碳排放，数据均根

据公开数据推算。碳排放强度计算中，以 2010 年为基准年进行调整。由于基于生产法核算的数据受各设区市发电项目的投入运营影响较大，缺乏平稳性，但其在分能源品种特征和分部门特征中更为全面和对应；因此在本节研究中，除分能源品种特征和分部门特征研究使用生产法核算的数据以外，其他部分研究均使用支出法核算数据。

（一）设区市碳排放量与碳排放强度特征

如图 11-15 所示，（1）按照碳排放量从大到小的顺序，大致可将 11 个设区市分为三类，第一类为杭州和宁波，第二类为温州、嘉兴、湖州、绍兴、金华、衢州和台州，第三类是舟山和丽水。（2）在 2010—2015 年各设区市的碳排放量，出现阶段性高点且下降后出现回升的有杭州和宁波，出现阶段性高点且保持下降或平稳的有温州、绍兴、金华和衢州，持续增加的有嘉兴，总体平稳的有湖州、舟山、台州和丽水。

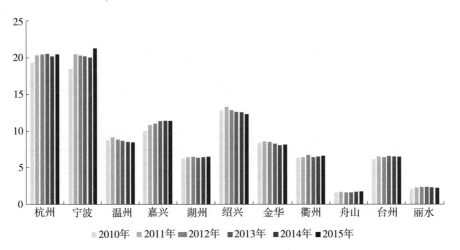

图 11-15　浙江省 11 个设区市 2010—2015 年碳排放量

注：以 2010 年全省碳排放量为 100。

如图 11-16 所示，（1）按照碳排放量占全省比重从大到小的顺序，大致可将 11 个设区市分为三类，第一类为杭州和宁波，第二类为温州、嘉兴、湖州、绍兴、金华、衢州和台州，第三类是舟山和丽水。（2）在 2010—2015 年各设区市的碳排放量全省占比情况，出现阶段性高点且下降后出现回升的有宁波，出现阶段性高点且保持下降或平稳的有杭州、嘉兴和衢州，持续下降的有温州、绍兴和金华，总体平稳的有湖州、舟山、台州和丽水。

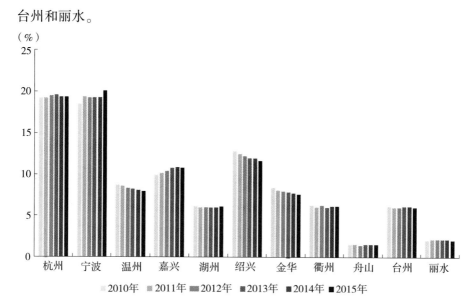

图 11-16 浙江省 11 个设区市 2010—2015 年碳排放量占全省碳排放比重

如图 11-17 所示，（1）衢州的碳排放强度远远高于其他设区市，是唯一的碳排放强度大于全省数值 2 倍的设区市；碳排放强度在全省 1—2 倍范围的有宁波、嘉兴、湖州和绍兴；小于全省的有杭州、温州、舟山、台州和丽水；而金华的碳排放强度在 2010—2012 年高于全省碳排放强度，在 2013—2015 年的碳排放强度小于全省碳排放强度。（2）除极个别的设区市的少数年份以外，11 个设区市的碳排放强度均出现了持续下降，按累计下降率来看，温州、湖州、绍兴和金华的累计碳排放强度下降率最高，其次为杭州、衢州、舟山和丽水，碳排放强度累计下降率相对较小的为宁波、嘉兴和台州。

从图 11-18 可以看出，（1）全省在 2010—2015 年碳排放强度下降率最低的为 2011 年，在 2012 年达到阶段性高点，此后缓慢下降至 2014 年，在 2015 年出现了大幅度的显著下降，呈现出较为明显的"两头低、中间高"的形态。（2）11 个设区市在 2010—2015 年碳排放强度下降率大部分也表现出"两头低、中间高"的形态，比如杭州、宁波、温州、嘉兴、湖州和金华；此外，绍兴和丽水 2015 年的碳排放强度年度下降率仍然保持着较高水平，衢州的碳排放强度年度下降率在 2013 年出现了阶段性的高峰，舟山和台州的碳排放强度年度下降率则在 2012 年出现了阶段性的高峰；（3）杭州、温州、嘉兴和丽水的年度碳排放强度下降率较为平稳，

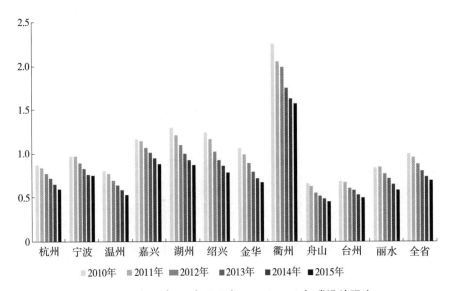

图 11-17　浙江省 11 个设区市 2010—2015 年碳排放强度

注：以全省 2010 年碳排放强度为 1。

其他 7 个设区市都出现了较为明显的年际波动特征，其中尤以衢州、舟山和台州的突然高峰又陡然回落的特征为显著。

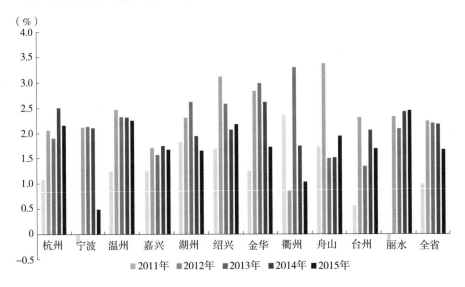

图 11-18　浙江 11 个设区市 2011—2015 年碳排放强度年度下降率

注：以全省 2010 年碳排放强度为 1。

（二）分能源设区市碳排放量与碳排放强度特征

从分能源品种碳排放量来看（如图 11-19 所示），（1）除丽水的燃油碳排放量大于燃煤碳排放量外，其余设区市仍然以燃煤碳排放量为主；大部分设区市的燃煤碳排放量出现了波动特征，而不是单调上升，其中宁波、嘉兴、绍兴、金华、台州和丽水 3—4 年燃煤碳排放量持续下降；全省燃煤碳排放量在 2011 年达到阶段性的最高值后，出现了平稳下降；按燃煤碳排放量从大到小的顺序，杭州、宁波和嘉兴的量最大，其次为温州、湖州、绍兴、金华、衢州和台州，最小的为舟山和丽水。（2）除杭州的燃油碳排放和天然气碳排放出现显著波动，湖州的天然气碳排放出现显著波动外，各设区市的燃油碳排放和天然气碳排放均呈现出稳步增长的趋势，大部分设区市的天然气碳排放增长迅速；按燃油碳排放量从大到小的顺序，杭州和宁波的碳排放量最大，温州、嘉兴、湖州、绍兴、金华和台州的碳排放量其次，最小的为衢州、舟山和丽水；按天然气碳排放量从大到小的顺序，杭州和宁波的碳排放量最大，嘉兴、湖州、绍兴、金华和台州的碳排放量其次，最小的为温州、衢州、舟山和丽水；（3）除宁波、嘉兴、台州出现净调入电力碳排放为负外，其余设区市均为净调入电力区域，存在净调入电力碳排放；其中宁波的净调出电力碳排放最多，最高时接近其燃煤碳排放的三分之一，而从 2013 年开始出现了快速下降；杭州的净调入电力碳排放量全省最多，其在 2013 年达到最高值并在当年超过了燃煤碳排放，其后出现了缓慢下降。

从分能源品种碳排放占比来看，（1）全省的燃煤碳排放仍然占比最大，但其所占比重逐年降低，从 2010 年的 76% 下降为 2015 年的 69%，年均下降 1.4 个百分点；燃油碳排放占比较为稳定，始终处于 20% 上下波动的水平；天然气碳排放占比绝对量仍然很小，处于逐年增长的趋势中，从 2010 年的 2.3% 上升为 2015 年的 4.0%，年均增长 0.34 个百分点；净调入电力碳排放增长最为迅速，从 2010 年的 2.7% 上升为 2015 年的 7.2%，年均增长 0.90 个百分点。（2）宁波、温州、嘉兴、湖州、衢州、舟山和台州的燃煤碳排放占比较高，接近或超过了全省的平均水平，杭州、绍兴、金华和丽水的燃煤碳排放占比较低；宁波、温州、舟山、台州和丽水的燃油碳排放占比较高，接近或超过了全省的平均水平，其中丽水的燃油碳排放占比超过了 50%，杭州、嘉兴、湖州、绍兴、金华和衢州的燃油

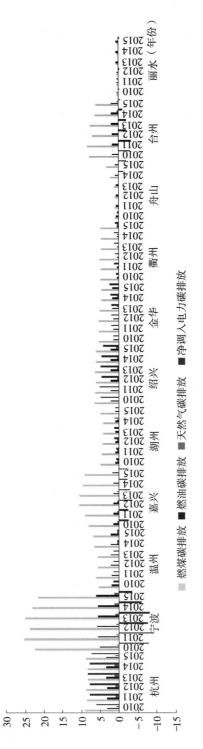

图11-19　浙江11个设区市2010—2015年分能源品种碳排放量

注：以全省2010年碳排放量为100。

碳排放占比较低，其中衢州的比重低于10%；杭州、宁波、嘉兴、绍兴和丽水的天然气碳排放占比较高，接近或超过了全省的平均水平，湖州的天然气碳排放占比在2014年到达了较高的水平，而后在2015年又大幅回落，温州、金华、衢州、舟山和台州的天然气碳排放占比较低，其中衢州、舟山和台州的天然气碳排放占比低于2%。（3）杭州、绍兴和金华的净调入电力碳排放占比较高，温州、湖州和衢州的净调入电力碳排放占比较低，舟山在2010—2013年存在净调入电力碳排放，且逐渐减少。

（三）分部门设区市碳排放量与碳排放强度特征

从分部门碳排放量来看（如图11-20所示），（1）全省规模以上工业碳排放占碳排放总量的绝大部分，其绝对量在2010—2015年存在有限范围的波动；规模以下工业碳排放量远远小于规模以上工业碳排放量，存在更大程度的波动特征；第一产业的碳排放量已经趋于稳定，增长极为缓慢；建筑业的碳排放量处于稳定的增长中，绝对量较小；交通运输业、其他行业和居民生活的碳排放量快速增长，且仍处于增长趋势中，交通运输量和居民生活的排放量已经较大；净调入电力的碳排放增长最为迅速，在2010—2015年年均增速接近25%；（2）从各个设区市的情况来看，大部分设区市均以规模以上工业和净调入电力产生的碳排放为最主要碳排放来源，两者都出现波动的特征，规模以下工业亦出现了明显的波动特征，总体趋势仍然表现为增长；第一产业、交通运输业、其他行业、居民生活的碳排放仍处于稳步增长的进程中，其中交通运输业、其他行业和居民生活的碳排放增速较快。（3）各设区市的规模以上工业碳排放都远远大于其他部门的碳排放；除了杭州和绍兴以外，其他设区市的规模以上工业碳排放大于其他部门碳排放的总和；各设区市的交通运输业、规模以下工业和居民生活碳排放量仅次于规模以上工业，且仍在持续增长中；各设区市的第一产业、建筑业和其他行业的排放量较小，且总体较为稳定。

从分部门碳排放量占比来看，（1）全省规模以上工业企业的碳排放占全部碳排放的70%以上，总体处于缓慢的曲折下降趋势中，由2010年的75.7%下降为2015年的71.3%；规模以下工业的碳排放占比波动较大，总体也是曲折下降的趋势，由2010年的5.8%下降为2015年3.3%；建筑业、交通运输业、其他行业、居民生活和净调入电力部门的碳排放占比都在持续增长中，其中建筑业和其他行业部门占比的基数较小，增长也较为缓慢，

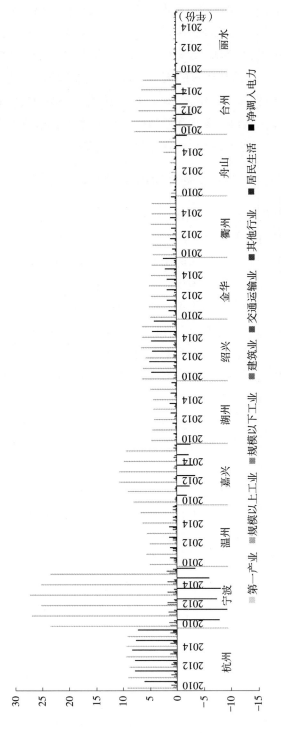

图11-20　浙江省11个设区市2010—2015年分部门碳排放量

注：以2010年全省碳排放量为100。

交通运输业和居民生活占比的基数较大，增长也较为快速；净调入电力碳排放占比迅速扩大。（2）从各设区市分部门的碳排放情况来看，规模以上工业碳排放占比低于50%的有杭州、绍兴和丽水，而杭州的规模以上工业碳排放占比仍在稳步下降中；丽水碳排放总量较低，规模以上工业也较少；舟山的交通运输业碳排放占比较其他设区市更高，这是由于其包含了海上和远洋运输的部分。

由于规模以上工业在各设区市的碳排放中占据了很大的比重，为了进一步探究其特征，本节进一步分析了各设区市2010—2015年规模以上工业企业的碳强度特征（以2010年全省规模以上工业碳强度为1）。如图11-21所示：（1）2015年，宁波、衢州和舟山的规模以上工业碳强度超过全省数值的50%，而衢州接近于其2倍；温州、嘉兴、湖州、金华和台州的规模以上工业碳强度与全省数值相当，在上下20%范围内；杭州、绍兴和丽水的规模以上工业碳强度低于全省数值，其中杭州相当于全省的1/2，绍兴相当于全省的2/3，丽水相当于全省的1/5，丽水的规模以上工业碳强度为全省最低。（2）2010—2015年，杭州、湖州、绍兴、金华、台州和丽水的规模以上工业碳强度累计下降率较高，在35%—40%的水平，超过了全省约30%；宁波、嘉兴和衢州的规模以上工业碳强度累计下降率与全省约30%的水平相当；温州的规模以上工业碳强度几乎保持

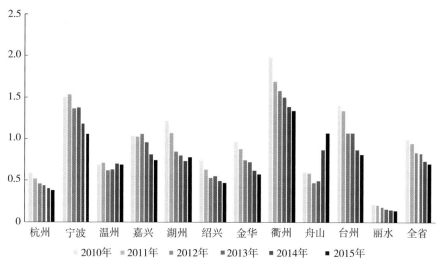

图11-21 浙江11个设区市2010—2015年规模以上工业碳强度

注：以2010年全省规模以上工业碳强度为1。

平稳，出现了轻微的上升；舟山的规模以上工业碳强度累计增长了约80%，是唯一出现显著幅度增长的设区市，值得加强关注。

综上所述，浙江11个设区市的分类情况总结如下（见表11-14）。（1）服务型城市的碳排放量都是大或者较大，而其碳强度低；工业型城市的碳排放量都是大或者较大，而其碳强度较高；综合型城市的碳排放量较大，而其碳强度高或者较高；生态优先型城市的碳排放量小，且其碳强度低；（2）设区市的分能源品种排放特征和碳排放特征高度相关，通常碳排放量大的分能源品种排放的也多，例外的情况是温州和衢州的燃气碳排放较少；（3）设区市的分部门碳排放特征和设区市碳排放特征高度相关，通常碳排放量大的城市的分部门排放的也多，例外的情况是宁波、嘉兴、台州和舟山为电力净调出市，丽水的净调入电力碳排放不稳定，舟山的交通运输业因包括海运部门排放多；（4）对于工业型城市和综合型城市而言，从碳排放量、碳强度、分能源品种特征和分部门特征都较难将其区分，需要考虑GDP的分产业特征综合判断。

表11-14　　　　　　　　　　　浙江11个设区市碳排放特征

类别	设区市	碳排放量	碳排放强度	分能源品种特征	分部门特征
服务型城市	杭州	大	低	燃煤排放多，燃油排放多，燃气排放多，净调入电力排放多	规模以上工业排放和净调入电力排放多，规模以下工业、交通运输业和居民生活排放较多，第一产业、建筑业和其他行业的排放较小
工业型城市	宁波	大	较高	燃煤排放多，燃油排放多，燃气排放多，净调出电力排放多	规模以上工业排放占比超过一半，净调出电力排放多，规模以下工业、交通运输业和居民生活排放较多，第一产业、建筑业和其他行业的排放较小
	嘉兴	较大	较高	燃煤排放多，燃油排放较多，燃气排放较多，净调出电力排放较多	规模以上工业排放占比超过一半；净调出电力排放较多，规模以下工业、交通运输业和居民生活排放较多，第一产业、建筑业和其他行业的排放较小
	绍兴	较大	较高	燃煤排放较多，燃油排放较多，燃气排放较多，净调入电力排放较多	规模以上工业排放和净调入电力排放多，规模以下工业、交通运输业和居民生活排放较多，第一产业、建筑业和其他行业的排放较小
	衢州	较大	高	燃煤排放较多，燃油排放少，燃气排放少，净调入电力排放较多	规模以上工业排放占比超过一半，净调入电力排放较多，规模以下工业、交通运输业和居民生活排放较多，第一产业、建筑业和其他行业的排放较小

续表

类别	设区市	碳排放量	碳排放强度	分能源品种特征	分部门特征
综合型城市	湖州	较大	较高	燃煤排放较多,燃油排放较多,燃气排放较多,净调入电力排放较多	规模以上工业排放占比超过一半,净调入电力排放较多,规模以下工业、交通运输业和居民生活排放较多,第一产业、建筑业和其他行业的排放较小
	金华	较大	先高后低	燃煤排放较多,燃油排放较多,燃气排放较多,净调入电力排放较多	规模以上工业排放占比超过一半,净调入电力排放多,规模以下工业、交通运输业和居民生活排放较多,第一产业、建筑业和其他行业的排放较小
	台州	较大	低	燃煤排放较多,燃油排放较多,燃气排放较多,净调出电力排放少	规模以上工业排放占比超过一半,净调出电力排放较多,规模以下工业、交通运输业和居民生活排放较多,第一产业、建筑业和其他行业的排放较小
	温州	较大	低	燃煤排放较多,燃油排放较多,燃气排放少,净调入电力排放较多	规模以上工业排放占比超过一半,净调入电力排放较多,规模以下工业、交通运输业和居民生活排放较多,第一产业、建筑业和其他行业的排放较小
生态优先型城市	舟山	小	低	燃煤排放少,燃油排放少,燃气排放少,净调出电力排放较多	规模以上工业排放占比超过一半,交通运输业排放多,净调出电力排放较多,规模以下工业和居民生活排放较多,第一产业、建筑业和其他行业的排放较小
	丽水	小	低	燃煤排放少,燃油排放少,燃气排放少,净调入电力排放少	规模以上工业排放占比超过一半;净调入调出电力排放不稳定,规模以下工业、交通运输业和居民生活排放较多,第一产业、建筑业和其他行业的排放较小

五　浙江省不同分类设区市的碳排放控制路径

在分析了浙江设区市分类情况、评估结果及不同分类设区市的碳排放特征和碳排放关键影响指标特征后,进一步总结出不同分类设区市的碳排放控制路径。碳排放控制路径包括产业结构和能源结构调整以及交通、建筑、居民生活五个方面,其中每个方面又包括共性的调整内容和个性的调整内容。

对于服务型城市、工业型城市、综合型城市和生态优先型城市四类城市来说，其共性的碳排放控制路径主要包括以下七个方面。

（1）控制发展第二产业，尤其是高耗能工业行业。工业是能源消耗和碳排放的绝对主体，发电、钢铁、有色金属、水泥等高耗能工业行业又是其中的主要消耗部门。在浙江11个设区市中，工业增加值占比仍然较高，大多数超过了50%；在不同的设区市里，都有若干作为当地主导产业的高耗能产业。为了有效控制碳排放，必须控制这些部门的发展和增长，在必要时实施重点高耗能工业行业碳排放总量控制，淘汰落后工艺和过剩产能。

（2）大力发展第三产业，尤其是高附加值的第三产业。第三产业最具有发展前景和附加值高，其碳排放强度也较低，对于控制碳排放总量增长具有重要的意义。在浙江11个设区市中，第三产业占比仍然较低，约有半数仍低于50%。在各个设区市的"十三五"发展规划中，都设立了若干作为发展重点的第三产业行业部门。为了控制碳排放总量的进一步增长，有效降低碳排放强度，必须沿着设定的第三产业发展路径，大力发展兼具战略性、创新性、发展潜力、经济效益和低排放的第三产业重点发展行业部门。

（3）逐步控制能源消费总量，强化煤炭、石油和天然气的清洁化利用。由于我国能源供给的总体特征以及自身能源禀赋较低等特点，化石能源仍然将在较长时期内是浙江的主要一次能源。为了从根本上有效控制碳排放，必须从源头上减少能源消费，同时加大煤炭、石油和天然气等化石能源的清洁化利用。在浙江11个设区市中，碳排放量大的设区市无一例外是能源消耗大市，控制能源消费总量既是国家的能源"双控"考核需要，也是有效控制碳排放的根本途径之一。与此同时，还应加大对煤炭、石油和天然气等化石能源的清洁化利用力度，降低单位能耗的碳排放，从而更为有力地降低碳排放强度。

（4）大力发展核能，加快发展风电、光电等可再生能源。浙江是我国核电产业的重要布局基地，已建成秦山核电、方家山核电等，在建三门核电等，并有一批规划建设的核电项目。在保证安全和环保前提下，大力发展核能，将是浙江在面临能耗需求继续增大情形下控制碳排放的有利途径。风能、太阳能等可再生能源利用的成本已实现较大幅度下降，随着我国能源政策的有力倾斜，进一步加快发展风电、光电，提高其并网上网比重，亦将成为控制碳排放的有力途径之一。

（5）有效控制交通领域碳排放，增加公共交通出行分担比重。浙江的交通领域碳排放占比逐年上升，且增长速度呈现逐年加快的趋势。交通运输业是支撑国民经济发展的重要行业，在经济继续保持较快增长前提下，交通运输业仍将继续发展。浙江作为"绿色交通省"创建试点省份之一，其11个设区市在各自的"十三五"规划中，大多提出要加强公共交通的发展。在此情形下，优化交通出行方式，加大公共交通出行比重，就成为交通领域控制碳排放的主要路径。增加城市人口密集区域的公共自行车、公交、地铁等设施，在符合相关法规规范前提下鼓励使用共享交通出行，提高交通设施使用效率，有效控制交通领域的碳排放量。

（6）有效控制建筑领域碳排放，提高绿色节能建筑比重。浙江的建筑领域碳排放占比逐年上升，且增长速度总体逐年加快。随着人均GDP接近中等发达国家水平，浙江的城镇化率将进一步提高，流动人口的有条件落户将逐渐普及，建筑领域的发展将继续加快。在此情形下，提高绿色建筑的比重，强化新建建筑的绿色节能标准，加强对既有建筑的绿色节能改造，就成为建筑领域控制碳排放的主要路径。要从建筑的设计、原材料采购、建造、装修等环节全方位从严从高设计建筑业绿色节能标准，降低单位面积建筑的能耗，充分利用自然通风和自然光，有效控制建筑领域的碳排放量。

（7）有效控制居民生活碳排放，倡导绿色低碳生活方式。浙江的居民生活领域碳排放占比逐年上升，且增长速度呈现逐年加快的趋势。随着人均GDP接近中等发达国家水平，居民生活水平将进一步提高，消费型生活特征进一步呈现，浙江居民生活领域的碳排放将面临进一步增加的形势。在此情形下，倡导绿色低碳生活方式，加强宣传引导和激励，就成为居民生活领域控制碳排放的主要路径。要从衣、食、住、行等方面积极宣传正确的绿色低碳生活行为，加强理念推广和认知普及，倡导绿色低碳生活方式。

除了共性的碳排放控制路径外，不同类别设区市还有体现其特征的个性化碳排放控制路径。

对于服务型城市，在产业结构调整上，其第三产业增加值已经显著大于第二产业增加值，可将重点放在第三产业高附加值、低碳排放行业的培育和发展上，杭州进一步加快发展信息经济等产业。在能源结构调整上，第三产业的发展更多地依赖电力而非一次能源，可将重点放在提高煤炭用于发电的比重，杭州的非水可再生能源发电占比偏低，需要进一步加快发展。

对于工业型城市，在产业结构调整上，其第二产业增加值占比仍较大，可将重点放在高耗能工业行业的控制发展与提高能效、降低排放上，宁波可重点关注石化、钢铁等临港工业和纺织、家电等传统工业的控制发展和提效减排，嘉兴可重点关注汽车零部件、光机电、纺织、皮革等工业行业的控制发展和提效减排，绍兴可重点关注纺织化纤、机械电子、医药化工等工业行业的控制发展和提效减排，衢州可重点关注氟化工业、硅工业和造纸等工业行业的控制发展和提效减排；在能源结构调整上，第二产业的发展大多较为依赖煤炭、油品和天然气等一次能源，可将重点放在这些一次能源的清洁高效利用上，宁波、嘉兴、绍兴和衢州的非水可再生能源发电占比都偏低，需要进一步加快发展，衢州的天然气碳排放量偏低，需要进一步提高天然气的应用比重；在居民生活上衢州的人均居住面积均处于全省较高或最高水平，需进行控制，除衢州外，其余三市的百户汽车保有量也处于全省较高或最高水平，需进行控制。

对于综合型城市，在产业结构调整上，湖州的第二产业和第三产业增加值相当，因此除了需要关注纺织、电气机械、器材制造、通用设备制造、非金属矿物制品制造等工业行业的控制发展和提效减排；温州进一步促进民营经济转向高端化和集约化发展；金华需要加快发展信息经济、文化旅游和文化影视等产业；台州进一步加大力度发展信息经济、现代金融、现代物流和旅游休闲等产业，引领发展的新增长点，实现第二产业降、第三产业升的目标。在能源结构调整上，湖州可积极优化外部调入电力来源结构，提高煤炭用于发电的比重，促进煤炭、油品和天然气等一次能源的清洁高效利用，加快发展非水可再生能源；金华和台州的非水可再生能源发电占比都偏低，需要进一步加快发展；温州的天然气碳排放量偏低，需要进一步提高天然气的应用比重及提高非水可再生能源发电占比。在居民生活上，湖州的人均居住面积处于全省最高水平，需加强控制，百户汽车保有量处于全省较高水平，需进行适度控制。

对于生态优先型城市，在产业结构调整上，其都确立了生态立市、发展生态经济的路径，可进一步挖掘生态资源，结合自身优势，积极发挥长处，培育发展更有特色、更为强劲的生态化主导产业，如舟山可重点关注发展海洋资源与文化相关产业，丽水可重点关注发展森林绿色资源相关产业。在能源结构调整上，主动减少能源消费总量，大量减少化石能源的使用，增强非水可再生能源的开发和利用，如舟山可重点发展风能、太阳能和海洋能等，丽水可加强林业碳汇的开发与利用。在居民生活上，可大力推行高标准绿色低碳建筑，严格控制汽车保有量，倡导绿色出行、低碳出行。

第五篇
低碳城市建设评价指标体系
应用的支撑体系

为促进该指标体系在低碳城市建设中的推广和应用，需要建立以温室气体排放数据为核心，以使用导则为支撑，以服务低碳城市规划、考核以及第三方评估为目的，以智能化软件和可视化工具开发为呈现方式，最终形成科学合理、实践性强的导出结果和行动计划的完整解决方案。综合来看，一个高质量的低碳城市建设评价指标体系需要兼具"能用性""有用性""好用性""适用性"四个特征，需要聚焦在指标体系的支撑条件、功能条件、操作条件和推广条件四个方面进行分析。其中，支撑条件需要在构建指标体系的同时，完善数据库和应用指南的编制；功能条件需要充分体现指标体系对规划、考核和第三方评估的服务和支撑；操作条件分析包括智能化和可视化工具的开发，便于用户使用；推广条件包括对导出评价结果的解析和城市下一步行动计划和建设的应用方法。为保障低碳城市建设评价指标体系能够长期应用，本篇提出了相应的建议。

第十二章

低碳城市建设评价指标体系的应用条件

一个高质量的低碳城市建设评价指标体系，是低碳城市建设实施效果评估的重要工具，用于指导城市低碳建设和发展，并为走出城市低碳发展困境提供具体方案。概括地说，低碳城市建设评价指标应该具有能用性、有用性、好用性和适用性四个特征。为促进指标体系在低碳城市建设中的推广和应用，需要建立以温室气体排放数据为核心，以使用导则为支撑体系，以服务低碳城市规划、考核以及第三方评估为目的，以智能化软件和可视化工具开发为呈现方式，最终形成科学合理、实践性强的导出结果和行动计划的完整解决方案。

使用低碳城市建设评价指标体系的前提是数据资源的完备性和使用导则的可操作性。规范统计口径、指标体系的数据翔实和有效，是评价指标体系"能用"的大前提。在保证统计数据可获得的前提下，指标体系有直观、清晰、操作性强的使用导则，易于被使用对象接受和掌握，是能用性最重要的体现。

低碳城市建设评价指标体系的另一个重要特征是有用性。评价指标体系的设计反映出低碳城市的内涵、建设目标、核心指标、评估方法等方面，为低碳城市的规划者、建设者和考核者提供指导和参考。评价指标体系既是考核表，又是指南针，能够从规划阶段给予引导、在建设阶段予以参照、在考核阶段予以反馈。这一体系不但可以为规划服务、为考核服务，还可以为第三方评估机构建立横向的城市评估体系和方案提供科学依据和重要参考。

低碳指标体系的第三个特征体现为好用性。所谓"好用"，是将指标体系集成在一套功能完善、界面友好、可操作性强、容易掌握并实时更新的软件之中，让评价的过程可视化、智能化，最大限度地满足体系使用者的需要。

低碳城市指标体系还需要充分考虑适用性。通过一系列科学方法和严谨逻辑制定的考核方案，形成一套体系完善的评价报告，并最终形成有政策指导意义和实践价值的行动计划和政策建议，将低碳城市从"理念"到"指标"再到"实践"，真正地服务于低碳城市建设。

因此，实现低碳城市建设评价指标体系能用性、有用性、好用性、适用性四大特征，需要聚焦在指标体系的支撑条件、功能条件、操作条件和推广条件四个方面进行分析。

一　低碳城市建设评价指标体系的支撑条件

作为人类活动的主要集中地，城市也是温室气体排放的集中地。城市温室气体排放基础数据为城市低碳建设评价提供基础。[①] 为保证低碳城市建设评价指标体系能够服务于低碳城市的评估、考核工作，在科学统计体系下建立完备的温室气体排放数据库至关重要。

（一）数据库建设

首先要立足于低碳城市建设评价指标体系的数据需求，研究完善中国统计体系。为实现低碳城市建设评价指标体系"能用"，数据至关重要。完善的统计体系是确保数据可得的必要条件。低碳城市建设评价指标体系中的各类指标，包括能源低碳类指标、社会经济类指标、城市建设类指标等，其适用性标准只有与城市实际数据进行对标，才能得出具有指导意义的现状评估报告和规划建设的路线图。可以说，完善的统计体系是支撑整个评价体系的基础，因此须从数据平台建设、统计信息编制、统一计算方法和单位等方面加强中国的统计体系建设。

在完善统计体系的同时，还需要厘清温室气体排放的"边界"概念。当前城市温室气体排放的统计边界尚未有一致的认识。从空间层面来讲，城市本身有"都市区""城市建成区""狭义城市"等概念，城市温室气体统计的空间边界如何划分将对城市的碳排放核算有着重要影响。同时，

[①] 蔡博峰、王金南、杨姝影、毛显强、曹丽斌：《中国城市 CO_2 排放数据集研究——基于中国高空间分辨率网格数据》，《中国人口·资源与环境》2017 年第 2 期。

城市碳排放分为直接排放和间接排放，内部过程排放、上游排放和下游排放，生产视角排放和消费视角排放，以及价值链全过程排放等①，不同界定方法必然影响统计结果，因此在建立数据库之初就应该明确核定统计边界，以及针对划分方法来确定排放测度方法，并做到城市间的统一，便于后期进行横向比较。

要建立交互式的数据统计平台，便利数据的统计和录入，并创建与评价体系软件对接的数据导入路径。在建立了统计体系和明确排放边界的基础上，应该联通工信、环境保护、城市建设等部门的数据录入端口，按照能源低碳、社会经济、城市建设三类模块中的指标要求，真实、全面并实时更新统计数据，形成原始数据资源。同时，建立对接指标体系各个模块的数据输出功能，输出数据能够直接导入评价体系，通过软件操作得到评价结果。

由于数据库是评价指标体系能够应用于低碳城市建设评估的最重要的基础条件，在加强统计体系建设、厘清排放边界和数据平台开发的同时，还要注意城市不同部门之间的统筹协调。城市是一个综合体，低碳发展涉及城市建设的各个方面，因此要明确数据统计的领导责任、定岗定责、统筹协调、分工有序，确保数据采集工作的顺利完成。

（二）应用指南建设

低碳城市建设评价指标体系包含能源低碳、社会经济、城市建设等不同维度、多层次的指标和参数，每个指标都有严格的界定，每个数据都有明确的统计方法。应用指南包含对体系中各个指标的介绍、统计方法使用指导、统计口径描述、系统使用方法等，可以帮助评价体系的使用者迅速、全面地掌握所需信息，从而能够使应用者正确、有效地对城市的低碳发展情况进行评估。

二　低碳城市建设评价指标体系的功能条件

低碳城市建设评价指标体系的有用性，体现在它能够在城市建设之初

---

① 丛建辉、刘学敏：《城市碳排放核算的边界界定及其测度方法》，《中国人口·资源与环境》2014年第4期。

服务于低碳规划设计，在低碳城市建设完成后服务于考核评估，同时还可以作为同类型城市低碳发展成果横向比较、第三方评估的重要工具。

（一）为低碳城市建设提供规划服务

城市作为生产、消费、服务等活动的综合体，是碳排放的"重镇"，城市低碳发展涉及城市生活的各方面。低碳发展规划是政府管理中的重要举措，是具有战略性、前瞻性和导向性的公共政策。制定城市低碳发展规划，要将二氧化碳排放控制与城市发展规划结合在一起，以降低碳排放为主线，同时调整生产生活方式。在这一理念的指导下，低碳城市建设不仅需要将二氧化碳排放量控制在较低或者逐渐下降的水平，还体现在能源低碳、产业低碳、低碳生活等方面。在城市建设规划之初，比照低碳城市建设评价指标体系，将绿色发展的理念融入城市建设的各个方面。

第一，为城市低碳能源规划服务。城市是主要的能源消耗单位。低碳城市建设评价指标体系倡导在城市中大力发展低碳能源和可再生能源，降低化石能源的使用，提高能源效率，推广能源梯级利用，积极探索零排放城市。指标体系要为城市建设者在规划能源供给和消费、能源使用种类、能源技术应用等方面提供参考和指导，预先为城市能源低碳转型打下基础。

第二，为城市低碳产业规划服务。低碳城市建设评价指标体系将城市划分为不同类型，并根据城市类型设计不同的产业低碳发展路径。传统的工业型城市，第二产业占比较高，城市产业低碳发展应该从提高产业附加值和产业生产效率，提升产业在价值链上的位置方面出发，积极发展高端制造业，实现经济发展和碳排放的尽快"脱钩"。服务型城市的第三产业占比较高，或者服务型产业成为城市发展的支柱产业，对于这类城市要注重高科技产业的引入和培育，推动城市朝智能化、科技化、信息化方向发展，积极探索零排放城市。

第三，为城市低碳建筑规划服务。指标体系中绿色建筑相关指标和标准，对于城市新上建筑项目、老城改造项目具有极强的指导意义。在低碳城市建设评价指标体系的指导和约束下，可推动新建筑更多地采用节能低碳技术，提高能源利用效率，降低建筑在照明、取暖、通风方面的能源消耗和碳排放，提高绿色建筑的普及度。

第四，为城市低碳交通规划服务。低碳城市建设评价指标体系服务低碳交通规划有两个内涵：城市布局的合理化和出行方式的低碳化。城市规划布局应该强调"小街区、密路网",打通城市毛细血管,通过提高交通通达性和出行效率,从而实现减少碳排放的目的。按照街区制、密路网模式规划新城区建设,以科学布局和规划实现道路管网循环畅通、街区密度规模适当及公共服务便捷高效。要推动城市设计"棋盘式"布局,提高公共交通覆盖率,提高绿色出行的便利性,提高绿色出行分担率,为市民绿色低碳出行提供前提和基础,从而减少能源消耗,降低碳排放。

第五,为城市低碳生活规划服务。低碳城市建设评价指标体系强调城市生活低碳化,要将绿色、低碳、生态的理念融入居民生活的方方面面。评价体系可以帮助强化居民的低碳意识,树立环境责任感,主动选择绿色出行和低碳生活,形成可持续的生活方式,助力低碳城市建设。

(二) 为城市考核服务

低碳城市建设的政策、规划、措施、投入都需要以量化与评估为基础。低碳城市建设评价指标体系为低碳城市考核评估提供了科学依据。指标体系将低碳建设评价分成三个维度,既关注城市对于温室气体排放的控制和减量效果,又关注城市的经济发展情况和建设情况,不盲目"一刀切",而是分类别、分阶段对城市低碳建设效果进行合理的评估和分析。

低碳城市建设评价指标体系有助于推动国家将低碳指标纳入城市考核体系,设立城市碳减排目标,明确低碳建设的责任分工,提高低碳绩效考核比重,从而保障低碳城市建设的持续性,用低碳的硬指标推动低碳城市建设"一张蓝图绘到底"。

(三) 为第三方评估服务

低碳城市建设评价指标体系为城市之间的横向比较提供依据,尤其是为第三方评估机构对城市的低碳发展情况进行综合衡量提供了重要参考。低碳城市建设评价指标体系可以为评估当前我国的低碳试点城市项目服务。评估机构通过对照试点城市的低碳实施方案,对试点工作目标任务的完成情况进行评估,总结低碳城市的建设成效与经验,为制定低碳发展配套政策、低碳产业体系建设、排放数据统计和管理体系建设、低碳绿色生活方式和消费模式推广等方面提供数据和案例支持。同时,低碳城市建设评估的数据结果还可以为进一步完善低碳城市建设评价指标体系服务。

三 低碳城市建设评价指标体系的操作条件

在低碳城市建设评价过程中，一个科学、合理、完善的评价体系需要集成在一套功能完善、界面友好、可操作性强、容易掌握并实时更新的软件之中，让评价过程可视化、智能化，最大限度地满足体系使用者的需要。

（一）智能化工具开发

智能化工具是完善低碳城市建设评价指标体系的重要手段。基于构建低碳城市建设评价系统的需要，从低碳城市建设评价指标体系中筛选出一系列政策工具，并基于城市层面的数据库，按照政策评价所需要的数据类别进行导入分析。智能化工具按照低碳城市建设的几个门类，主要包括能源低碳、产业低碳、低碳生活等，将政策进行分类，并在此基础上开发政策工具包，形成智能化分析流程。

智能化工具包通过将政策评价指标进行分层，按照"结构—过程—结果"的思路，第一层指标用于评价政策工具的详细程度，测度低碳政策工具的针对性；第二层指标针对低碳工具的运行机制和实施过程，用于评价政策工具的执行能力，考察政策目标实现的可能性；第三层指标从定性和定量评价两方面，衡量政策工具的目标实现程度，为低碳城市建设评价指标体系提供支持，有助于提升低碳城市建设评价的科学性和客观性。

（二）可视化软件开发

智能化工具进行的运算、评价和分析仅限于在系统内部运行，而对于低碳城市的规划者和决策者，开发出一套更为直观有效的、对数据和政策分析进行可视化呈现的软件则更具有实用价值。可视化的概念包括计算可视化、数据可视化和信息可视化，低碳城市建设评价指标体系的可视化软件开发主要是为城市决策者提供信息直观的并且可交互的可视化环境，把软件背后复杂的数据运算机理和信息处理过程转换成图形，让分析结果易读易懂，让使用者能够快速、准确地了解和掌握城市基本情况、低碳发展情况和重点领域的节能减排情况。可视化软件可以通过远程互动软件，邀请领域内专家对低碳城市建设中遇到的困难在线答疑，让城市的决策者能够及时处理遇到的问题，提高低碳城市建设效率。

四 低碳城市建设评价指标体系的推广条件

低碳城市建设评价指标体系的适用性，体现在它能够切实地指导城市的低碳建设和低碳发展，并能够基于对城市基本情况分析，形成兼具科学性和实践指导意义的评估报告和政策建议。

（一）导出结果解析

低碳城市建设评价指标体系的适用性，首先体现在能够基于低碳城市发展的几个维度进行定量评价，包括能源低碳、产业低碳、低碳生活等方面。在能源低碳部分，通过考察煤炭、非化石能源在一次性能源消费中所占比重，对城市的低碳能源建设进行量化评估。在产业低碳方面，通过对城市单位经济产出的碳排放和单位产值能耗等核心指标，对城市低碳产业的布局和发展情况进行衡量。在低碳生活部分，考虑垃圾产生量情况、居住和公交出行情况等指标，对城市的低碳生活进行全面评估。最终的评估报告将基于几个维度的评估结果，进行全面汇报，并对城市低碳发展的关键领域进行定位和识别，并及时发现城市低碳建设中的关键问题所在。

（二）行动计划和建议的应用方法

基于评估结果，评价指标体系将立足于城市本身的发展特征，找出城市低碳建设存在的问题，并提出改进建议和行动计划。

指标体系将会甄别城市在低碳发展的认识方面存在的误区，避免城市出现无视自身条件、产业基础、比较优势和发展环境，强行抛弃传统产业的发展，片面追求高技术和高附加值的新兴产业，忽视产业发展规律，虽然实现了碳排放的下降，但同时影响了自身的效益或者竞争力，不利于经济社会的可持续发展。

指标体系通过对城市进行分类，对产业发展态势和碳排放趋势进行预判，为城市找到低碳发展的关键点和着力点。在能源、产业、居民生活等维度中，探索城市低碳发展的差异性，为城市打造不同的低碳化发展道路。

　　指标体系还能够对城市低碳发展目标的合理性进行评估，依据国家和城市所在省份的碳排放下降目标，结合城市本身的碳排放和经济发展情况，对城市碳排放目标的合理性、科学性进行评估。

　　指标体系还能够及时地发现城市低碳建设存在的不足，包括温室气体清单编制质量、资金配置情况、产业结构调整情况、发展政策和管理体系情况、市场及融资机制情况等，及时对城市低碳建设情况查漏补缺。

　　低碳城市建设评价指标体系还可以辅助城市制定低碳城市建设的行动规划。参照低碳城市建设的几个维度，从城市规划、产业发展和机制设计等方面形成低碳发展的路线图。一是城市的低碳发展规划要符合本地区经济发展的需要，通过编制碳排放清单，明确地区碳排放的结构及存在的问题，并制定合适的低碳减排目标，制定低碳发展方案。低碳发展规划要与本地区国民经济和社会发展规划、城市总体规划、土地利用规划等相统一、相协调。二是要科学定位城市低碳发展的重点行业和部门，突出本地区低碳发展特色。三是积极推动传统产业低碳化和大力发展战略性新兴产业，优化能源结构，推进低碳技术产业化。四是建立温室气体排放清单和统计核算体系，对城市本身的碳排放情况进行"摸底盘查"。五是建立低碳考核和评估机制，将低碳发展指标的完成情况纳入年度目标责任考核体系，确保碳减排目标的实现。

　　低碳城市建设评价指标体系是一个复杂综合的系统，这一评价指标体系的顺利运行既需要真实、充分的数据作为基础，也需要详尽、完善的使用导则作为支撑，并通过集成为一套完善的操作系统，为城市低碳规划、低碳发展和低碳考核服务，最终助力中国碳减排目标的实现。

第十三章

低碳城市建设评价指标体系应用的建议

城市作为人类活动的主要场所，产生的碳排放是全球温室气体的主要来源①，由此低碳城市建设成为应对气候变化的重要途径。我国低碳城市已在多地试点建设，科学合理评价低碳城市发展情况、对低碳试点工作进行总结评估对指导后续实践工作具有重要意义。而建立科学合理的评价指标体系，并确保其顺利应用是促进低碳城市建设的重要基础。本章将从加强宏观战略导向、完善数据统计体系、加强能力建设、加强标准化建设等方面，提出低碳城市评价指标体系应用的保障措施。

一　加强宏观战略导向建设

（一）国家发展规划导向

如前所述，截至 2017 年，国家发展改革委已经开展了三批低碳试点工作，相较于前两批低碳试点，第三批要求试点地区明确提出积极探索创新的经验和做法，提升低碳发展管理能力，并提出碳排放达峰年份及低碳发展的创新重点。首先，碳排放达峰年份从 2017 年到 2030 年不等。其次，低碳发展的创新重点涉及多方面的制度和机制建设，如建立碳排放总量控制制度、创建碳中和示范工程、建立碳管理制度、探索重点单位温室气体排放直报制度、建立低碳科技创新机制、推进现代低碳农业发展机制、建立低碳与生态文明建设考评机制、建立重点耗能企业碳排放在线监测体系、完善碳排放中央管理平台等。②

---

① 联合国人类住区规划署：《2011 年全球人类住区报告——城市与气候变化》，2011 年。
② 朱守先：《国家低碳试点的零碳示范工程建设》，《城市》2017 年第 10 期。

（二）示范城市创建模式与路径

与试点、试验等概念不同，模范和示范无疑是对城市某一领域发展水平的肯定与认可。通过低碳发展指标的比较和评估，在低碳试点的基础上打造一批低碳示范城市尤为必要。以下相关示范区建设模式与路径可供借鉴。

1. 国家环境保护模范城市建设

国家环境保护模范城市是我国环境保护的最高荣誉，是成功实现可持续发展战略的典型。国家环境保护模范城市是国家环保局根据《国家环境保护"九五"计划和 2010 年远景目标》提出的，涵盖了社会、经济、环境、城建、卫生、园林等方面的内容。创建基础条件包括达到全国卫生城市标准，并在城市环境综合整治定量考核和环保投资方面达到一定的标准。考核标准涉及社会经济、环境质量、环境建设和环境管理四个方面。①

2. 国家可持续发展先进示范区建设

与国家环境保护模范城市建设要求类似，国家可持续发展先进示范区是在实验区建设基础上进一步深化的可持续发展示范试点，是实施国家可持续发展、科教兴国、人才强国战略的载体。示范区建设的目标是建立经济、社会、人口、资源与环境相互协调的可持续发展模式和机制。主要任务是在经济结构调整、资源节约与合理利用、生态建设与环境保护等领域开展创新性实践与示范。②

3. 国家生态文明先行示范区建设

国家生态文明先行示范区建设是促进生态文明建设的重要举措。2013年，国家发展改革委等部门组织推动国家生态文明先行示范区建设，以"五位一体"总布局为要求，推动生态文明建设与经济、政治、文化、社会建设紧密结合、高度融合。目标是通过 5 年左右的努力，实现先行示范区生态文明制度建设的重大突破，并形成可复制、可推广的生态文明建设典型模式。③

---

① 陈海秋：《转型期中国城市环境治理模式研究》，博士学位论文，南京农业大学，2011 年。

② 《建设国家可持续发展先进示范区：标准先行》，《广东科技》2010 年第 1 期。

③ 《关于印发国家生态文明先行示范区建设方案（试行）的通知》，http：//www.ndrc. gov.cn/zcfb/zcfbtz/201312/t20131213-570354.html。

4. 国家可持续发展议程创新示范区建设

国家可持续发展议程创新示范区是示范区创建的又一模式与路径。由科技部积极推动建设，旨在打造一批可复制、可推广的可持续发展的典型样板。该示范区以实施创新驱动发展战略为主线，以推动科技创新与社会发展深度融合为目标，以破解制约我国可持续发展的关键瓶颈问题为着力点，通过集成各类创新资源，加强科技成果转化，探索完善体制机制，提供系统解决方案，促进经济建设与社会事业协调发展。主要建设目标是增强科技创新对社会事业发展的支撑引领作用，提升经济与社会协调发展程度，并形成若干可持续发展创新示范的现实样板和典型模式。① 发挥对其他地区可持续发展的示范带动效应，为其他国家落实 2030 年可持续发展议程提供中国经验。

（三）城市发展评估导向

低碳城市建设评价研究开展多年来，迫切需要生态环境部气候司牵头，组织制定低碳城市建设评价技术标准。由于大多数城市没有编制能源平衡表，只能利用城市能源消费统计数据分析。城市能源消费数据主要包括规模以上工业企业能源购进、消费及库存量，分地区规模以上工业企业能源消费量，分行业规模以上工业企业能源消费量，主要工业产品单位产量能耗等，缺失全社会分品种能源消费量统计数据，特别是城市层面的移动源能源消费量核算及边界缺乏统一的标准，存在较大的不确定性。

针对产生局限性的原因，主要改进措施包括：一是以省级行政区为单位，自上而下分解各城市能源消费量及单位 GDP 能耗数据；二是建立城市能源统计制度，构建完善城市尺度的能源平衡表编制制度，采用分品种能源碳排放系数实测数据，统一城市能源消费结构的核算方法。

1. 城市能源平衡表编制基础工作

能源消费是碳排放的主要来源，碳排放总量由能源消费量根据系数核算得出，因此能源平衡表的编制是低碳城市建设评价指标体系构建的最主要基础工作。能源平衡表由各种能源品种的单项平衡表组成，以矩阵的形式将各种能源的供应、加工转换和终端消费等数据汇总记入若干张表格内，

---

① 《国务院关于印发〈中国落实 2030 年可持续发展议程创新示范区建设方案〉的通知》，http：//news. eastday。

直观地描述报告期内全国或地区各种能源的供应、需求及加工转换关系。①

能源平衡表可反映各种能源的生产、消费、分配与进出口的平衡关系，能源系统投入与产出的数量平衡关系，能源消费结构，能源与经济发展的关系②，为低碳城市建设评估提供基础能源数据。

2. 城市温室气体排放清单编制基础工作

首先，了解并全面掌握城市整体温室气体排放总量水平、变化趋势以及构成情况。③

其次，建立温室气体排放动态监测、统计和核算体系，及时存储和高效管理清单数据信息，为低碳城市建设评价提供基础性依据。

最后，成立专门的清单编制工作专业机构，并不断完善专家队伍。

此外需关注以下三方面问题。

（1）城市温室气体清单编制的精度

城市温室气体清单编制的精度根据数据调查规模和城市统计体系建设情况采取因地制宜的方法核算确定。数据的连续可得性和质量是制约城市温室气体清单编制的关键因素。目前多数城市能源统计体系相对不够完善，比如中国很多城市没有公开的能源平衡表，或者只有最近几年的能源平衡表，而且存在核算单位不统一的情况。而相对不发达地区的中小城市的有效统计数据可获得性更差。④ 因此，不同城市温室气体清单编制的精度相差较大，需要根据实际情况确定期望值水平。另外，不同编制主体对城市温室气体清单编制的精度也会产生重要的影响。

（2）城市电力调入和调出的问题

考虑城市温室气体间接排放（电力）比重较大的特点，将其纳入总量，以及通过对电力调入调出的核算，辅助实现城市温室气体清单与省级对接，与国外城市可比。

---

① 张国丰：《北京市污水污泥处理的环境和经济影响动态模拟》，博士学位论文，中国地质大学（北京），2014 年。

② 朱海燕、王哲：《德国能源事务管理与统计的经验启示》，《交通世界（运输·车辆）》2009 年第 8 期。

③ 谢海生、张晓梅：《城市低碳发展蓝图设计的关键点与保障机制》，《上海节能》2015 年第 2 期。

④ 张晓梅、庄贵阳：《能源经济环境系统模型在城市区域尺度上的应用研究进展》，《生态经济》2014 年第 5 期。

（3）工业生产过程统计数据缺乏的问题

一些城市缺乏计算工业生产过程排放所需要的活动水平数据。很多城市往往只有非常有限的企业，因此，城市可以展开企业实地调研以取得第一手数据。对于某一行业数量众多的小企业，按照产量比重的 20% 调研企业，以切实掌握实际情况。

3. 低碳城市建设评价指标体系的推广应用

低碳城市建设评价指标体系不仅可在低碳试点地区推广应用，也可以在地级行政区及符合条件的县级行政区推广应用。参考其他国家城市低碳建设经验，选取核心指标，进行国内外城市低碳发展水平综合比较。目前，中国 87 个低碳试点地区发展规模、类型、水平参差不齐。因此，应该在对低碳试点城市进行分类指导的基础上，对标国际低碳城市建设标准，遴选一批国家低碳示范城市。

二　完善中国统计体系

立足于低碳城市建设评价指标体系的数据需求，实现低碳城市建设评价指标体系"能用"，数据至关重要。为保证数据的可得性，完善的统计体系必不可少。在可得性的基础上，统计数据的可靠性以及适用性是完善统计体系建设的重要目标。因此，为保障低碳城市建设评价指标体系的应用，首先应建立相应的数据平台，增强统计指标数据的可得性；并在数据平台发布准确的统计信息，以保障数据可靠性；同时还应在统计数据的计算方法和单位等细节问题上与国际通用指标保持一致，增强指标与数据的适用性。

（一）建立数据统计平台

数据可得性是评价指标体系应用的首要条件。建立相应的数据平台是提高数据可得性的重要途径。低碳城市建设评价体系中包含经济、能源、环境以及城市发展等多种类型指标，但是城市层面的统计体系存在诸多问题。①

---

① 刘钦普：《国内构建低碳城市评价指标体系的思考》，《中国人口·资源与环境》2013 年第 159 期。

首先，统计指标不全面，城市层面统计相对薄弱。现有统计体系中，国家层面的宏观数据统计相对较为完善，可得性较高。地区层面的统计结果多以省（直辖市、自治区）为单位，未能精确到城市级别。而具体城市的统计年鉴中，数据类别相对较少，尤其是缺乏能源和环境方面的统计数据，鲜有城市编制能源平衡表，不能满足城市温室气体排放核算的数据需求，导致城市温室气体排放清单编制进展缓慢。

其次，现有的统计数据分散，增加了数据收集整理难度，降低了可得性。低碳城市建设评价指标体系中涉及的众多指标分散于各类年鉴、报告、数据库等平台，例如经济数据来自城市统计年鉴，环境数据来自环境统计公报，有些没有列入统计的数据不可直接获得，还需通过一定的方法估算等间接方式获得。数据来源分散为数据收集带来了很大的难度，在增加时间成本的同时，对数据的准确度和可信度也有一定的影响。

鉴于上述城市统计体系存在的问题，应当建设城市层面的数据统计平台，完善统计体系，以数据统计的多样性和全面性确保低碳城市建设评价指标数据的可得性。重点应加强城市层面能源与环境数据的统计，尽快完善能源与环境方面的统计制度，建立包含经济、能源、环境的"3E"综合数据检索账户，最终形成低碳城市建设评价指标数据库，降低数据收集的时间成本与遗漏风险，大大增强数据的可得性。

建设数据平台需要统计机构与统计制度的支撑，根据国家垂直领导、分级管理的特点，实施省级以下统计部门的垂直管理体制，采取自下而上和自上而下相结合的统计制度，以各级统计部门数据统计的完备性和时效性保障数据统计平台的建设。

城市层面数据统计平台的建设不是一蹴而就的，而是需要经过各级部门的长期努力，并且中国城市数量众多，城市一级的范围比较模糊，不同的城市统计制度与条件存在差异，数据平台的建设可以分阶段、分地区开展。可首先在统计基础较好的城市开展试点工作，尤其是已经开始低碳建设的试点城市，一方面，探索能源、环境等指标的统计方法，为其他城市积累可借鉴的经验；另一方面，尝试建立综合数据库，实现统计数据的一键式获取，为低碳城市建设评价指标体系的高效应用提供保障。

（二）科学编制统计信息

指标数据可获得仅是指标体系能够顺利应用的基础，除此之外还应确保数据的可靠性，才能保障评价结果的可信度。城市层面的数据统计中，除了统计范围不全面外，统计内容还应进一步细化。例如经济统计，统计范围偏重于工业部门，对其他部门的统计则较为粗略，并且工业部门的统计多局限于规模以上企业，全行业数据则需要推算，这就降低了数据的可靠性。为科学编制统计信息，应从以下几方面完善统计体系。

第一，城市作为中观尺度的区域，在数据统计过程中可以将自上而下的分配与自下而上的汇总相结合，提高数据准确度。首先，建立城市层面统计报表，并根据不同数据类型确定表式结构等，明确报表目的；其次，划定报表调查范围，区分城市建成区与所辖区县的统计数据；再次，统计表式与内容基本与国家和省级相应类别统计报表保持一致，在此基础上可细化项目分类，如在资源型城市重点关注地区特色资源；最后，明确报表提交时间，保证统计数据时效性。

第二，通过普查完善统计数据。针对能源和环境数据缺乏的现状，可对区域内各行业企业的能源、环境等相关数据进行周期性的全面清查。效仿人口普查、经济普查等制度，制定能源、环境普查年份，并发布能源与环境普查报告或公告，解读相关数据，以更好地反映城市在资源和环境方面的问题，为制定低碳发展规划提供充足可靠的数据参考。

第三，扩大统计对象，打破"规模以上"统计限制。城市层面的统计尺度较小，规模以下企业数量庞大，生产和消费活动不可忽视，应加强统计力量，做好基层能源统计工作，全面统计城市层面各项数据，避免推算而降低数据的可靠性。

第四，数据统计的监督和核查必不可少。一方面，督促数据统计的工作进度，按时提交统计报表；另一方面，通过监督统计过程、方法等，核查或抽查统计数据，以保证统计数据的真实性，为低碳城市的规划建设、评价等提供科学有效的数据保障。

（三）统一核算方法与单位

建立低碳城市建设评价指标体系的目的是评价城市低碳发展情况，并通过不同城市的对比，发现优势与短板，相互借鉴并推广发展经验。评价指标数据的适用性是评价结果可比的保障条件。提高指标数据的适用性不仅要确保数据统计范围、内容的一致，还需要数据核算方法、单位等与国家和省际层面保持一致，并与国际标准体系接轨。

但是，中国城市层面的统计体系与国家和省级层面并不一致，国家层面数据在核算方法、单位等方面与国际通用标准也存在差异。

以能源数据为例，中国能源统计在产品和行业分类、计量单位和折标系数等方面与国际标准存在一定差异。

首先，中国能源统计的产品类别不同于国际标准。在标准分类方面，中国能源分类较粗，特别是其他石油制品均未细化。以煤类为例，中国将固体燃料分为原煤、洗精煤、其他洗煤、型煤、焦炭等，气体燃料分为焦炉煤气、高炉煤气、转炉煤气、其他煤气等。① 而 IPCC 将固体燃料分为炼焦煤、无烟煤、次烟煤和其他烟煤、褐煤、泥煤、专用燃料、焦炉焦、气焦、型煤等，气体燃料分为煤气厂煤气、焦炉气、高炉煤气和氧化炉气等。此外，可再生能源尚未纳入统计体系。在能源与碳排放约束下，能源消费结构优化是实现节能减排的重要途径。随着可再生能源的使用逐渐增多，国际能源统计标准均将核能、水能、地热和太阳能以及生物质能等可再生能源的消耗包含在内。而中国仅统计了商品能源消费，对于可再生能源，尤其是对在农村仍占有一定比重的生物质能，尚缺乏统计。

其次，由于行业分类与统计范围存在差异，中国的能源统计数据与国际能源统计数据缺乏可比性。中国终端能源消费的行业划分方法与国际通行准则不一致，主要原因是双方统计的行业划分原则不同。中国的行业划分是按独立法人企业进行划分的。而国际上比如 IEA，是根据能源的最终用途来进行划分的。能源平衡表中，IEA 将终端能源消费部门分为工业、运输、农业、商业和公共服务业、居民和其他以及非能源利用部门，中国能源平衡表中能源消费部门划分为第一产业、第二产业、第三产业和民用。从统计范围来看，国外并未将能源工业自用、非能源利用包含在工业部门，而是单独列出，并且运输部门包括全社会所有运输活动，而在中国，能源工业自用以及用作原料和材料的能源均包含在工业部门的能源消费中。此外，中国对工业之外的部门统计较为粗略，交通运输业仅是对从事运营的交通运输企业的统计，未统计私人车辆用能，也不包括其他部门交通活动的能耗。

最后，中国能源统计体系的计量单位和折标系数与国外存在较大差异。在能源标准量计量单位上，国际通用油当量，而中国由于长期以来

---

① 朱虹：《适应科学发展观要求 完善能源平衡统计》，《中国能源》2005 年第 7 期。

以消耗煤炭为主，因此采用煤当量。将实物量能源换算为标准量时，国际标准中能源产品的分类较细，因而换算系数也较细。中国的参考系数忽略了能源之间质的差别，如原煤的折标系数为 5000 千卡/千克，而事实上原煤还包括泥煤、褐煤、烟煤、无烟煤等，而这些不同品种的原煤发热量是存在差异的。此外，中国电的折算系数还采用等价热值法，高估了一次能源生产总量和水电在能源中所占的比重，而国际通用的是当量热值法。

统计指标在核算方法、范围、单位等方面的差异对数据的适用性提出挑战，能源类别统计的差异使碳排放测算过程中无法直接应用排放因子，导致数据测算过程中存在主观的方法和数据选择等问题，从而出现同一城市的不同清单结果[①]，进而导致评价结果不具有可比性。

因此，完善中国统计体系建设还包括对统计数据核算方法、单位等的统一，使得统计内容、数值在国内以及国际上具有可比性。参考国际标准修正国家层面数据核算方法和单位等，形成标准的统计报表，为省级和城市层面统计工作提供模板，以统一的核算方法、统计口径、行业划分、表式结构等保障统计数据的适用性。

三　加强能力建设

在低碳城市建设评价指标体系应用与推广过程中，除了要完善中国的统计体系外，还需要有能力建设的保障。当前中国存在能力建设不足的问题：人员储备不足、设备储备水平低及资金支撑能力不强。这些问题使能力建设成为评价指标体系应用与推广过程的主要阻碍因素。针对这些问题，立足于在低碳城市建设指标体系的应用与推广过程中对人员及设备储备和资金支持方面的需求[②]，探讨加强能力建设的方案。

（一）增强人员储备能力

人员储备能力建设是低碳城市建设评价指标体系推广与应用的首要能

[①]　赵倩：《上海市温室气体排放清单研究》，博士学位论文，复旦大学，2011 年。

[②]　杜栋、庄贵阳、谢海生：《从"以评促建"到"评建结合"的低碳城市评价研究》，《城市发展研究》2015 年第 11 期。

力保障。目前，中国低碳城市建设评价指标体系存在专家及基层专业人才的缺乏、了解低碳知识的群众基础薄弱问题。第一，相关专家储备不足，导致缺乏具有公信力和适用性的评价指标体系，而自下而上开发的评价指标体系的应用又受到限制。第二，基层专业人才缺乏，如能够促使评价指标体系达到智能化、可视化等"好用"目标的专业技术人才缺乏，导致评价指标体系应用推广能力差，评价指标体系的作用不能得到充分发挥。第三，广大群众对于低碳城市建设、评价指标体系等相关知识的了解不足，不利于低碳城市建设评价指标体系的应用和推广；消费者低碳消费理念不足，不利于评价指标体系中相关数据的收集与统计，也不利于低碳城市建设。

由此可知，指标体系的应用与推广对人员的需求主要来自以下三方面。（1）行业专家。低碳城市建设评价指标体系的推广与应用需要熟悉掌握低碳城市建设、评价指标体系构建等相关专业知识的行业专家做指导，把握指标体系总体设计、规划及地区适应性等问题。具体措施包括：第一，建立低碳城市专家库。可以将低碳城市专家资源整合在一起，方便在评价指标体系应用和推广过程中遇到问题时，及时得到专家的指导，能够高效地解决问题；中国地域辽阔，区域之间以及区域内部差异很大，所以在低碳城市建设过程中不能"一刀切"，而是应根据每个地区的特性因地制宜。低碳城市专家库可以使专家能够依据区域特性适时调整低碳城市建设评价指标体系的指标、参数等，以更好地适应地区的差异性。第二，加强相关行业国内和国际专家的合作与交流。国内外专家的合作交流可以促进低碳城市建设技术、经验、理念等的交流与融合，为低碳城市建设评价储备高级人才。（2）基层专业人才。一方面，培养专业的数据核查人员、评价指标体系的操作人员、数据及评价结果的审核人员等直接应用评价指标体系的专业人才，为低碳城市建设评价指标体系的推广与应用提供人员保障；另一方面，建立完善的专业人才培养体系，可以采取形式多样的培养方式，如设置系统专业知识课程、技术操作培训、进行实地调研等。（3）具备低碳知识的广大民众。广大民众是低碳城市建设的主要基础力量，是低碳城市建设评价指标体系应用与推广过程中的重要组成部分。但低碳城市对许多人来说还是新概念，没有树立起低碳理念，因此有必要普及低碳知识。通过宣传，提高低碳知识的普及率，扩大低碳城市建设的群众基础，培养民众的低碳环保意识[1]，使民众能够深入了解低碳城市建设和评价指标体系的相关知识，积极参与到低碳城市建设评价指标体系的应用与推广中，从而形成广泛的群众基础保障。

加强人员储备离不开政府的帮助与支持。首先，政府的帮助可以更好地调动各地具有低碳专业知识的专家，将这些专家资源整合起来为低碳城市建设和低碳城市建设评价指标体系的应用和推广服务。其次，培养具备低碳知识的广大民众需要政府大力宣传低碳生活的理念，引导居民在日常生活中形成低碳意识[2]；积极推进与居民生活密切相关的低碳交通等，实现生活低碳化；采取多样化方式宣传评价指标体系的内容，以帮助居民加入低碳城市建设评价指标体系的应用与推广中来。

（二）提高设备储备水平

设备储备能力建设是低碳城市建设评价指标体系应用与推广的重要支撑，扮演着关键性的角色。首先，在硬件建设上，政策工具包具有智能化、工具化的特点，需要良好的设备和技术支持才能实现。其次，系统软件技术水平是提高评价效率和低碳城市建设质量的重要措施。但目前低碳城市建设评价中存在软件设备开发能力不足、硬件设备尚需完善的问题。软件设备中的数据库、模型库、知识库等软件设备还不够完善，没有达到"能用"目标；距工具化、智能化、可视化等"好用"目标仍有较大差距。数据采集、监测、审核等所需基础设备缺口仍然较大，尤其是环境类、能源类数据采集和检测基础设施缺乏，也对统计指标体系造成不利影响。

所以，低碳城市建设评价要从软件设备和硬件设备建设两方面进行完善和加强。（1）软件设备。低碳城市建设指标体系的应用与推广过程中涉及技术工具、数据库系统、模型库系统、知识库系统等软件设备，完善这些软件设备可以更好地实现低碳城市建设评价过程的直观化、具体化、便利化，以达到"能用"目标。软件设备的开发和完善离不开专业人才的培养、制度的奖励和先进技术经验的交流学习。（2）硬件设备。在低碳城市建设评价过程中数据采集、监测、处理等过程离不开基础设施、专

---

① 相震：《建设低碳城市的环保应对措施》，《环境科学与技术》2010年第1期。

② 李明月：《低碳经济背景下的政府能力建设》，《知识经济》2012年第6期。

业工具等硬件设备的支持，因此需要保障基础设施、专业工具等硬件设备的供给。而且，这些基础硬件设备不仅涉及前期的地点设置、安装问题，还包括后期的维护修理工作，设备的正常运转是数据采集、检测准确性的有效保障。

设备储备离不开政府的引导和鼓励。政府应鼓励软件设备开发的创新型人才，根据我国实际情况开发评价指标体系的应用软件，提升软件技术水平，提高指标体系的评价效率和质量。硬件设备的地点设置和安装问题，以及后期的维护修理工作，需要地方政府统筹规划，合理安排，以充分利用资源，实现基础设施的价值最大化，既不多设置基础设施造成资源浪费，也不少设置基础设施影响评价指标体系数据的收集和检测。

（三）增加资金储备投入

资金储备能力建设是低碳城市建设评价指标体系的必要支撑。离开资金的支持，低碳城市建设评价指标体系的推广与应用工作将寸步难行。但是目前评价指标体系的推广与应用的资金支持仍存在问题，专项资金的支撑能力有待加强。一方面，支撑统计体系工作的资金不足。低碳城市建设评价指标体系的建设依赖于软件设备的开发及硬件设备的设置、安装和维护修理等，这些开发维护工作都需要资金的支持。同时，指标体系的统计工作需要资金聘请专家和相关专业人才进行指导。资金投入力度不够，会阻碍统计体系工作的进展，必然会在一定程度上影响统计体系的建设。另一方面，支撑统计工作的宣传资金不足。低碳城市建设评价指标体系的应用与推广还需要具备低碳知识的广大民众，对于低碳城市相关理念、知识、意义等的深度宣传需要加大资金投入力度，以为评价指标体系的应用和推广建立广泛的群众基础。

根据目前评价指标体系资金储备方面存在的两个问题，需要从三方面进行改进，即前期评价系统操作经费、后期评价结果分析经费和低碳城市宣传推广经费。（1）前期评价系统操作经费。第一，低碳城市建设评价指标体系应用与推广过程中，专家数据库的建设、专业技术人员的培养、国内外专家的交流与合作等都需要耗费大量的培养经费、薪资、差旅费等资金。第二，评价指标体系所需软件设备的购买、开发，需要专项资金的支持；基础设施、专项工具等硬件设备的设置、安装以及后期的维护修理等都会造成资金消耗，也需要专项资金的保障。第三，数据的收集和统计过程中同样需要人力、物力等，需要资金的支持。（2）后期评价结果分析经费。低碳城市建设评价指标体系应用与推广过程中，低碳城市建设的评估报告、行动计划和路线图等成果的顺利形成及实施，都需要充足的经费支持。（3）低碳城市宣传推广经费。低碳城市建设相关知识的普及、技术推广、指标评价的应用等环节都需要资金的支持。所以，需要根据这三方面经费的使用，建立相应的专项资金，以提供低碳城市建设评价指标体系建设与推广的资金保障。而资金储备建设除了企业投资等方面的资金来源，当然也少不了政府的资金投入，政府的资金支持是评价指标体系建设与推广的重要保障。

综上所述，低碳城市建设评价指标体系应用与推广的能力建设主要包含人员储备、设备储备和资金储备三方面，主要包含专家人员和基层专业人员储备及具有低碳知识的普通民众，软件设备开发技术水平的提高、硬件设备的设置及后期维护修理的完善，以及评价指标体系的前期评价系统操作经费、后期评价结果分析经费、低碳城市宣传推广经费这些专项资金的建立等。这些工作的完成需要各方面的共同努力，同时离不开政府的支持与引导。

四　加强标准化建设

（一）必要性分析

20世纪90年代以来，低碳发展已成为世界各国实现可持续发展的重要路径和共识。[①] 诸多机构也开展了关于低碳发展及低碳经济的系统研究。城市作为社会活动的主要空间载体，是低碳发展研究的重点。根据世界银行统计，2017年世界城市化率已经达到54.82%，在214个国家和地区中，有143个国家和地区城市化率超过50%。城市化的快速发展要求国家和城市协调经济与资源环境的发展，推动低碳城市建设，实施低碳城市建设评价，为国家城市化可持续发展提供必要条件。

---

① Ann P. Kinzig and Daniel M. Kammen, "National Trajectories of Carbon Emissions: Analysis of Proposals to Foster the Transition to Low - carbon Economies", *Global Environmental Change*, Vol. 8, No. 3, 1998.

　　低碳城市建设评价指标体系的建立是低碳城市建设的重要内容，也是低碳城市规划实施的主要控制手段，是将低碳城市由概念推进到可操作的关键所在。由于缺乏可比的度量标准，国际上对于低碳发展的理解也存在差异。在国家层面，英国和日本先后提出到 2050 年建设低碳经济体和低碳社会，严格控制温室气体的排放。[①] 在城市层面，纽约、伦敦等大城市建立了低碳城市联盟（C40 Cites）。[②] 2015 年巴黎气候变化大会上通过了《巴黎协定》，明确了全球共同追求的"硬指标"，即全球平均气温较工业化前水平升高幅度控制在 2℃之内，低碳发展是全球性的任务和目标，尽快实现全球温室气体排放达峰是降低气候变化危害的必要途径。

　　2010 年以来，国家发展改革委共确定三批低碳试点，包括 87 个省、市（区、县），要求试点地区编制低碳发展规划，构建温室气体排放数据统计和管理体系，建立控制温室气体排放目标责任制或目标考核制度等工作。[③] 特别是党的十九大报告进一步明确"建立健全绿色低碳循环发展的经济体系"，"要坚持环境友好，合作应对气候变化，保护好人类赖以生存的地球家园"，低碳发展成为城市发展的共识与必然选择。但问题是缺乏一套国际可比的评价指标体系。

　　国家开展低碳试点示范工作以来，建立科学的评价方法成为低碳试点的必然要求。2008 年以来，诸多研究机构对低碳城市评价方法进行了积极探索，建立了以人均碳排放、单位 GDP 碳排放、非化石能源占一次能源消费比重等指标组成的低碳城市评价指标体系。但截至目前，仍然缺乏科学、统一的评价标准。关于低碳城市内涵，主要以低碳理念为核心，根据不同城市类型，以低碳化的投入获得低碳化的产出，即发展低碳化的能源、产业、建筑、交通、消费、土地利用、环境、低碳政策管理及创新，从而最大限度地减少温室气体排放，形成健康、简约、低碳的生产生活方式。基于低碳城市的内涵及国内外低碳城市指标体系研究成果，构建一套低碳城市建设评价指标体系尤为必要。

（二）可行性分析

　　衡量一个国家或经济体低碳经济发展状况的指标要具有全面性和前瞻

---

① 张娥、冯跃威：《如何适应低碳趋势？》，《中国石油石化》2009 年第 22 期。

② 资料来源于 http://www.c40cities.org/。

③ 朱守先：《国家低碳试点的零碳示范工程建设》，《城市》2017 年第 10 期。

性，既要包括直接排放指标，也要包括通过产品/服务的输入输出活动与世界其他部分产生联系的其他间接指标。[①] 以《低碳城市发展指标之哥本哈根宣言》[②] 为例，除了关注城市中直接碳排放的指标外，还添加了碳足迹（Carbon Footprint）指标。

伴随着低碳经济理论研究的不断深化和低碳城市实践的发展，国际上提出了不少与低碳城市建设相关的指标体系和评价方法，相关评价在欧美等发达国家应用相对较早，在日本和亚洲其他地区也有相关实践。

人类活动是引起全球气候变化的重要原因，各国认识到气候变化对可持续发展带来的巨大挑战，提出低碳发展战略。国际层面先后建立《公约》及《京都议定书》等相关机制，在"共同但有区别责任"的原则下，互相协作，共同应对气候变化问题。许多国家和地区也已积极开展低碳发展计划，降低对化石能源的依赖，减少温室气体排放，促进可持续发展。低碳发展的目标是：通过低碳技术的跨越式发展和制度约束降低碳排放、提高人类发展水平；依靠低碳产品和低碳产业的长期竞争力，提高能源效率，优化消费结构，倡导理性消费行为，实现地区低碳发展。[③]

（三）以标准化为抓手推动低碳城市建设政策

中国无论是国家批准的低碳试点城市实施方案，还是地方自发提出的低碳城市建设规划，均由各地方政府自主规划和实施，缺乏统一的指导和衡量标准。这种分散化、个性化的低碳城市建设模式，在试点早期有利于鼓励地方大胆尝试和探索不同的低碳发展道路，但随着越来越多的城市掀起低碳城市建设的热潮，绿色、低碳、生态、宜居、可持续等城市建设名目繁多，不少地方官员对这些概念的认识模糊，存在误区，各地不同程度出现了以绿色、生态等为名盲目大拆大建、贪大求新、折腾的现象，结果成了以低碳名义走高碳老路。

全球化时代，标准化已成为世界发展的潮流和趋势。标准化早已不局限于产品、技术、企业或行业层面，而拓展到城市可持续发展的新领域。

① 朱守先：《世界各国低碳发展水平比较分析》，《开放导报》2010 年第 6 期。

② 《低碳城市发展指标之哥本哈根宣言》（*Copenhagen Declaration for a Low Carbon City Development Index*），http://www.copenmind.com/copenmind/mindflow/wwf-denmark-session。

③ 朱守先：《世界各国低碳发展水平比较分析》，《开放导报》2010 年第 6 期。

应充分认识和把握国际标准化趋势，以标准化为抓手，多层面积极推进低碳城市建设。

1. 加强宣传和培训，提高认识。要使各级政府对标准化国际趋势，特别是城市可持续发展领域标准化国际动态有更多的了解和认识，将标准化作为国家和城市治理的重要手段加以重视，须认识到标准化与尊重地方发展实际、突出地方特色并不矛盾，标准化有利于推进低碳城市建设。

2. 加强 ISO 37120 研究和借鉴，指导低碳城市建设。ISO 37120 作为评价城市可持续发展的国际标准，未来在大城市试点的基础上，可能在更大范围推广认证，具有国际权威性。ISO 9000 质量管理体系认证、ISO 14000 环境管理体系认证是企业国际竞争力的基础，同理，城市执行 ISO 37120 也会是城市可持续发展的亮丽标签。低碳城市建设目标，应从核心指标入手，特别是与低碳关系密切的能源、环境、城市规划、交通、治理等方面的指标。

3. 改进统计体系，明确统计监测方法，争取与国际接轨。中国现有统计体系不能满足低碳城市建设的需求。行业碳排放核算和报告要求以及工业企业核算和报告通则国家标准实施不久，城市碳排放核算方法和排放清单还不完善，低碳城市建设相关指标数据严重缺失。应参考 ISO 37120 相关指标的定义和统计监测方法，尽快改进和完善城市统计体系，便于进行国际比较和经验借鉴。

4. 加强指标的动态监测和分析评估，为低碳城市建设决策提供科学依据。低碳城市建设是一个转型发展的动态过程，城市碳排放与自然禀赋、人口和城镇化发展水平、产业和能源结构等因素密切相关。指标体系的作用不仅在于描述现状，更在于基于标准进行城市之间的比较，以及城市自身的动态监测和分析评估，从而发现差距和薄弱环节。标准化为国际比较和经验借鉴提供了便利，经过深入研究和分析评估，也可以为科学决策提供依据。

5. 有效参与国际标准化活动，推广中国低碳城市建设的经验。国际标准的制定就是国际话语权的竞争。中国城镇化进程的规模之大、速度之快在国际上是无可比拟的。中国以低碳城市试点在推动低碳经济发展方面有不少好的经验和做法，为参与国际标准化活动奠定了良好基础。2012年 6 月，国家标准化管理委员会批准中国标准化研究院、中国科学院生态环境研究中心和中国城市科学研究会为 ISO/TC 268的国内技术对口单位①，并成立了专家工作组，但参与度仍有待提高，社会认知程度也非常有限。应加强参与和社会宣传，一方面在国际标准化制定过程中充分反映中国的关切和需求；另一方面，输出和推广中国的经验，宣传中国城市可持续发展的文化和理念。

---

① 　杨锋、刘俊华：《标准支撑城市可持续发展 ISO/TC 268 的组建及我国参与情况》，《标准生活》2010 年第 3 期。

附录

低碳城市建设评价指标体系应用指南

（一）编制说明

1. 编制背景

在全球气候变化的大背景下，低碳城市已成为未来城市可持续发展的必然选择。然而关于低碳城市的内涵，国际上并没有统一标准，概念模糊化导致政府、企业等决策部门及普通大众难以把抽象的低碳城市内涵推进到可操作的层面，导致城市低碳化程度难以量化。

2010 年 7 月，国家发展改革委选取了广东、天津等 13 个地区开展首批低碳试点工作；2012 年 11 月，国家发展改革委又选择了北京、上海、海南等 29 个省市作为第二批低碳试点地区；2017 年 1 月，国家发展改革委确定在乌海市等 45 个市（区、县）开展第三批低碳城市试点。三批低碳试点共包括 87 个省、市（区、县），三批低碳试点的具体任务均包括编制低碳发展规划；前两批低碳试点还包括建立低碳产业体系、建立温室气体排放数据统计和管理体系、积极倡导低碳绿色生活方式和消费模式；第二批和第三批低碳试点还提出建立控制温室气体排放目标责任制或目标考核制度。第三批低碳试点的创新之处在于，要求试点单位明确提出并探索创新经验和做法，提高低碳发展管理能力，并要求试点单位提出碳排放峰值目标年份及低碳发展的创新重点。

特别是党的十九大报告进一步明确"建立健全绿色低碳循环发展的经济体系""要坚持环境友好，合作应对气候变化，保护好人类赖以生存的地球家园"，低碳发展成为城市发展的共识与必然选择。

国家开展低碳试点示范工作以来，建立科学的评价方法成为低碳试点的必然要求。2008 年以来，诸多研究机构对低碳城市评价方法进行了积极探索，建立了由人均碳排放、单位 GDP 碳排放、非化石能源占一次能源消费比重等指标组成的低碳城市评价指标体系。但截至目前，仍然缺乏科学、统一的评价标准，为此，2017 年根据国家发展改革委应对气候变化司要求，依托全球环境基金，通过"国际合作促进中国清洁绿色低碳城市发展"项目，由中国社会科学院城市发展与环境研究所组织构建低碳城市建设评价指标体系，编制应用指南，指导城市低碳建设实践。

2. 编制原则

本指南重视城市特色，凸显应用价值，充分考虑城市现有的数据来源与基础，体现"统一规范、公平公正、科学合理、简易实用"的编制原则。

3. 编制过程

本指南编制包括初期咨询、编制初稿、中期评审、城市调研、修改完善等过程。本指南除参考了大量指南规范标准外，还参考了国内外的相关文献资料，多次邀请应对气候变化领域相关专家参与指导评审。在此期间，项目组应用本指南对三批低碳试点城市进行了评估测算，对其进行了反复修订和完善，提升了本指南的科学性与适用性。

4. 编制范围

本指南规定了低碳城市建设评价的基本原则、指标体系的基本内容、评价方法、数据需求和改进措施。

本指南适用对象为全国地级及以上城市，以及具备统计数据基础的县级市。

5. 主要用户

（1）生态环境部

生态环境部作为国家应对气候变化和低碳发展的主管部门，负责组织拟订、更新并实施应对气候变化国家方案，指导和协助部门、行业和地方方案的拟订和实施。通过组织编制低碳城市建设评价指标体系应用指南，在指南应用与测试过程中不断修改完善，以及通过开展低碳试点评估工作等，运用本指南对城市低碳发展水平进行评价。

（2）地方政府部门

相关地方政府部门可以通过本指南便捷地测算出城市低碳发展水平。对于低碳发展规划的制定者，了解地区低碳发展水平是制定其低碳发展规划或行动方案的第一步。规划或行动方案编制者可利用指南提供的测算结果，分行业、分区域有针对性地编制低碳发展规划或行动方案，以及帮助政府制定和落实地区或行业的低碳发展目标和政策，相关部门还可以将各指标值的分析结果作为相关规划的基础与依据。

（3）从事低碳评估的相关研究机构、咨询公司、第三方认证机构等

从事低碳评估的相关研究机构、咨询公司、第三方认证机构等可以使用本指南对城市低碳发展水平进行核算，进一步开展评估和分析，获得科学合理的研究报告或者低碳发展政策建议。

6. 执行期限

本指南为征求意见稿，执行期限为 2018—2020 年。

（二）主要术语和定义

下列术语和定义适用于本指南。

常住人口是指实际经常居住在某地区半年及半年以上的人口，等于常住户籍人口与常住流动人口之和。

国内生产总值是指一个国家或者地区所有常住单位在一定时期内生产的所有最终产品和劳务的市场价值。

城市是指国家行政区划地级及以上城市所辖区域，含下辖县级行政区。

低碳是指由化石能源燃烧产生的温室气体（以二氧化碳为主）排放处于较低水平。

低碳城市是指以低碳经济为发展模式和方向、市民以低碳生活为理念和行为特征、政府公务管理层以低碳社会为建设标本和蓝图的城市。

低碳城市建设评价是指在低碳城市建设评价指南指导下，根据所确定的低碳城市建设评价内容和要求，按照正规步骤定量以及定性评估目标城市各项低碳建设执行情况。

低碳示范项目是指有政府财政或政策支持，并实现节能减排效果的项目，由国际组织、非政府组织等打造的低碳示范项目也可以计算在内。

低碳特色产业是指辖区因地制宜的、特色鲜明的、低碳环保的产业，具有经济效益较好、市场前景广阔，以及低能耗、低消耗、低污染、低排放和生态环境友好等特征。

碳排放是指在一定的城市市域范围内，由于燃烧化石能源燃料和电力消费（与电力净输出或净输入有关的排放应予以考虑）而产生的二氧化碳排放量。

单位 GDP 能耗是反映能源消费水平和节能降耗状况的主要指标，即

一次能源供应总量与国内生产总值（GDP）的比率，是一个能源利用效率指标。该指标说明一个国家或地区经济活动中对能源的利用程度，反映经济结构和能源利用效率的变化。

能源消费结构是指各种能源（如煤炭、石油、天然气、电力、核能、太阳能等）占能源消费总量的比重。

非化石能源消费总量是指一定时期内，全国各行业和居民生活消费的各种非化石能源的总和。包括当前的新能源及可再生能源，含核能以及风能、太阳能、水能、生物质能、地热能、海洋能等。新能源又称非常规能源，是传统能源之外的各种能源形式；可再生能源是相对不可再生能源而言的，是指在自然界可以循环再生的能源形式。能源消费总量分为终端能源消费量、能源加工转换损失量和能源损失量三部分。

生活垃圾清运量是指报告期收集和运送到各生活垃圾处理场（厂）和生活垃圾最终消纳点的生活垃圾的数量。统计时仅计算从生活垃圾源头和从生活垃圾转运站直接送到处理场（厂）和最终消纳点的清运量，对于二次中转的清运量不重复计算。

（三）基本原则

决策服务原则：低碳城市建设评价属于技术支撑行为。在评估依据、内容、方法等方面必须体现为低碳发展决策服务的原则。

完整性原则：根据低碳城市的建设内容及其特征，对城市社会经济、建筑、设施、交通及管理进行分析和评价。

可操作性原则：应当尽可能选择简单、实用、经过实践检验的可行的评价方法，评价结论应具有可操作性。

技术指导原则：低碳城市建设评价应对城市低碳建设现状和努力程度提出技术指导，指出城市低碳建设推进方向。

（四）评价内容及方法

1. 低碳城市建设评价的基本内容

低碳城市建设评价侧重综合性和系统性，包括宏观领域、能源低碳、产业低碳、低碳生活、资源环境和低碳政策与创新 6 个领域 15 个指标（见表 1）。

（1）宏观领域

宏观领域选取反映低碳发展水平的关联性指标，包括碳排放总量、人均碳排放、单位 GDP 碳排放 3 个指标，这 3 个指标是衡量低碳发展水平的关键和核心指标。

（2）能源低碳

碳排放主要由能源消费产生，因此能源消费结构是影响低碳发展水平的核心指标之一，能源低碳评价指标包括煤炭占一次能源消费比重、非化石能源占一次能源消费比重 2 个指标。

表 1   低碳城市建设评价指标体系

准则层（B）	指标层（C）	单位	评价基准
宏观领域	碳排放总量	万吨	现状及努力程度
	人均二氧化碳排放	吨/人	与全国平均值的比较
	单位 GDP 碳排放	吨/万元	与各类型标杆城市比较
能源低碳	煤炭占一次能源消费比重	%	与上一级行政区控制目标值比较
	非化石能源占一次能源消费比重	%	与上一级行政区规划目标值比较
产业低碳	规模以上工业增加值能耗下降率	%	与同类型城市平均水平比较
	战略性新兴产业增加值占 GDP 比重	%	与国家规划目标值比较
低碳生活	万人公共汽（电）车拥有量	辆/万人	按照城市常住人口规模，与各类型城市平均水平比较
	城镇居民人均住房建筑面积	平方米	与全国平均值的比较
	人均生活垃圾日产生量	千克/人	与全国平均值的比较
资源环境	PM2.5 年均浓度	微克/立方米	与国家《环境空气质量标准》二级标准的年均浓度值比较
	森林覆盖率	%	按照城市年平均降水量分级，与各类型城市平均水平比较
低碳政策与创新	低碳管理	—	定性指标定量化
	节能减排和应对气候变化资金占财政支出比重	%	与标杆城市比较
	其余创新活动	—	定性指标定量化

（3）产业低碳

产业结构和能源消费结构并称影响低碳发展水平的两大因素，产业低碳评价主要包括规模以上工业增加值能耗下降率和战略性新兴产业增加值占 GDP 比重 2 个指标。

（4）低碳生活

包括万人公共汽（电）车拥有量、城镇居民人均住房建筑面积和人均生活垃圾日产生量 3 个指标。

（5）资源环境

包括 PM2.5 年均浓度和森林覆盖率 2 个指标。

（6）低碳政策与创新

包括低碳管理、节能减排和应对气候变化资金占财政支出比重、其余创新活动 3 个指标。

2. 评价方法

（1）碳排放总量

指标定义：城市碳排放总量是指一个城市在一年内各部门、领域的二氧化碳排放量的总和，如式（1）所示，单位是万吨。

$$CE = CE_1 + CE_2 + \cdots + CE_n \tag{1}$$

式中：

CE——碳排放总量

CE_n——第 n 个部分、领域的碳排放量

评价标准：年度城市碳排放总量指标出现下降趋势，得 1 分；出现上升趋势得分为 1-上升率。

数据来源：市统计局、市生态环境局。

（2）人均二氧化碳排放

指标定义：人均二氧化碳排放是指城市二氧化碳排放总量与常住人口之比，如式（2）所示，单位是吨/人。

$$CE^{PC} = \frac{CE}{CRP} \tag{2}$$

式中：

CE^{PC}——人均二氧化碳排放

CE——碳排放总量

CRP——城市常住人口

评价标准见表 2。

（3）碳强度指标

指标定义：单位 GDP 碳排放也称碳经济强度，是指城市碳排放总量与国内生产总值之比，如式（3），单位是吨/万元。

$$CI = \frac{CE}{GDP} \qquad\qquad (3)$$

式中：

CI——碳强度

CE——碳排放总量

GDP——国内生产总值

表 2   **人均二氧化碳排放指标评价标准**

组别	级数	评价内容	分值
人均 GDP 低于全国平均水平	1	人均二氧化碳排放高于全国平均水平的两倍	0
	2	人均二氧化碳排放高于全国平均水平，但不超过两倍	1-超出率
	3	人均二氧化碳排放低于全国平均水平	1
人均 GDP 高于全国平均水平	1	人均二氧化碳排放高于全国平均水平，超过幅度高于人均 GDP 超出全国平均水平幅度的一半	0
	2	人均二氧化碳排放高于全国平均水平，超过幅度不高于人均 GDP 超出全国平均水平幅度的一半	1-超出率
	3	人均二氧化碳排放低于全国平均水平	1

注：6.92 吨/人是中国 2016 年人均二氧化碳排放水平，5.38 万元/人是 2016 年全国人均 GDP 水平。超出率为人均二氧化碳排放实际值超出 6.92 吨/人的百分率。基础数据来源于《中国统计年鉴（2017）》。

数据来源于市统计局、市生态环境局。

评价标准：单位 GDP 碳排放达到或低于所在城市分类领跑城市水平，得 1 分；超过城市分类的目标值（见表 3），则目标值与实际值的比值即为得分。

表 3   **单位 GDP 碳排放指标评价目标值**

序号	城市类型	目标值
1	服务型城市	北京市单位 GDP 碳排放水平
2	工业型城市	南昌市单位 GDP 碳排放水平
3	综合型城市	成都市单位 GDP 碳排放水平
4	生态优先型城市	广元市单位 GDP 碳排放水平

注：城市分类方法以第一、第二、第三产业占整个城市产业结构的不同比重作为衡量指标。服务型城市：第三产业占比超过 55%；工业型城市：第二产业占比超过 50%；综合型城市：第二、第三产业占比相当，第二产业占比小于 50% 且第三产业占比小于 55%；生态优先型城市：第一产业比重较大，生态环境较好。

数据来源于市统计局、市生态环境局。

（4）煤炭占一次能源消费比重

指标定义：一定时期内城市用于生产、生活的煤炭消费量占一次能源消费总量的比重，是反映城市能源消费结构的指标，单位是%。

评价标准：达到各城市省级及以上控制目标值，得 1 分；未达到各城市省级控制目标值，则控制目标值与实际值的比重即为得分；若未设置控制目标值，则 1-煤炭占一次能源消费比重即为得分。

数据来源于市统计局、市发展改革委。

（5）非化石能源占一次能源消费比重

指标定义：一定时期内城市用于生产、生活的非化石能源消费量占一次能源消费总量的比重，是反映城市能源消费结构的指标，单位是%。

评价标准：达到或超过各城市所在省份的控制目标值，得 1 分；未达到各城市所在省份的控制目标值，则实际值与控制目标值的比值即为得分；若所在省份未设置控制目标值，则达到或超过全国平均水平，得 1分；若所在省份未设置控制目标值，且未达到全国平均水平，则实际值与全国平均水平的比值即为得分。

2016 年中国非化石能源占一次能源消费比重为 13.3%。中国确定的 2020 年行动目标是：碳强度比 2005 年下降 40%—45%，非化石能源占一次能源消费比重达到 15% 左右。2030 年行动目标是：二氧化碳排放 2030 年左右达到峰值并争取尽早达峰；碳强度比 2005 年下降 60%—65%，非化石能源占一次能源消费比重达到 20% 左右。[1]

数据来源于市统计局、市发展改革委。

（6）规模以上工业增加值能耗下降率

指标定义：城市当年规模以上工业增加值能耗变化量与上年规模以上工业增加值能耗之比，如式（4）所示。规模以上工业增加值以上年价格计算。

$$EIR = (1 - \frac{EI_t}{EI_{t-1}}) \times 100\% \qquad (4)$$

式中：

EIR——规模以上工业增加值能耗下降率

EI_t——城市当年规模以上工业增加值能耗

① 资料来源：http://www.ndrc.gov.cn/xwzx/xwfb/201506/t20150630_710204.html。

EI_{t-1}——城市上年规模以上工业增加值能耗

评价标准：规模以上工业增加值能耗下降率达到或超过所在城市分类的平均水平（目标值）得1分；未达到所在城市分类的平均水平（目标值，见表4），则实际值与目标值的比值即为得分；若出现上升趋势，得0分。

表4　　规模以上工业增加值能耗下降率指标评价目标值（2015年）

序号	城市类型	目标值（%）
1	服务型城市	8.52
2	工业型城市	11.28
3	综合型城市	8.48
4	生态优先型城市	6.57

注：与同类型城市当年平均水平比较。

数据来源于市统计局、市发展改革委、市经信委。

（7）战略性新兴产业增加值占GDP比重

指标定义：城市战略性新兴产业增加值与国内生产总值之比，如式（5）所示。

$$SEISI = \frac{SEIS}{GDP} \tag{5}$$

式中：

$SEISI$——战略性新兴产业增加值占GDP比重

$SEIS$——战略性新兴产业增加值

GDP——国内生产总值

评价标准：实际值与控制目标值（15%）的比值即为得分（控制目标值15%是《"十三五"国家战略性新兴产业发展规划》的目标值）。[①]

数据来源于市统计局、市发展改革委、市科技局。

（8）万人公共汽（电）车拥有量

指标定义：万人公共汽（电）车拥有量，反映低碳交通发展水平以及居民低碳出行的便捷性程度。

评价标准：万人公共汽（电）车拥有量达到或超过所在城市分类水平的平均值得1分；未达到城市分类的平均值（目标值，见表5），则实际值与分类平均值的比值即为得分。

---

① 资料来源：http://www.gov.cn/zhengce/content/2016-12/19/content_ 5150090.htm。

表 5　　　万人公共汽（电）车拥有量指标评价目标值（2015 年）

序号	城区常住人口规模（万人）	目标值
1	≥1000	≥15 辆/万人
2	500—1000	≥13 辆/万人
3	300—500	≥10 辆/万人
4	<300	≥7 辆/万人

注：与同类型城市当年平均水平比较。

数据来源于市统计局、市交通局。

（9）城镇居民人均住房建筑面积

指标定义：城镇居民人均住房建筑面积（新增指标）是指按城镇居住人口计算的每人平均拥有的住宅建筑面积。居民住宅建筑是碳排放的主要贡献者，随着生活质量提升，其碳排放量占碳排放总量的份额不断增加。

计算公式：城市居民人均住房建筑面积=住房建筑面积/居住人口

评价标准见表 6。

表 6　　　　　　城镇居民人均住房建筑面积指标评价标准

序号	城镇居民人均住房建筑面积	得分
1	达到全国平均水平，或上下波动幅度在 20% 及以内	1
2	未达到全国平均水平，且上下波动幅度为 20%—40%	0.5
3	未达到全国平均水平，且上下波动幅度超过 40%	0

注：2016 年全国居民人均住房建筑面积为 40.8 平方米，城镇居民人均住房建筑面积为 36.6 平方米，农村居民人均住房建筑面积为 45.8 平方米。

资料来源：http：//www.stats.gov.cn/tjsj/sjjd/201707/t20170706_ 1510401.html。

数据来源于市统计局、市住建局。

（10）人均生活垃圾日产生量

指标定义：人均生活垃圾日产生量是指报告期内城市常住人口的日生活垃圾产生量，如式（6）所示。在统计上，由于日生活垃圾产生量不易取得，用日生活垃圾清运量代替。

$$HR^{PD,PC} = \frac{HR}{CRP} \times 100\% \qquad (6)$$

式中：

$HR^{PD,PC}$——居民人均生活垃圾日产生量

HR——日生活垃圾清运量

CRP——城市常住人口

评价标准：低于全国平均水平，得 1 分；高于全国平均水平，则全国

平均水平与实际值的比值即为得分。

2015 年全国人均生活垃圾日产生量为 1. 33 千克[①]。

数据来源于市统计局、市环卫系统。

（11）PM2.5 年均浓度

指标定义：PM2.5 浓度是指报告期内城市直径小于或等于 2.5 微米（μm）的尘埃或飘尘在环境空气中的浓度。

评价标准：目标值（35μg/m³）[②] 与城市 PM2.5 年均浓度的比值即为得分。

数据来源于市统计局、市环保局。

（12）森林覆盖率

指标定义：森林覆盖率指城市森林面积占土地面积的百分比，是反映该城市森林面积占有情况或森林资源丰富程度及实现绿化程度的指标，主要反映城市生态与碳汇建设水平，如式（7）所示。

$$FCR = \frac{FA}{CLA} \tag{7}$$

式中：

FCR——森林覆盖率

FA——城市森林面积

CLA——城市土地面积

评价标准：森林覆盖率达到或超过所在城市分类平均值得 1 分；未达到城市分类平均值（目标值，见表 7），则按照实际值/分类平均值的比值即为得分。

表 7　　　　　　　　　森林覆盖率指标评价目标值

序号	城市年降水量（毫米）	城市市域森林覆盖率目标值	2/3 以上的区、县森林覆盖率目标值
1	<400	>20%，分布均匀	>20%
2	400－800	>30%，分布均匀	>30%
3	≥800	>35%，分布均匀	>35%

注：自然湿地面积占市域面积 5% 以上的城市，在计算其市域森林覆盖率时，扣除超过 5% 的自然湿地面积。

分类标准参考《国家森林城市评价指标》。

---

① 资料来源：《中国城乡建设统计年鉴（2015）》。

② 35μg/m³ 为国家《环境空气质量标准》（GB 3095—2012）二级标准的年均浓度值。

数据来源于市统计局、市林业局。

（13）低碳管理

指标定义：低碳管理是指对从管理体制构成、职责和执行，以及政策措施等方面反映城市低碳发展管理体制的指标。

评价标准：建立低碳发展领导小组，市委书记/市长是低碳发展领导小组成员，得0.4分；城市规划明确指出了碳排放达峰目标，得0.2分；城市规划明确指出了温室气体排放总量控制及强度"双控"目标，得0.2分；建立碳排放目标责任制，包括温室气体排放指标分解、清单编制常态化、开展相关评估和考核工作，得0.2分。

数据来源于市统计局、市生态环境局。

（14）节能减排和应对气候变化资金占财政支出比重

指标定义：该指标是指城市年度节能减排和应对气候变化资金占财政支出比重。

评价标准：实际值与目标值的比值即为得分。其中，深圳是全国低碳城市建设基础较好的城市之一，因此以深圳节能减排和应对气候资金占财政支出比重为目标值。

数据来源于市统计局、市生态环境局、市发展改革委。

（15）其余创新活动

指标定义：该指标反映城市开展低碳国际合作、树立城市品牌、经济与生态环保协同发展等创新性活动情况。

评价标准：按照创新力度和进展情况打分，1分。

数据来源于市统计局、市生态环境局。

3. 指标处理与评价结果

由于原始指标具有不同的量纲，在与全国或同类型城市平均水平进行比较时，须按照相应的标准转换为无量纲的指标。

因此，每个指标的赋值在0—1，最后根据各指标权重（见表8），计算城市低碳建设指数并换算为百分制，取值区间为［0，100］。

表 8　　　　　　　　　　　　低碳城市建设评价指标权重

准则层（B）	权重（%）	指标层（C）	权重（%）	单位	评价基准
宏观领域	31	碳排放总量	11	万吨	现状及努力程度
		人均二氧化碳排放	9	吨/人	与全国均值的比较
		单位 GDP 碳排放	11	吨/万元	与各类型标杆城市比较
能源低碳	20	煤炭占一次能源消费比重	10	%	与上一级行政区控制目标值比较
		非化石能源占一次能源消费比重	10	%	与上一级行政区规划目标值比较
产业低碳	17	规模以上工业增加值能耗下降率	9	%	与同类型城市平均水平比较
		战略性新兴产业增加值占 GDP 比重	8	%	与国家规划目标值比较
低碳生活	17	万人公共汽（电）车拥有量	7	辆/万人	按照城市常住人口规模，与各类型城市平均水平比较
		城镇居民人均住房建筑面积	5	平方米	与全国平均值的比较
		人均生活垃圾日产生量	5	千克/人	与全国平均值的比较
资源环境	7	PM2.5 年均浓度	3	微克/立方米	与国家《环境空气质量标准》二级标准的年均浓度值比较
		森林覆盖率	4	%	按照城市年平均降水量分级，与各类型城市平均水平比较
低碳政策与创新	8	低碳管理	2	—	定性指标定量化
		节能减排和应对气候变化资金占财政支出比重	4	%	与标杆城市比较
		其余创新活动	2	—	定性指标定量化

　　考核评估采用百分制评分法，满分为 100 分。考核评估结果划分为三星级、二星级、一星级、合格、不合格五个等级。考核评估得分 90 分及以上为三星级，80—89 分为二星级，70—79 分为一星级，60—69 分为合格，60 分以下为不合格，其对应评价即为城市评级结果（见表 9）。

表9　　　　　　　　　　　　低碳城市评价结果

等级	☆☆☆	☆☆	☆	合格	不合格
分数	90分及以上	80—89分	70—79分	60—69分	60分以下

（五）数据需求

数据可得性是指标体系真正发挥评估作用的基础，因此对于三类用户，数据可得性也存在区别。

国家主管部门自上而下开展试点城市考核评估时，城市各相关部门会按照要求提供证明材料，数据可得性好。

地方政府开展低碳发展状况自评估时，城市各相关部门会按照要求提供证明材料，数据可得性较好。

第三方开展城市低碳发展状况及其比较研究时，在没有地方政府的配合下，有些数据的可得性较差，需要估算，但第三方评估的意义在于客观性，可以找出城市间的共性和差异性。

（六）改进措施

低碳城市建设评价研究开展十年来，迫切需要生态环境部气候司牵头，组织编写中国低碳城市建设评价指标体系应用指南。本指南既可以应用于自上而下开展的试点城市考核评估、城市自评估和第三方评估。

在指标体系构建过程中，虽然有专家推荐的众多指标可选择，但由于数据可得性等原因而放弃。目前本指南应用中的局限性来自宏观领域低碳指标的核算没有公开的碳排放数据可用，只能利用城市能源数据进行推算。

由于大多数城市没有编制或公开能源平衡表，只能从城市能源消费统计数据分析。大多数城市能源消费数据主要包括规模以上工业企业能源购进、消费及库存量，分地区规模以上工业企业能源消费量，分行业规模以上工业企业能源消费量，主要工业产品单位产量能耗等，缺失全社会分品种能源消费量统计数据，特别是城市层面的移动源能源消费量核算及边界缺乏统一的标准，因此存在较大的不确定性。

主要改进措施包括：一是以省级行政区为单位，自上而下分解各城市能源消费量及单位 GDP 能耗数据；二是建立城市能源统计制度，构建完善城市尺度的能源平衡表编制制度，采用分品种能源碳排放系数实测值数据，统一城市能源消费结构的核算方法。

由于城市低碳发展评价的系统性与复杂性，本指南还存在许多不足之处，希望在使用过程中能够及时得到相关反馈意见，以便做进一步的修改。

参考文献

北京理工大学能源与环境政策研究中心：《"十三五"碳排放权交易对工业部门减排成本的影响》，2016 年。

北京师范大学经济与资源管理研究院、西南财经大学发展研究院、国家统计局中国经济景气监测中心：《2014 中国绿色发展指数报告——区域比较》，科学出版社 2014 年版。

北京市发展改革委：《低碳社区评价技术导则》，2015 年。

蔡博峰、王金南、杨姝影等：《中国城市 CO_2 排放数据集研究——基于中国高空间分辨率网格数据》，《中国人口·资源与环境》2017 年第 2 期。

曹孜、彭怀生、鲁芳：《工业碳排放状况及减排途径分析》，《生态经济》2011 年第 9 期。

重庆市城乡建设委员会：《重庆市绿色低碳生态城区评价指标体系（试行）》，2012 年。

陈飞、诸大建：《低碳城市 2.0——三重底线的界面分析与城市规划中的门槛跨越》，《规划师》2013 年第 1 期。

陈飞、诸大建：《低碳城市研究的内涵、模型与目标策略确定》，《城市规划学刊》2009 年第 4 期。

陈飞、诸大建、许琨：《城市低碳交通发展模型、现状问题及目标策略——以上海市实证分析为例》，《城市规划学刊》2009 年第 6 期。

陈华：《基于生态—公平—效率模型的中国低碳发展研究》，同济大学出版社 2012 年版。

陈佳贵：《中国地区工业化进程的综合评价和特征分析》，《经济研究》2006 年第 6 期。

陈莎、李燚佩、程利平等：《基于 LCA 的北京市社区碳排放研究》，

《中国人口·资源与环境》2013年第11期。

陈迎、潘家华、谢来辉：《中国外贸进出口商品中的内涵能源及其政策含义》，《经济研究》2008年第7期。

仇保兴：《兼顾理想与现实：中国低碳生态城市指标体系构建与实践示范初探》，中国建筑工业出版社2012年版。

褚国栋、高志英：《低碳城市试点效果实证分析》，《合作经济与科技》2017年第10期。

丛建辉、刘学敏、赵雪如：《城市碳排放核算的边界界定及其测度方法》，《中国人口·资源与环境》2014年第4期。

崔冬初、于悦：《低碳交通的国际经验及对我国的启示》，《生态经济》2014年第9期。

崔连标、范英、朱磊等：《碳排放交易对实现我国"十二五"减排目标的成本节约效应研究》，《中国管理科学》2013年第1期。

第三次气候变化国家评估报告编写委员会：《第三次气候变化国家评估报告》，2017年。

丁丁、蔡蒙、付琳、杨秀：《基于指标体系的低碳试点城市评价》，《中国人口·资源与环境》2015年第10期。

董美辰：《我国城市化对碳排放影响的实证分析》，《经济视角》2014年第1期。

樊纲、马蔚华：《低碳城市在行动：政策与实践》，中国经济出版社2011年版。

冯飞、王晓明、王金照：《对我国工业化发展阶段的判断》，《中国发展观察》2012年第8期。

付允、刘怡君、汪云林：《低碳城市的评价方法与支撑体系研究》，《中国人口·资源与环境》2010年第8期。

郭朝先：《产业结构变动对中国碳排放的影响》，《中国人口·资源与环境》2012年第7期。

郭克莎、周叔莲：《工业化与城市化关系的经济学分析》，《中国社会科学》2002年第2期。

国家发展改革委：《低碳社区试点建设指南》，2015年。

国家发展改革委：《关于开展低碳省区和低碳城市试点工作的通知》，2010年。

国家发展改革委：《关于开展第二批低碳省区和低碳城市试点工作的通知》，2012 年。

国家发展改革委：《关于开展第三批国家低碳城市试点工作的通知》（发改气司〔2017〕66 号），2017 年。

国家发展改革委：《推进低碳发展试点示范　推动经济发展方式转变》，《再生资源与循环经济》2014 年第 2 期。

国家发展改革委：《中国应对气候变化的政策与行动 2016 年度报告》，2016 年。

国家发展改革委、财政部、环境保护部、国家统计局：《循环经济发展评价指标体系（2017 年版）》，2016 年。

国家发展改革委、国家统计局、环境保护部、中央组织部：《绿色发展指标体系》，2016 年。

国家发展改革委、国家统计局、环境保护部、中央组织部：《生态文明建设考核目标体系》，2016 年。

国家发展改革委、国家统计局、环境保护部、中央组织部：《关于印发〈绿色发展指标体系〉〈生态文明建设考核目标体系〉的通知》，2016 年。

国家发展改革委环资司：《节能减排形势严峻，产业发展潜力巨大——2013 年上半年节能减排形势分析》，《中国经贸导刊》2013 年第 22 期。

国家发展改革委能源研究所课题组：《中国 2050 年低碳发展之路：能源需求暨碳排放情景分析》，北京科学出版社 2009 年版。

国家林业局：《中国生态文化发展纲要（2016—2020 年）》，2016 年。

国家能源局：《2016 年度全国可再生能源电力发展监测评价报告》，2016 年。

国家统计局：《中国城市统计年鉴（2011）》，中国统计出版社 2011 年版。

国家统计局：《中国统计年鉴（2017）》，中国统计出版社 2017 年版。

国务院办公厅：《国家标准化体系建设发展规划（2016—2020 年）》，2015 年。

［美］H. 钱纳里等：《工业化与经济增长的比较研究》，吴奇、王松宝等译，上海三联书店 1989 年版。

何建坤:《中国的能源发展与应对气候变化》,《中国人口·资源与环境》2011 年第 10 期。

河北省住房和城乡建设厅:《河北省生态示范城市建设评价指标(试行)》,2014 年。

贺爱忠、李韬武、盖延涛:《城市居民低碳利益关注和低碳责任意识对低碳消费的影响——基于多群组结构方程模型的东、中、西部差异分析》,《中国软科学》2011 年第 8 期。

胡敏、李昂:《中国低碳城市发展:愿景和现实之间》,2016 年 3 月,FT 中文网(http://www.ftchinese.com/story/001066469? archive)。

胡秀莲、刘强、姜克隽:《中国减缓部门碳排放的技术潜力分析》,《中外能源》2007 年第 4 期。

华坚、赵晓晓、张韦全:《城市居民低碳产品消费行为影响因素研究——以江苏省南京市为例》,《经济体制改革》2013 年第 3 期。

环境保护部:《关于印发〈国家生态文明建设示范村镇指标(试行)〉的通知》,2014 年。

环境保护部环境规划院、世界自然基金会:《城市温室气体排放清单》,2011 年。

"京津冀低碳发展的技术进步路径研究"课题组:《京津冀低碳发展指数研究报告》,科学出版社 2017 年版。

江山市人民政府:《江山市温室气体清单编制工作方案》,2014 年。

江西省人民政府:《江西省生态文明建设目标评价考核办法(试行)》,2017 年。

姜克隽、胡秀莲、庄幸等:《中国 2050 年低碳情景和低碳发展之路》,《中外能源》2009 年第 6 期。

蒋毅一、徐鑫:《我国产业结构现状对碳排放的影响及调整对策研究》,《科技管理研究》2013 年第 12 期。

金石:《WWF 启动中国低碳城市发展项目》,《环境保护》2008 年第 2A 期。

李爱民、于立:《中国低碳生态城市指标体系的构建》,《建设科技》2012 年第 12 期。

李健、周慧:《中国碳排放强度与产业结构的关联分析》,《中国人口·资源与环境》2012 年第 1 期。

李明月：《低碳经济背景下的政府能力建设》，《知识经济》2012 年第 6 期。

李晓华、胡升华：《2009 中国可持续发展战略报告——探索中国特色的低碳道路》，科学出版社出版 2009 年版。

李晓西、刘一萌、宋涛：《人类绿色发展指数的测算》，《中国社会科学》2014 年第 6 期。

李昕蕾、宋天阳：《跨国城市网络的实验主义治理研究——以欧洲跨国城市网络中的气候治理为例》，《欧洲研究》2014 年第 6 期。

李亚、翟国方、顾福妹：《城市基础设施韧性的定量评估方法研究综述》，《城市发展研究》2016 年第 6 期。

联合国人类住区规划署：《2011 年全球人类住区报告——城市与气候变化》，2011 年。

林伯强、刘希颖：《中国城市化阶段的碳排放影响因素和减排策略》，《经济研究》2010 年第 8 期。

刘佳骏、史丹、裴庆冰：《我国低碳试点城市发展现状评价研究》，《重庆理工大学学报》（社会科学版）2016 年第 10 期。

刘钦普：《国内构建低碳城市评价指标体系的思考》，《中国人口·资源与环境》2013 年第 159 期。

刘竹、耿涌、薛冰等：《基于"脱钩"模式的低碳城市评价》，《中国人口·资源与环境》2011 年第 4 期。

路超君、秦耀辰、张金萍：《低碳城市发展阶段划分与特征分析》，《城市发展》2014 年第 8 期。

马德秀、曾少军、朱启贵等：《"低碳+"的内涵、外延与路径》，《经济研究参考》2016 年第 62 期。

马骏、李治国：《PM2.5 减排的经济政策》，中国经济出版社 2014 年版。

《美丽乡村建设指南》国家标准起草组：《国家标准〈美丽乡村建设指南〉》，2014 年。

牛鸿蕾、江可申：《中国产业结构调整的碳排放效应——基于 STIRPAT 扩展模型及空间面板数据的实证研究》，《技术经济》2013 年第 8 期。

潘家华、庄贵阳、朱守先等：《低碳城市：经济学方法、应用与案例研究》，社会科学文献出版社 2012 年版。

彭迪云、马诗怡、白锐：《城镇居民低碳消费行为影响因素的实证分析——以南昌市为例》，《生态经济》2014 年第 12 期。

陕西省住房和城乡建设厅：《陕西省绿色生态城区指标体系（试行）》，2015 年。

邵超峰、鞠美庭：《基于 DPSIR 模型的低碳城市指标体系研究》，《生态经济》2010 年第 10 期。

深圳市政府：《深圳市可持续发展规划（2017—2030 年)》，2017 年。

盛广耀：《中国低碳城市建设的政策分析》，《生态经济》2016 年第 2 期。

石洪景：《城市居民低碳消费行为及影响因素研究——以福建省福州市为例》，《资源科学》2015 年第 2 期。

石敏俊、袁永娜、周晟吕等：《碳减排政策：碳税、碳交易还是两者兼之?》，《管理科学学报》2013 年第 9 期。

宋德勇、卢忠宝：《中国碳排放影响因素分解及其周期性波动研究》，《中国人口·资源与环境》2009 年第 3 期。

谭丹、黄贤金、胡初枝：《我国工业行业的产业升级与碳排放关系分析》，《四川环境》2008 年第 2 期。

唐建荣、李烨啸：《基于 EIO-LCA 的隐性碳排放估算及地区差异化研究——江浙沪地区隐含碳排放构成与差异》，《工业技术经济》2013 年第 4 期。

外交部：《变革我们的世界：2030 年可持续发展议程》，2016 年。

王娟、魏玮、马松昌：《中国的经济发展、城市化与二氧化碳排放》，《经济经纬》2013 年第 6 期。

王蕾、魏后凯：《中国城镇化对能源消费影响的实证研究》，《资源科学》2014 年第 6 期。

王伟光、郑国光等：《应对气候变化报告（2013）：聚焦低碳城镇化》，社会科学文献出版社 2013 年版。

王文军、赵黛青：《减排与适应协同发展研究：以广东为例》，《中国人口·资源与环境》2011 年第 6 期。

王晓文：《探究低碳经济与中国经济可持续发展》，《中国市场》2013 年第 34 期。

王亚柯、娄伟：《低碳产业支撑体系构建路径浅议——以武汉市发展低碳产业为例》，《华中科技大学学报》2010 年第 4 期。

王银娥：《低碳经济：社会可持续发展的路径选择》，《西安财经学院学报》2012 年第 2 期。

魏庆坡：《碳交易与碳税兼容性分析——兼论中国减排路径选择》，《中国人口·资源与环境》2015 年第 5 期。

温州市人民政府：《温州市温室气体清单编制工作实施方案》，2013 年。

乌力吉图、王东亚：《中国城市化发展与碳排放关系的实证研究》，《统计与决策》2012 年第 3 期。

［美］西蒙·库兹涅茨：《现代经济增长》，戴睿、易诚译，北京经济学院出版社 1989 年版。

习近平：《共同构建人类命运共同体》，《人民日报》2017 年 1 月 20 日第 2 版。

习近平：《决胜全面建成小康社会 夺取新时代中国特色社会主义伟大胜利——在中国共产党第十九次全国代表大会上的报告》，《人民日报》2017 年 10 月 28 日第 1—5 版。

夏堃堡：《发展低碳经济，实现城市可持续发展》，《环境保护》2008 年第 2A 期。

相震：《建设低碳城市的环保应对措施》，《环境科学与技术》2010 年第 1 期。

辛章平、张银太：《低碳经济与低碳城市》，《城市发展研究》2008 年第 4 期。

徐丽杰：《中国城市化对碳排放的动态影响关系研究》，《科技管理研究》2014 年第 17 期。

薛冰、李春荣、刘竹等：《全球 1970—2007 年碳排放与城市化关联机理分析》，《气候变化研究进展》2011 年第 6 期。

薛秀春：《中德低碳生态城市试点示范工作启动》，《中国建设报》2014 年第 1 期。

严法善：《低碳经济是实现可持续发展的必然选择》，《电力与能源》2012 年第 5 期。

杨锋：《ISO 37120：2014〈城市可持续发展——关于城市服务和生活

品质的指标〉实施指南》，中国标准出版社 2017 年版。

杨泽军：《低碳经济对中国可持续发展的机遇与挑战》，《环境经济》2010 年第 4 期。

叶瑞克、李亦唯、高壮飞等：《低碳城市与智慧城市交互发展研究》，《科技与经济》2017 年第 4 期。

袁永娜、石敏俊、李娜等：《碳排放许可的强度分配标准与区域经济协调发展：基于 30 省区 CGE 模型的分析》，《气候变化研究进展》2012 年第 1 期。

张坤民：《低碳世界中的中国：地位、挑战与战略》，《中国人口·资源与环境》2008 年第 3 期。

张敏：《六城市被确定为首批中美低碳生态试点城市》，《经济参考报》2013 年第 7 期。

张陶新、周跃云、赵先超：《中国城市低碳交通建设的现状与途径分析》，《城市发展研究》2011 年第 1 期。

张雪花等：《人类绿色发展指数的构建与测度方法研究》，《中国人口·资源与环境》专刊，2013 年 12 月。

张志高、袁征、刘雪等：《基于投入视角的农业碳排放与经济增长的脱钩效应分析——以河南省为例》，《水土保持研究》2017 年第 5 期。

张治：《浅析低碳经济与我国经济可持续发展》，《经济师》2012 年第 9 期。

赵红、陈雨蒙：《我国城市化进程与减少碳排放的关系研究》，《中国软科学》2013 年第 3 期。

赵倩：《上海市温室气体排放清单研究》，博士学位论文，复旦大学，2011 年。

赵涛、于晨霞、潘辉：《我国低碳城市发展影响机制研究——基于 35 个副省级以上城市样本的实证分析》，《经济问题》2017 年第 8 期。

赵峥：《亚太城市绿色发展报告——建设面向 2030 年的美好城市家园》，中国社会科学出版社 2016 年版。

郑艳、王文军、潘家华：《低碳韧性城市：理念、途径与政策选择》，《城市发展研究》2013 年第 3 期。

郑云明：《低碳城市评价指标体系研究综述》，《商业经济》2012 年第 2 期。

中国科学院可持续发展战略研究组:《2015 中国可持续发展报告——重塑生态环境治理体系》,科学出版社 2015 年版。

中国科学院能源领域战略研究组:《中国至 2050 年能源科技发展路线图》,北京科学出版社 2009 年版。

中国社会科学院城市发展与环境研究所:《重构中国低碳城市评价指标体系——方法学研究与应用指南》,社会科学文献出版社 2013 年版。

中欧低碳生态城市合作项目管理办公室:《中欧低碳生态城市合作项目城市试点启动》,《建设科技》2015 年第 7 期。

朱守先:《城市低碳发展水平及潜力比较分析》,《开放导报》2009 年第 4 期。

庄贵阳:《低碳经济:气候变化背景下中国的发展之路》,气象出版社 2007 年版。

庄贵阳、潘家华、朱守先:《低碳经济的内涵及综合评价指标体系构建》,《经济学动态》2011 年第 1 期。

庄贵阳、朱守先、袁路等:《中国城市低碳发展水平排位及国际比较研究》,《中国地质大学学报》(社会科学版) 2014 年第 2 期。

庄贵阳等:《中国城市低碳发展蓝图:集成、创新与应用》,社会科学文献出版社 2015 年版。

Ang, B. W., K. H. Choi, "Decomposition of Aggregate Energy and Gas Emission Intensities for Industry: A Refined Divisia Index Method", *Energy*, Vol. 18, No. 3, 1997.

Ann, P. K., M. K. Daniel, "National Trajectories of Carbon Emissions: Analysis of Proposals to Foster the Transition to Low – Carbon Economies", *Global Environmental Change*, Vol. 8, No. 3, 1998.

Ang, B. W., F. Q. Zhang, Choi, K. H., "Factorizing Changes in Energy and Environmental Indicators through Decomposition", *Energy*, Vol. 23, No. 6, 1998.

C40 Cities, "C40 Cities Resources", http://live.c40cities.org/cities, 2017.

"Copenhagen Climate Plan", http://ec.europa.eu/environment/europeangreencapital/wp-content/uploads.

Dual Citizen LLC, *GGEI 2016*, http://dualcitizeninc.com/GGEI –

2016. pdf, 2017.

Department of Trade and Industry (DTI), *UK Energy White Paper : Our Energy Future—Creating a Low Carbon Economy*, London: TSO, 2003.

Economist Intelligence Unit, *European Green City Index: Assessing the Environmental Impact of Europe's Major Cities*, Munich, Germany, 2009.

EGCA, "Background to the European Green Capital Award", http: // ec. europa. eu/environment/, 2017.

EIU, "The Green City Index", http: //www. siemens. com/entry/cc/ en/greencityindex. htm, 2017.

"European Energy Award", http: //www. european – energy – award. org, 2017.

"European Green Capital Award", http: //ec. europa. eu/environment/ europeangreencapital/index en. htm, 2017.

European Green Capital, *Urban Environment Good Practice Benchmarking Report*, European Green Capital Award, 2017.

EIU, *Asian Green City Index: Assessing the Environmental Performance of Asia's Major Cities*, Munich, Germany: Economist Intelligence Unit, 2011.

Energy White Paper, *Our Energy Future—Creating a Low Carbon Economy*, http: //www. berr. gov. uk/files/file10719. pdf, 2017.

European City Ranking 2015—*Best Practices for Clean Air in Urban Transport*, http: //sootfreecities. eu/, 2017.

Fan, Y., L. C. Liu, G. Wu, et al., "Analyzing Impact Factors of CO_2 Emissions Using the STIRPAT Model", *Environmental Impact Assessment Review*, Vol. 26, No. 4, 2006.

Intergovernmental Panel on Climate Change (IPCC), *Climate Change 2007: The Physical Science Basis*, Cambridge, UK: Cambridge University Press, 2007.

Intergovernmental Panel on Climate Change (IPCC), *Climate Change 2013: The Physical Science Basis*, Cambridge, UK: Cambridge University Press, 2013.

Innovative Green Development Program, *iGDP Annual Report 2015 – 2016*, 2017.

Kaya, Y., "Impact of Carbon Dioxide Emission on GNP Growth: Interpretation of Proposed Scenarios", Paris: Presentation to the Energy and Industry Subgroup, Response Strategies Working Group, IPCC, 1989.

Lee, K., W. Oh, "Analysis of CO_2 Emissions in APEC Countries: A Time-Series and a Cross-Sectional Decomposition Using the Log Mean Divisia Method", *Energy Policy*, Vol. 34, No. 17, 2006.

Larsen, H., E. Hertwich, "The Case for Consumption-Based Accounting of Greenhouse Gas Emissions to Promote Local Climate Action", *Environmental Science and Policy*, No. 12, 2009.

LBNL, *Benchmarking and Energy Saving Tool for Low Carbon Cities (BEST Cities)*, 2014, February 1, United States. https://china.lbl.gov/tools/benchmarking-and-energy-saving-tool-low.

Mayunga J. S., "Understanding and Applying the Concept of Community Disaster Resilience: A Capital-Based Approach", Summer Academy for Social Vulnerability and Resilience Building, Munich, Germany, 2007.

Max, W., Y. Ye, X. Q. Shi, et al., "Decoupling Economic Growth from CO_2 Emissions: A Decomposition Analysis of China's Household Energy Consumption", *Advances in Climate Change Research*, Vol. 7, 2012.

Noriko Fujiwara, CEPS, "Roadmap for Post-Carbon Cities in Europe: Transition to Sustainable and Resilient Urban Living", 2016.

Nan Zhou, Gang He, Christopher Williams, et al., "ELITE Cities: A Low-Carbon Eco-City Evaluation Tool for China", *Ecological Indicators*, Vol. 48, 2015.

OECD, "Cities and Climate Change: National Governments Enabling Local Action", http://www.oecd.org/env/cc/Cities-and-climate-change-2014-Policy-Perspectives-Final-web.pdf.

"Post-Carbon City Index (PCI), Towards a Post-Carbon Future Benchmarking of 10 European Case Study Cities, D3-4 of the Project Post-Carbon Cities of Tomorrow (POCACITO)", http://pocacito.eu/start, 2017.

"Ranking Overview", http://www.sootfreecities.eu/. 2017.

"Renewable Energy Systems (RES) Champions League", http://www.res-league.eu/, 2017.

Shi, A., "The Impact of Population Pressure on Global Carbon Dioxide Emissions, 1975-1996: Evidence from Pooled Cross-Country Data", *Ecological Economics*, Vol. 21, No. 1, 2003.

Steg, L., "Promoting Household Energy Conservation", *Energy Policy*, No. 36, 2008.

Stephens, Z., *Low Carbon Cities—An International Perspective—Towards a Low - Carbon City: A Review on Municipal Climate Change Planning*, Beijing: The Climate Group, 2010.

Stern, N., *Stern Review: The Economics of Climate Change*, University of Cambridge, 2006.

UNEP, "Global Initiative for Resource Efficient Cities, 2012", http://www.unep.org/pdf/GI-REC_ 4pager.pdf, 2017.

United Nations, *Global Sustainable Development Report 2016*, Department of Economic and Social Affairs, New York, 2016.

UNDP, *China Sustainable Cities Report 2016: Measuring Ecological Input and Human Development*, United Nations Development Programme in China, Beijing, China.

Wang, C., J. N. Chen, J. Zou, "Decomposition of Energy-Related CO_2 Emission in China: 1957-2000", *Energy*, Vol. 30, No. 1, 2005.

York, R., A. E. Rosa, T. Dietz, "STIRPAT IPAT and IMPACT Analytic Tools for Unpacking the Driving Forces of Environmental Impacts", *Ecological Economics*, No. 46, 2003.